复杂油气藏开发丛书

复杂油气藏相态理论与应用

郭　平　郭　肖　付　玉
刘建仪　汤　勇　汪周华　编著

科　学　出　版　社

北　京

内 容 简 介

本书主要对富地层水烃类相态特征、凝析气藏气液固多相体系相态、多孔介质中高温高压凝析油气相态、高温高压气-液-元素硫多相共存体系复杂相态、高含硫气藏水合物生成与分解、油藏注气相态变化等进行理论和应用研究，获得复杂油气藏相态理论与应用，指导实际复杂油气藏开发。

本书可供油田类科研院所和高校师生参考使用。

图书在版编目（CIP）数据

复杂油气藏相态理论与应用/郭平等编著. —北京：科学出版社，2017.03
（复杂油气藏开发丛书）

ISBN 978-7-03-042921-6

Ⅰ. ①复…　Ⅱ. ①郭…　Ⅲ. ①复杂地层–油气藏–研究　Ⅳ. ①P618.13

中国版本图书馆 CIP 数据核字（2017）第 309795 号

责任编辑：张　展　罗　莉/责任校对：刘莉莉　刘　勇
责任印制：罗　科/封面设计：陈　敬

科学出版社 出版
北京东黄城根北街 16 号
邮政编码：100717
http://www.sciencep.com
四川煤田地质制图印刷厂 印刷
科学出版社发行　各地新华书店经销

＊

2017 年 3 月第 一 版　开本：787×1092　1/16
2017 年 3 月第一次印刷　印张：16 1/2
字数：398 284

定价：198.00 元
（如有印装质量问题，我社负责调换）

丛书编写委员会

主　编：赵金洲

编　委：罗平亚　周守为　杜志敏

　　　　张烈辉　郭建春　孟英峰

　　　　陈　平　施太和　郭　肖

丛 书 序

石油和天然气是社会经济发展的重要基础和主要动力,油气供应安全事关我国实现"两个一百年"奋斗目标和中华民族伟大复兴中国梦的全局。但我国油气资源约束日益加剧,供需矛盾日益突出,对外依存度越来越高,原油对外依存度已达到 60.6%,天然气对外依存度已达 32.7%,油气安全形势越来越严峻,已对国家经济社会发展形成了严重制约。

为此,《国家中长期科学和技术发展规划纲要(2006—2020 年)》对油气工业科技进步和持续发展提出了重大需求和战略目标,将"复杂地质油气资源勘探开发利用"列为位于 11 个重点领域之首的能源领域的优先主题,部署了我国科技发展重中之重的 16 个重大专项之一"大型油气田及煤层气开发"。

国家《能源发展"十一五"规划》指出要优先发展复杂地质条件油气资源勘探开发、海洋油气资源勘探开发和煤层气开发等技术,重点发展天然气水合物地质理论、资源勘探开发和安全开采技术。国家《能源发展"十二五"规划》指出要突破关键勘探开发技术,着力突破煤层气、页岩气等非常规油气资源开发技术瓶颈,达到或超过世界先进水平

这些重大需求和战略目标都属于复杂油气藏勘探与开发的范畴,是国内外油气田勘探开发工程界未能很好解决的重大技术难题,也是世界油气科学技术研究的前沿。

油气藏地质及开发工程国家重点实验室是我国油气工业上游领域的第一个国家重点实验室,也是我国最先一批国家重点实验室之一。实验室一直致力于建立复杂油气藏勘探开发理论及技术体系,以引领油气勘探开发学科发展、促进油气勘探开发科技进步、支撑油气工业持续发展为主要目标,以我国特别是西部复杂常规油气藏、深海油气以及页岩气、煤层气、天然气水合物等非常规油气资源为对象,以"发现油气藏、认识油气藏、开发油气藏、保护油气藏、改造油气藏"为主线,油气并举、海陆结合、气为特色,瞄准勘探开发科学前沿,开展应用基础研究,向基础研究和技术创新两头延伸,解决油气勘探开发领域关键科学和技术问题,为提高我国油气勘探开发技术的核心竞争力和推动油气工业持续发展作出了重大贡献。

近十年来,实验室紧紧围绕上述重大需求和战略目标,掌握学科发展方向,熟知阻碍油气勘探开发的重大技术难题,凝炼出其中基础科学问题,开展基础和应用基础研究,取得理论创新成果,在此基础上与三大国家石油公司密切合作承担国家重大科研和重大工程任务,产生新方法、研发新材料、新产品,建立新工艺,形成新的核心关键技术,以解决重大工程技术难题为抓手,促进油气勘探开发科学进步和技术发展。在基本覆盖石油与天然气勘探开发学科前沿研究领域的主要内容以及油气工业长远发展急需解决的主要问题的含油气盆地动力学及油气成藏理论、油气储层地质学、复杂油气藏地球物理

勘探理论与方法、复杂油气藏开发理论与方法、复杂油气藏钻完井基础理论与关键技术、复杂油气藏增产改造及提高采收率基础理论与关键技术以及深海天然气水合物开发理论及关键技术等方面形成了鲜明特色和优势，持续产生了一批有重大影响的研究成果和重大关键技术并实现工业化应用，取得了显著经济和社会效益。

我们组织编写的"复杂油气藏开发丛书"包括《页岩气藏缝网压裂数值模拟》《复杂油气藏储层改造基础理论与技术》《页岩气渗流机理及数值模拟》《复杂油气藏随钻测井与地质导向》《复杂油气藏相态理论与应用》《特殊油气藏井筒完整性与安全》《复杂油气藏渗流理论与应用》《复杂油气藏钻井理论与应用》《复杂油气藏固井液技术研究与应用》《复杂油气藏欠平衡钻井理论与实践》《复杂油藏化学驱提高采收率》等 11 本专著，综合反映了油气藏地质及开发工程国家重点实验室在油气开发方面的部分研究成果。希望这套丛书能为从事相关研究的科技人员提供有价值的参考资料，为提高我国复杂油气藏开发水平发挥应有的作用。

丛书涉及研究方向多、内容广，尽管作者们精心策划和编写、力求完美，但由于水平所限，难免有遗漏和不妥之处，敬请读者批评指正。

国家《能源发展战略行动计划(2014—2020 年)》将稳步提高国内石油产量和大力发展天然气列为主要任务，迫切需要稳定东部老油田产量、实现西部增储上产、加快海洋石油开发、大力支持低品位资源开发、加快常规天然气勘探开发、重点突破页岩气和煤层气开发、加大天然气水合物勘探开发技术攻关力度并推进试采工程。国家《能源技术革命创新行动计划(2016—2030 年)》将非常规油气和深层、深海油气开发技术创新列为重点任务，提出要深入开展页岩油气地质理论及勘探技术、油气藏工程、水平井钻完井、压裂改造技术研究并自主研发钻完井关键装备与材料，完善煤层气勘探开发技术体系，实现页岩油气、煤层气等非常规油气的高效开发；突破天然气水合物勘探开发基础理论和关键技术，开展先导钻探和试采试验；掌握深-超深层油气勘探开发关键技术，勘探开发埋深突破 8000 m 领域，形成 6000~7000 m 有效开发成熟技术体系，勘探开发技术水平总体达到国际领先；全面提升深海油气钻采工程技术水平及装备自主建造能力，实现 3000 m、4000 m 超深水油气田的自主开发。近日颁布的《国家创新驱动发展战略纲要》将开发深海深地等复杂条件下的油气矿产资源勘探开采技术、开展页岩气等非常规油气勘探开发综合技术示范列为重点战略任务，提出继续加快实施已部署的国家油气科技重大专项。

这些都是油气藏地质及开发工程国家重点实验室的使命和责任，实验室已经和正在加快研究攻关，今后我们将陆续把相关重要研究成果整理成书，奉献给广大读者。

2016 年 1 月

目　　录

第1章 绪 论

1.1 常规油气藏相态测试实验研究

1.1.1 油气藏相态研究常用实验装置及功能、条件

流体相态研究是认识油气藏特征、合理编制开发方案等的重要基础。随着油气藏勘探开发技术水平的提高,目前发现部分油气藏温度及压力越来越高,而且部分气藏流体采出的过程中,相态变化极其不稳态,因此需对油气藏相态进行实验研究。目前国内外相态常用测定包括:井流物组成的测定、恒质膨胀实验、定容衰竭实验、p-T 相图计算。而相态实验常用的实验装置主要包括两大类:常规相态测试分析仪和天然气水合物仪。

1.1.1.1 常规油气藏流体相态测试分析仪

目前,国内外进行油气藏流体相态研究都是从现场获取油气藏流体样品,然后在实验室进行配样,用特定的实验设备对其进行研究,以获取相关实验数据,所采用的实验设备主要有以下几种。

1. 法国 ST 仪器公司 PVT 设备

法国 ST 公司超高压流体 PVT 测试系统(图 1.1)可对高温、超高压条件下不同气油比的原油、挥发油、凝析气、干气等油气藏流体样品进行样品检测、地层流体配样和 PVT 分析与测试,开展超高压条件下的油气藏地层流体相态特性实验研究,为超高压油气藏开发机理研究提供基础数据支持;也可用于沥青质沉降测试和气体水合物研究。

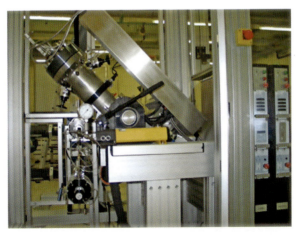

图 1.1　法国 ST-PVT 相态分析实验装置

1）高压物性分析仪适用的实验

（1）原油和挥发性油的 PVT 研究，包括恒定温度下的恒质膨胀实验（CCE）、恒定温度下的差异脱气实验、分离实验（不同温度下的多级实验）。

（2）凝析气和干气 PVT 研究，包括恒质膨胀实验（CCE）、定容衰竭实验（CCE）。

（3）在油藏条件下的配样（包括井下样和分离器样）。

（4）高温高压黏度测试。

2）主要技术参数及特点

法国 ST-PVT 相态分析装置带有一个 240mL 断面可视可摄像的高温高压 PVT 室，温度范围为常温至 200℃，测试精度为 0.1℃；压力范围为 0.1～150MPa，测试精度为 0.01MPa；液体沉积为 0.005mL；泡露点可重复性为 0.035MPa；具有较强的抗腐蚀能力，抗 H_2S 腐蚀能力可高达 20%以上。

除此之外，还有一系列的配套系统，包括高温高压配样系统、GOR 测定系统、气体注入系统、固相沉降测试系统、泡沫注入测试系统、高温高压毛细管黏度计、界面张力测试系统等。

2. 美国千德乐公司 PVT 设备

美国千德乐公司生产的 3000-GL 型 PVT 分析仪（图 1.2）系统包括 PVT 筒、计量泵、计算机数据采集等，可用于研究油、气、油气混合物以及化学组分的 PVT。

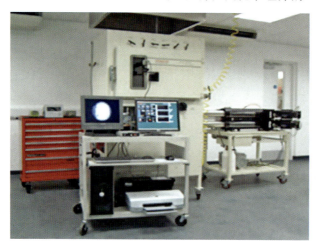

图 1.2　3000-GL 型 PVT 分析仪

3000-GL 型 PVT 分析仪组成包括原油釜和凝析气釜（图 1.3 和图 1.4），原油釜最高工作压力、温度分别为 103MPa、200℃，凝析气釜 1000mL 压力可达 20000psi（约为 137MPa，1psi=6.89476010³Pa）；压力分辨率为 1psi，压力的全量程非线性度为 0.05%，热效应为全量程的 0.05%，漂移误差为全量程的 0.2%；使用高精度的热阻温度传感器，温度分辨率为 0.1℃，准确度为 0.5℃，控制精度为 0.2℃。

该设备主要的特点有：

（1）安全特性、直接体积测量特性和热稳定性。

（2）开发出 1L 凝析气分析室及其他模块，双样品室设计。

（3）大体积凝析室，可精密测量很微量的凝析液。

（4）没有来自黑油实验的污染。

图 1.3　原油釜　　　　　　　　　　　　　图 1.4　凝析气釜

3000-GL 型 PVT 常规基础实验包括：

（1）闪蒸实验——即 CCE（等质量膨胀或等组成膨胀）实验，或 $p\text{-}V$（压力-体积）实验；

（2）泡点测试；

（3）微分分离实验——也叫 DV（微分蒸发）实验；

（4）露点测试——也叫 CCE（等质量膨胀或等组成膨胀）实验，或 $p\text{-}V$（压力-体积）测试，主要用于天然气或凝析气；

（5）等体积衰竭实验——也叫 CVD 实验，主要用于天然气和凝析气。

3. 法国万奇技术公司 PVT 设备

法国万奇 Fluid Eval500 PVT 相态分析仪用于研究油藏温度和压力下烃类流体的相态特征。通过更换分析头（油头、气头和可视头），Fluid Eval500 系统可以进行黑油、挥发油、膨胀油、凝析油、天然气以及水合物（加冷却系统）的研究（图 1.5 和图 1.6）。视频跟踪监测系统精确测定气液界面、泡点和露点，全程记录实验过程，可实现自动化操作。

1）该套设备主要特点

（1）准确性。空气浴加热方式确保了系统温度的均一性和准确性，不会在观察面或窗口产生局部冷凝；视频跟踪监测系统自动跟踪样品气液界面，确保读数准确。

（2）通用 PVT 釜，易于更换分析头。通过更换分析头，系统适用于各种流体分析。

（3）非常高效率的均质化。转向机构和磁力搅拌的结合使均质化（搅拌）非常快捷。

（4）高性能内置泵。PVT 筒内的内置泵提供高精度的体积计量和可重复性。

（5）自动控制和数据自动采集软件。实验过程和数据采集由计算机和专业软件完成。数据可以图形方式显示，并储存在数据表中，也具有计算、报告和宏指令功能。

图 1.5　黑油、水合物分析模式　　　图 1.6　气体凝析物、天然气分析模式

（6）无汞设备。电动活塞替代了汞产生 PVT 筒内的压力，同时完成精确的体积置换。

（7）低维护成本。设备的设计不需要经常维护。

2）设备组成及性能参数

Fluid Eval500 PVT 相态分析仪设备的主要组成有：烘箱、转向机构、PVT 釜、油头、气头、可视头、磁力搅拌系统、视频数据采集系统、内置高压泵、精确排气控制阀、控制面板、数据采集监测工作站、计算软件。

Fluid Eval500 PVT 相态分析仪设备主要性能指标和技术参数如下。压力：20000psi；温度：室温 200℃左右；釜体积：500mL；气头体积：20mL；可视头体积：140mL；搅拌：磁力搅拌；电源：220V AC 50/60Hz；压力精度：0.01MPa；温度精度：0.2℃；体积精度：0.01mL；泡点重复性：±5psi；露点重复性：±5psi；空气浴校准温度：0.2℃；筒校准温度：0.2℃；防腐蚀能力：20% H_2S、50% CO_2。

4. 加拿大 DBR-PVT 分析仪

该系统包括恒温空气浴，适于室温+200℃的温度控制。全可视无汞 PVT 室，最大工作压力达 10 000psi（70MPa）。在相态实验过程中，为了保证准确的流体测量还配有阀门、管线和接口。适用于黑油、挥发油和凝析气地层流体。数字式压力和温度显示；所有的润湿部件为抗腐蚀材质；电源要求为 230V AC 50/60Hz（图 1.7）。

1）设备主要组成部件

（1）小体积隔离活塞。油藏条件下的实验过程中，浮动活塞把液压流体从可视容器内的实际地层样品中分离出来。

（2）磁搅拌器。这个装置嵌入在可视 PVT 室的上端盖，并在实验过程中可直接搅拌流体样品来帮助建立压力平衡。

图 1.7 加拿大 DBR-PVT 分析仪结构图

（3）相态数据采集系统。包括台式 PC 机、不低于奔腾 4 的处理器，带 17″监视器、图形显示和用户定义的操作参数。

（4）CCD 摄像测高仪。在实验过程中，利用与支架上电动滑轨连接在一起的 CCD 照相机，可使操作者的可视观察准确并精确测量流体体积。

（5）高压电动计量泵。电动泵：单缸，体积为 500cc（1cc=1cm^3），最大工作压力为 20000psi。

（6）带 GOR 装置的气量计。该仪器可以精确地测量大气压下的气体样品，包括 10L 不锈钢瓶，配有与压力传感器和 RS-232 接口相连的浮动活塞。

2）主要设备系统性能特点

（1）DBR 相态系统（PVT）具有全部可视的优点。通过 DBR 室的双面玻璃窗，即安装在室前和室后的全长玻璃窗，室的顶部直到底部可被观察。

（2）DBR 室容易操作。在前后观察窗上，DBR 室的设计采用了自我增能密封，可以增加密封性。

（3）DBR 室是垂直定向。垂直定向与全可视的结合，DBR 室可以进行非常精确的相体积测量。

（4）DBR-PVT 室使用一个内玻璃筒来装盛需研究的样品。提高了相体积测量的精度，省去了大量花在不同温度压力条件下的室的校准时间。

（5）DBR-PVT 系统使用 HEISE 压力传感器，HEISE 压力传感器更精确，在相当长的时间内无须校正。

（6）DBR 相态系统（PVT）提供了两种不同的体积测量系统。无论 DBR 的数字测高仪还是以测高仪为基础 DBR-CCD 系统，均在 DBR 室的内部利用线性编码器完成相体积的测量。

3）DBR-PVT 系统的先进功能

DBR 固体监测系统（SDS）用于沥青和石蜡固体生成的测定。

（1）磁性搅拌器。可提供高效搅拌并可排除由于大的死体积所造成的问题与错误，它也可以减少建立相平衡所需要的时间,这意味着 DBR-PVT 系统的用户能够在较少的时间内做更多的工作。

（2）DBR 电磁黏度计。与旧的落球式黏度计或毛细管黏度计相比,它可提供更快更精确的高温高压黏度测量。

（3）DBR 的 PVT 装置的突出特点。它不仅可以精确地测量黑油,而且能够精确地测量轻质油、凝析油和天然气。由于 DBR 仪器的优质性能,其高压物性测量仪器符合国际认可的标准,目前世界各大油田公司均选用了 DBR 公司的 PVT 仪器。

1.1.1.2　天然气相态测试仪

目前水合物测试装置主要针对沉积岩水合物,主要包括:水合物基础物性测试装置、水合物合成分解实验装置。前者属于水合物静态测试装置,通过声、光、电、磁、力等方式检测其特性和存在形态;后者属于动态测试装置,主要测试温压条件变化过程中其动态变化规律。

1. 动态测试装置

动态法实验装置是一种流动式实验设备,气体从入口进入实验系统,而后与装置中的水混合,混合物在一定的温度压力下生成天然气体水合物[1]。

实验装置如图 1.8 所示,实验装置主要包括反应釜、恒温水浴、温度与压力测量仪表、流量计和数据采集系统等。装置的核心是高压反应釜,容积为 1L,最大工作压力为 20MPa,工作温度为 –15～100℃。采用无级调速永磁旋转搅拌装置,叶片采用双层布置,转速调节范围为 0～1000r/min。反应釜的温度由恒温水浴控制,恒温水浴的控温精度为 ±0.01℃。反应釜内的温度由 2 个 Pt100 铂电阻测量,压力调节阀前后的压力由 2 个 0.25 级精度的压力表测量,压力调节阀前的压力表测量范围为 0～25MPa,压力调节阀后的压力表测量范围为 0～10MPa。为确保进入反应釜气流的稳定并防止气流回流造成危害,在实验装置中设置了一个缓冲罐。缓冲罐的容积为 12L,最高使用压力为 15MPa。水合物形成过程中的耗气量由流量计测定,其重复精度和准确度均为量程的 ±0.2%。流量显示仪表可同时显示瞬时流量和累积流量。利用数据采集系统进行流量、温度和压力的采集,从而分析其开采过程中相态变化特征。

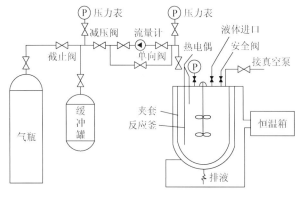

图 1.8　动态法实验装置示意图

2. 静态测试装置

静态法实验装置在水合物的研究史上有很重要的地位。该类装置主要包括反应釜、压力和温度测量系统、数据采集系统、恒温空气浴、搅拌与体积调节装置及气相色谱分析仪等,以美国地质调查局的天然气水合物及沉积物测试实验装置 GHASTLI 为例(图 1.9)[2]。

(1)高压釜。实验装置的核心部件是安装在恒温空气浴中的全透明高压蓝宝石釜。高压釜的最大工作体积为 60cm^3,最高工作压力为 20MPa,温度工作范围为−90～150℃。为了观察高压釜内的水合物晶体,在空气浴外有一个冷光源,用两根光导纤维管将光照射到高压釜上。高压釜内的活塞可以将实测体系与增压流体隔开,采用乙醇水溶液(体积比 1∶1)作为增压流体。用高压手动活塞计量泵调节压力。

(2)恒温空气浴。在−20～100℃范围内,控温精度、均匀度分别为±0.1℃、±0.3℃。

(3)搅拌装置。在高压釜体外有一个永久磁铁环作上下往复运动,同时在高压釜内有一个磁性感应搅拌子,可以随着磁铁的运动而对高压釜内气液两相进行充分的搅拌。搅拌速度一般为 15 次/分钟。

(4)温度和压力测量系统。体系的温度由 Pt100 型精密铂电阻测定,精度为±0.1℃。体系压力由一个精度为 0.1 级、压力量程为 0～25MPa 的 HEISE 精密压力表和一个可变量程压力传感变送器共同测定,测压误差为±0.025MPa。温度和压力由自行设计的计算机数据自动采集系统采集和储存。

反应釜内的参数(压力、温度、容积)、空气浴温度、循环流量及搅拌速度等参数可由计算机数据采集系统自动采集和储存。

图 1.9　美国地质调查局的天然气水合物及沉积物测试实验装置 GHASTLI

3. 我国天然气水合物仪

以我国海油天然气水合物仪为例,该天然气水合物仪一般由高压系统、冷却系统和测试系统三部分组成（图 1.10），根据各自的研究需要加工组合。

（1）高压系统。由高压釜、搅拌装置、配气瓶和搅拌装置组成。

（2）冷却系统。由制冷机组、空气恒温箱、防冻液和温度控制系统组成。

（3）测试系统。这部分是实验室的关键，因为它显示实验测试的结果，主要由压力、温度、光学、声学、电学监测和摄像部分组成。

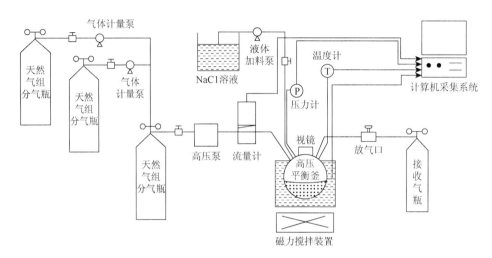

图 1.10　天然气水合物仪模拟装置图

1）该装置的主要特点及功能

（1）设计压力高。设计压力高，使实验系统能够适应深水区域的天然气水合物的研究。

（2）可视化程度高。不仅可以直接看见高压装置内的相变情况，还能通过光纤在不同部位进行摄像，直接获得实验现象的第一手资料。

（3）测试手段多。根据水合物沉积层具有高声波速度的特征，采用超声波发射设备随时记录相的变化，判断水合物的形成或分解。

（4）自动化程度高。所有仪表均采用数值显示，并通过计算机软件自动采集。

2）水合物仪技术指标要求

以青岛海洋地质研究所海洋天然气水合物低温高压实验室为例，技术指标如下：

（1）压力（p）≤30MPa、温度（T）≥263 K。主要考虑到我国南海陆坡、台湾岛南部海域和冲绳海槽的水深都小于 3000m；同时也考虑到青藏高原多年冻土区（如羌塘盆地和甜水湾盆地）天然气水合物勘探开发的研究需要以及海水的腐蚀，高压釜采用钛合金TC4 锻造加工而成。400mL 高压釜釜体开设 2 个管式视镜，便于安装摄像系统和光学检测系统；1000mL 高压釜釜体开设 5 个管式视镜，便于安装摄像和其他检测系统。

（2）记录所有的检测参数，主要参数为压力、温度、光强、声速和电阻。光学检测系统主要用于 400mL 的高压釜，声学和电学检测系统用于沉积物实验 1000mL 的高压釜。全部检测数据都进入主控计算机内储存。

（3）可视化高压釜采用光纤自发光摄像系统观测，硬盘录像机可记录所有的影像资料。

（4）安全性好。由于天然气是易燃易爆气体，又在高压状态下，所以设立泄漏、超压等报警系统。

1.1.2　油气藏相态实验测试内容与参数

1.1.2.1　常规流体相态测试内容与参数

常规相态分析技术已成熟，并在全世界得到广泛应用。到目前为止，围绕油气藏流体相态测试而使用的标准及相关分析内容见表 1.1。其中天然气和原油组成分析是为确定地层流体井流物组成而设定的，当然还有密度及其他常压下的分析内容未列出。表中列出了主要烃类油气藏流体，即原油、挥发油、凝析气、干气四大类型，在相关标准中详细的取样方法、测试规程等。

表 1.1　油气藏流体相态常规分析标准内容

分析项目		分析内容	标准名称	标准代号
天然气组分色谱分析		C_1-C_{12}、N_2 和 CO_2 组份；高位发热量；气体密度	1）天然气的组成分析气相色谱法 2）天然气发热量、密度、相对密度和沃泊指数的计算方法	1）GB/T 13610-2014 2）GB/T 11062-2014
原油全烃气相色谱分析		C_1-C_{40} 烷烃含量	原油全烃气相色谱分析方法	SY/T 5779-2008
油气藏地层流体 PVT 分析	油气藏流体取样	不同类型流体样品取样方法	油气藏流体取样方法	SY/T 5154-2014
	地层原油物性分析	地层流体组成；单次脱气；热膨胀试验；恒质膨胀试验；多次脱气试验；地层油黏度测定；分离试验	地层原油物性分析法	SY/T 5542-2009
	易挥发原油物性分析方法	地层流体组成；单次闪蒸；热膨胀试验；恒质膨胀试验；定容衰竭试验；单相原油黏度试验	易挥发原油物性分析方法	SY/T 5542-2009
	凝析气藏流体物性分析方法	井流物组成；单次闪蒸；恒质膨胀试验；定容衰竭试验；流体类型	1）凝析气藏流体物性分析方法 2）凝析气藏相态特征确定技术要求	1）SY/T 5542-2009 2）SY/T 6101-2012
	天然气藏流体物性分析	井流物组成；单次闪蒸；恒质膨胀；热膨胀试验	天然气藏流体物性分析方法	SY/T 5542-2009

1. 常规相态分析讨论

经过多年的相态测试及研究，在相态分析方面取得了丰富的经验，测试过程中遇到一些问题，在这里作简要分析讨论。

（1）油单次脱气试验。单次脱气实验目的是测定在标准条件下的体积系数等重要参数，这些参数直接影响到储量计算，但实验操作时将地层流体闪蒸到室温，然后将气量及油量换算到 20℃标准条件下，但如果室温与标准条件相差较大（如冬天和夏天）就会造成较大的差别，这种差别与地层流体在地面进行 2 级分离效果有一些相似性，室温高，测出的 GOR 则高。

（2）原油黏度测试。在落球式黏度仪标定时，推荐采用 6～7 种不同黏度值的标准液，这里未说明温度范围，而标定周期是 18 个月。在国内，不同温度和黏度值的标准液很难找，测试标定时应按不同温度和不同黏度两类标准液来进行标定，校正系数是随温度变化的一系列值，而地层流体的温度范围变化很大。

（3）黑油泡点测试。原油泡点目前大多采用直接观测法来确定，本来就存在一定的主观性。而黑油由于太黑泡点看不出来，采用 PV 关系高于泡点与低于泡点两条直线交点来确定，这时就存在一条过渡曲线，在泡点区应加密测试点，只用两直接交点不太科学，我们建议采用高于泡点直线转变为曲线的转折点更为科学，因为这时已有第一个气泡产生。

（4）低含凝析油型凝析气藏流体相态分析。近年来一些气田发现了低含凝析油型凝析气藏，如苏里格等。分析过程中出现两个问题，一个是配样，因为气油比太高，有些高达 $100 \times 10^4 \mathrm{m}^3/\mathrm{m}^3$，在配样时转分离器油样用量太少（有时达到 $0.2\mathrm{cm}^3$），无法进行准确转样，因此建议此类气藏进行井下低压差高压取样来进行，直接高压转入 PVT 仪中进行测试。另一问题是，在 PVT 测试中由于凝析油含量太低，根本看不到液量，更谈不上凝析油饱和度测试，但露点是可以测试的，因此建议根据露点、PV 关系及生产气油比进行相态拟合，然后直接预测定容衰竭过程中凝析油饱和度。

2. 常规相态结果的应用

在标准中非常详细地说明了参数测试及过程，但未对参数的应用进行说明，作为油气工作者，很关心测试的参数及过程对油气藏开发有何影响，如何分析应用测试结果。在这里简要说明几种测试方法的测试目的及应用情况以及是否是基本模拟目标（见表 1.2）。关于常规相态的模拟目前有许多软件，如国外的 CMG、Landmark VIP、Schlumberger eclipse 油气藏相态软件均能实现对流体实验数据的拟合计算，并为数值模拟提供相态参数场。由西南石油大学开发的地层流体相态软件原油 PVTOIOL、凝析气 PVTCOG、地层水及天然气 PVTGAW 软件与国外相态软件最大的区别是有专门对应测试设备的实验数据处理系统和相态模拟系统，已在吐哈、克拉玛依、准东、中原等油气田得到应用。

表 1.2　地层流体相态物性分析参数应用及拟合目标

流体分析类型	测试分析内容	测试参数及应用	基本相态拟合目标
地层原油物性分析	地层流体组成	井流物组成，为油品评价及模拟提供参数	√
	单次脱气	储量计算主要参数	√
	热膨胀实验	温度对原油体积系数影响	
	恒质膨胀实验	泡点及压力对原油体积影响	√
	多次脱气实验	开发过程中多级脱气过程中原油及脱出气物性变化	√
	地层油黏度测定	多次脱气过程中原油黏度变化	
	分离实验	优选分离条件	√
易挥发原油物性分析	地层流体组成	井流物组成，为油品评价及模拟提供参数	√
	单次脱气	储量计算主要参数	√
	热膨胀实验	温度对原油体积系数影响	
	恒质膨胀实验	泡点及压力对原油体积影响	√
	定容衰竭实验	模拟油藏衰竭油气性质变化及采收率	√
	地层油黏度测定	多次脱气过程中原油黏度变化	

续表

流体分析类型	测试分析内容	测试参数及应用	基本相态拟合目标
凝析气藏流体物性分析	地层流体组成	井流物组成，为流体评价及模拟提供参数	√
	单次闪蒸	100 万立方米原始流体中油气储量	√
	恒质膨胀实验	露点及压力对凝析气体积影响	√
	定容衰竭实验	模拟气藏衰竭油气性质变化及采收率	√
	流体类型	判断气藏类型，为开发提供依据	
天然气藏流体物性分析	地层流体组成	井流物组成，为流体评价及模拟提供参数	√
	单次闪蒸	确定原始条件下气体偏差系数，储量计算	
	恒质膨胀实验	压力对气体体积影响	√
	热膨胀实验	温度对气体体积影响	

1.1.2.2 水合物相态测试内容及参数

天然气水合物是在一定条件（合适的温度、压力、气体饱和度、水的盐度、pH 值等）下由水和气体组成的类冰的、非化学计量的、笼形结晶化合物[3]。天然气水合物的生成过程，实际上是水合物-溶液-气体三相平衡变化的过程，任何能影响相平衡的因素都能影响水合物的生成/分解过程。因此，研究各种条件下水合物-溶液-气体的三相平衡条件及其影响因素，可提供水合物的生成/分解信息。水合物相平衡的研究是天然气水合物研究的基础，为天然气水合物的开发利用提供基本的物理化学参数，其主要研究内容包括：水合物生成的温度和压力条件、水合物形成防止和抑制条件及水合物开采动力学特征等。

具体而言，水合物物性测量参数包括其组成成分、密度、孔隙度、渗透率和热传导性等，主要借助于超声检测、光学摄像、电学检测、时域反射技术（TDR）、CT 和 MRI 及中子衍射技术等[4]。超声波测量是通过观察声波的频率变化判断岩心中水合物生成和分解的过程，并可间接换算得到水合物浓度、密度、孔隙和围压、频率以及气体和水饱和程度的关系。电阻法是根据测量的水消耗引起的电阻减少量来判断水合物生成，在测量二氧化碳水合物形成过程中观测效果明显。TDR 技术是通过测量水合物在生成和分解时水合物沉积物的介电常数，并根据介电常数随含水量变化的关系式，得到水合物的饱和度。CT 和 MRI 及中子衍射技术，是观测水合物生成微细观结构理想的方法，可观察水合物沉积物生成、分解过程中样品的密实度、水合物分布情况以及剪切过程中内部微观裂缝的发生和发展情况。

1.2 油气藏相平衡理论

1.2.1 气液平衡计算方法

对于油气烃类体系，不论进行哪一项相态分析，如确定初始凝析压力、模拟油气藏等容衰竭开发过程相态计算、预测凝析油损失规律等，或者确定分离器凝析油最佳分离条件，都必须首先建立用于相态计算的流体相态模型。尽管凝析气藏投入开发后，地层流动段、井筒流动段和地面分离段流动特点和相态变化特征条件不同，相应的定量分析因素不同，但其相态变化的物质平衡关系和热力学平衡关系则可用相同的流体相平衡模型来描述。流体相平衡模型主要由三部分构成：①描述气液平衡相组成、物质的量（物质的量）及平衡常数与温度、压力关系的物料平衡条件方程组；②描述气液平衡相组成、物质的量、平衡常数与逸度关系的热力学平衡条件方程组；③用于相平衡计算的状态方程结构体系，本节主要讨论前两部分。

1.2.1.1   油气烃类体系气液相平衡计算物料平衡方程组

首先应给出以下基本假设条件：在开采过程中，油气层温度保持不变；油气藏开采前后，烃孔隙空间是定容的，即忽略岩石膨胀对烃孔隙空间的影响；孔隙介质表面润湿性、吸附和毛管凝聚现象对油气烃类体系相态变化的影响可忽略不计；开采过程中，油气藏任一点处油气两相间的相平衡过程可在瞬间完成。下面来建立物料平衡方程组。

设已知一个由 n 个组分构成的油气烃类体系，取 1mol 的质量数作为分析单元，那么当其在开发过程中处于任一气液两相平衡状态时，物料平衡参数有：F（$F=1\text{mol}$）——烃类体系的总物质的量；L——液相总物质的量；V——气相总物质的量；z_i——烃类混合体系中 i 组分的物质的量分数（可由色谱分析获得，已知量）；x_i——液相中 i 组分的物质的量分数；y_i——气相中 i 组分的物质的量分数；p——烃类体系所处的压力；T——烃类体系所处的温度。

根据上述变量，还可得到：z_iF——总混合物中 i 组分的物质的量（$F=1\text{mol}$）；x_iL——平衡时液相中 i 组分的物质的量；y_iV——平衡时气相中 i 组分的物质的量。

那么根据图 1.11 所示的烃类气液平衡体系，在温度 T 和压力 p 条件下，可建立体系的物料平衡关系。

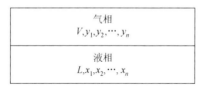

图 1.11   烃类气液平衡体系示意图

平衡气、液相的物质的量分数 V 和 L 在 0~1 范围内变化，且满足质量数归一化条件，即

$$V+L=1 \tag{1.1}$$

平衡气、液相中各组分的物质的量分数应满足物质平衡关系：

$$y_iV + x_iL = z_i \tag{1.2}$$

平衡气、液相的组成 $y_1, y_2, \cdots, y_n$ 及 $x_1, x_2, \cdots, x_n$ 应分别满足组成归一化条件

$$\sum_{i=1}^{n} y_i = 1 \tag{1.3}$$

$$\sum_{i=1}^{n} x_i = 1 \tag{1.4}$$

或
$$\sum_{i=1}^{n}(y_i - x_i) = 0 \qquad (1.5)$$

任一组分在平衡气、液相中的分配比例可用平衡常数来描述，平衡常数等于相平衡条件下该组分在气相中的物质的量分数 y_i 与在液相中的物质的量分数 x_i 的比值，即

$$K_i = \frac{y_i}{x_i} \qquad (1.6)$$

以上平衡关系联立求解，即可得到平衡气、液相组成方程和物料平衡方程所构成的物料平衡方程组，其中平衡组成分配比为

$$K_i = \frac{y_i}{x_i} \qquad (1.7)$$

平衡气、液相质量守恒方程为

$$y_i V + x_i L = z_i \qquad (1.8)$$

气相组成方程为

$$y_i = \frac{z_i K_i}{1 + (K_i - 1)V} \qquad (1.9)$$

气相物料平衡方程为

$$\sum_{i=1}^{n} y_i = \sum_{i=1}^{n} \frac{z_i K_i}{1 + (K_i - 1)V} = 1 \qquad (1.10)$$

液相组成方程为

$$x_i = \frac{z_i}{1 + (K_i - 1)V} \qquad (1.11)$$

液相物料平衡方程为

$$\sum_{i=1}^{n} x_i = \sum_{i=1}^{n} \frac{z_i}{1 + (K_i - 1)V} = 1 \qquad (1.12)$$

气液两相总物料平衡方程为

$$\sum_{i=1}^{n}(y_i - x_i) = \sum_{i=1}^{n} \frac{z_i(K_i - 1)}{1 + (K_i - 1)V} = 0 \qquad (1.13)$$

这里式（1.10）、式（1.12）、式（1.13）所表示的相平衡条件的热力学含义是等价的。当作为求解相平衡问题的目标函数时，三个方程式都是温度、压力、组成和气相物质的量分数的函数，并具有高度的非线性力程特征，需用试差法循环迭代求解。

油气藏开发与开采中所需处理的油气烃类体系相态问题通常可归结为露点或泡点、等液量和等温闪蒸两大类的相平衡计算。

1.2.1.2 油气烃类体系相态计算热力学平衡方程组

仅建立相态计算所需的物料平衡条件方程组，尚不能完全实现相平衡计算。分析式（1.13）中物料平衡方程中各变量间的关系可知，计算的关键在于能否准确确定气液两相达到相平衡后各组分的分配比例常数，即平衡常数 K_i。有许多确定平衡常数的方法，目前最常用的方法是利用状态方程，根据热力学相平衡理论确定出组分气、液相的速度系

数，进而确定平衡常数。平衡常数 K_i 通常是温度、压力和组成的函数，因而用状态方程和热力学平衡理论求解相平衡问题，就是把 K_i 的求解转化为热力学平衡条件的计算。

根据流体热力学平衡理论，当油气烃类体系达到气、液两相平衡时，体系中各组分在气、液相中的逸度 f_{ig} 和 f_{il} 应满足 $f_{ig}=f_{il}$。

已知油气烃类体系气、液相逸度的表达式分别为

$$f_{ig} = y_i \phi_{ig} p \tag{1.14}$$

$$f_{il} = x_i \phi_{il} p \tag{1.15}$$

代入式（1.7）中，则有

$$K_i = \frac{y_i}{x_i} = \frac{\phi_{il}}{\phi_{ig}} = \frac{\dfrac{f_{il}}{x_i}}{\dfrac{f_{ig}}{y_i}} \tag{1.16}$$

式中，ϕ_{ig}、ϕ_{ig} 分别为平衡气、液相中 i 组分的逸度系数。

式（1.16）为用热力学平衡理论求解相平衡问题的出发点。式（1.16）中的 ϕ_{ig} 和 ϕ_{il} 分别是平衡气、液相中各组分的逸度系数，与体系所处的温度、压力以及组分的热力学性质有关。相平衡热力学理论中求解 ϕ_{ig} 和 ϕ_{il} 的严格积分方程为

$$RT\ln\left(\frac{f_{ig}}{y_i p}\right) = \ln\phi_{ig} = \int_{V_g}^{\infty}\left[\left(\frac{\partial p}{\partial y_{ig}}\right)_{V_g T Z_{jg}} - \frac{RT}{V_g}\right]\mathrm{d}V_g - RT\ln Z_g \tag{1.17}$$

$$RT\ln\left(\frac{f_{il}}{x_i p}\right) = \ln\phi_{il} = \int_{V_l}^{\infty}\left[\left(\frac{\partial p}{\partial x_{il}}\right)_{V_l T Z_{jl}} - \frac{RT}{V_l}\right]\mathrm{d}V_l - RT\ln Z_l \tag{1.18}$$

依据范德瓦耳斯（van der Waals）所提出的状态方程理论，任何多组分混合体系，只要能建立可同时精确描述平衡气、液两相 PVT 相态特征的状态方程，即可由式（1.17）和式（1.18）导出求解平衡气、液相逸度系数的计算公式。这里要说明的是，式（1.17）和式（1.18）中的 Z_g、Z_l 分别为平衡气、液相的偏差系数，可由状态方程（例如范德瓦耳斯状态方程的三次方型状态方程）求解，z_{ig}、z_{il} 则指气、液相中 i 组分的物质的量分数。

解决了逸度计算问题，就可构造用于相态计算的热力学平衡条件方程组为

$$\begin{cases} F_1(p,T,x_i,y_i) = f_{1l} - f_{1g} = 0 \\ F_2(p,T,x_i,y_i) = f_{2l} - f_{2g} = 0 \\ \qquad\cdots \\ F_i(p,T,x_i,y_i) = f_{il} - f_{ig} = 0 \\ \qquad\cdots \\ F_{n-1}(p,T,x_i,y_i) = f_{(n-1)l} - f_{(n-1)g} = 0 \\ F_n(p,T,x_i,y_i) = f_{nl} - f_{ng} = 0 \end{cases} \tag{1.19}$$

相平衡计算中，满足方程组（1.19）的 f_{ig} 和 f_{il} 可用于精确求解式（1.16）中气、液相的平衡常数 K_i。

基于上述讨论，任何多组分体系，当气、液两相达到相平衡时，其逸度应满足热力学平衡条件方程组(1.19)，而其物质平衡关系则应满足物料平衡条件方程(1.10)、方程(1.12)和方程（1.13）。由此，用于油气烃类体系各类相态计算的相平衡统一数学模型，应归结为由热力学平衡条件方程组和物料平衡条件方程组经过适当组合构成的完整相平衡计算数学模型。目前在国内外开发的油气藏烃类体系相态计算软件中，一般采用两种不同类型的数学模型，主要是为了适合于不同的数值求解方法（逐步迭代算法和牛顿-拉夫森算法）。

1.2.1.3　常用的两种类型相平衡计算数学模型

1. 第一种类型相平衡计算数学模型

在油气藏烃类体系相平衡计算中，第一类数学模型是基于适合采用逐步迭代算法或拟牛顿直接算法而建立的。而根据油气烃类体系相态分析的需要，可分别建立适合于油气烃类体系露点、泡点和等温闪蒸（给定温度，部分汽化或部分液化的相态变化过程）计算的相平衡条件方程组。

1）适合于露点计算的相态模型

当油气烃类体系相态变化处于露点状态时，其相平衡的物质量平衡关系表现为平衡气相的物质的量分数 $V \to 1$，平衡液相的物质的量分数 $L \to 0$，根据式（1.9）、式（1.11），有

$$y_i = \frac{z_i K_i}{1 + (K_i - 1)V} = z_i \tag{1.20}$$

$$x_i = \frac{z_i}{1 + (K_i - 1)V} = \frac{z_i}{K_i} \tag{1.21}$$

而露点状态的组成归一化条件则为

$$\sum_{i=1}^{n} x_i = \sum_{i=1}^{n} \frac{z_i}{K_i} = 1 \tag{1.22}$$

式（1.22）与式（1.19）组合，即可得到露点计算目标函数方程组为

$$\begin{cases} F_1(p, T, x_i, y_i) = f_{1l} - f_{1g} = 0 \\ F_2(p, T, x_i, y_i) = f_{2l} - f_{2g} = 0 \\ \qquad \cdots \\ F_i(p, T, x_i, y_i) = f_{il} - f_{ig} = 0 \\ \qquad \cdots \\ F_{n-1}(p, T, x_i, y_i) = f_{(n-1)l} - f_{(n-1)g} = 0 \\ F_n(p, T, x_i, y_i) = f_{nl} - f_{ng} = 0 \\ F_{n+1}(p, T, x_i, y_i) = \sum_{i=1}^{n} \frac{z_i}{K_i} = 0 \end{cases} \tag{1.23}$$

2）适合于泡点计算的相态模型

同理，当油气烃类体系的相态变化处于泡点状态时，平衡气相的物质的量分数 $V \to 0$，而液相物质的量分数 $L \to 1$，这时有

$$y_i = \frac{z_i K_i}{1+(K_i-1)V} = z_i K_i \qquad (1.24)$$

$$x_i = \frac{z_i}{1+(K_i-1)V} = z_i \qquad (1.25)$$

$$\sum_{i=1}^{n} y_i = \sum_{i=1}^{n} z_i K_i = 1 \qquad (1.26)$$

于是得到泡点计算平衡条件目标方程组为

$$\begin{cases} F_1(p,T,x_i,y_i) = f_{1l} - f_{1g} = 0 \\ F_2(p,T,x_i,y_i) = f_{2l} - f_{2g} = 0 \\ \cdots \\ F_i(p,T,x_i,y_i) = f_{il} - f_{ig} = 0 \\ \cdots \\ F_{n-1}(p,T,x_i,y_i) = f_{(n-1)l} - f_{(n-1)g} = 0 \\ F_n(p,T,x_i,y_i) = f_{nl} - f_{ng} = 0 \\ F_{n+1}(p,T,x_i,y_i) = \sum_{i=1}^{n} z_i K_i = 0 \end{cases} \qquad (1.27)$$

3）适合于等温闪蒸计算的相态模型

油气烃类体系的相态变化处于部分汽化和部分液化的状态时，平衡气液相的物质的量分数在 0～1 范围内变化，直接把式（1.13）和式（1.19）组合即构造出第一种类型模型中的等温闪蒸相态模型——等温闪蒸平衡条件目标函数方程组，为

$$\begin{cases} F_1(p,T,x_i,y_i) = f_{1l} - f_{1g} = 0 \\ F_2(p,T,x_i,y_i) = f_{2l} - f_{2g} = 0 \\ \cdots \\ F_i(p,T,x_i,y_i) = f_{il} - f_{ig} = 0 \\ \cdots \\ F_{n-1}(p,T,x_i,y_i) = f_{(n-1)l} - f_{(n-1)g} = 0 \\ F_n(p,T,x_i,y_i) = f_{nl} - f_{ng} = 0 \\ F_{n+1}(p,T,x_i,y_i) = \sum_{i=1}^{n} \frac{z_i(K_i-1)}{1+(K_i-1)V} = 0 \end{cases} \qquad (1.28)$$

方程组（1.23）、方程组（1.27）和方程组（1.28）中均含有 $n+1$ 个方程，因此可分别求解所对应相态中的 $n+1$ 个变量。

通常，露点计算（或露点线计算）是给定温度 T（或压力 p），由露点相平衡模型求解露点压力 p（或露点温度 T）和平衡液相组成 x_i（此时 $V \rightarrow 1$，$L \rightarrow 0$，$y_i \equiv z_i$）。

泡点计算（或泡点线计算）是给定温度 T（或压力 p），由泡点相态模型求解泡点压力 p（或泡点温度 T）和平衡气相组成 y_i（此时 $V \rightarrow 0$，$L \rightarrow 1$，$x_i \equiv z_i$）。

如果是进行等温闪蒸计算，则是已知温度和压力，由方程组（1.28）求解平衡气、液

相的物质的量分数 V 和 L，以及气、液相的物质的量分数 y_i 和 x_i。

此外，由方程组（1.23）、方程组（1.27）和方程组（1.28）求解油气烃类体系相态问题，首先需给出平衡常数的初值，通常采用式（1.29）来估算平衡常数的初值：

$$K_i = \frac{\exp\left[5.37(1+\omega_i)\left(1-\frac{1}{T_{ri}}\right)\right]}{p_{ri}} \qquad (1.29)$$

这里，式（1.29）称为威尔逊（Wilson）公式[5]，是一个经验关联式，它给出各组分平衡常数与其对比温度 T_{ri}、对比压力 p_{ri} 及偏心因子 ω_i 的近似关系，在油气烃类体系相态计算中用于估计 K_i 的初值。物质的偏心因子 ω_i 在物理意义上表示实际复杂分子的空间位形能相对于简单分子（如惰性气体分子）空间位形能的偏离程度。物质偏心因子的概念是由皮泽（pitzer）等[6]人引入的，作为表征分子极性偏差程度的参数，可在物理化学手册中查到。

运用上述热力学物质平衡方程进行流体相态计算时，还常用到上述已经讨论的气液平衡关系式，包括式（1.8）、式（1.9）、式（1.11）和式（1.16）等。

2. 第二种类型相平衡计算数学模型

为便于用牛顿迭代法等数值计算方法求解相平衡计算数学模型，1978 年富塞尔（Fussell）和杨诺锡克（Yanosik）[7]对方程组中 F_{n+1} 的形式做了进一步处理。

（1）对露点计算：
$$F_{n+1}(p,T,x_i,y_i) = p - \sum_{i=1}^{n}\frac{f_{ig}}{\phi_{il}} = 0 \qquad (1.30)$$

（2）对泡点计算：
$$F_{n+1}(p,T,x_i,y_i) = p - \sum_{i=1}^{n}\frac{f_{il}}{\phi_{ig}} = 0 \qquad (1.31)$$

（3）对等温闪蒸计算：
$$F_{n+1}(p,T,x_i,y_i) = \sum_{i=1}^{n}\frac{z_i(\phi_{il}/\phi_{ig}-1)}{1+(\phi_{il}/\phi_{ig}-1)V} = 0 \qquad (1.32)$$

式（1.30）和式（1.31）分别与热力学平衡条件方程组结合，即可构成第二种类型的相平衡计算数学模型中露点、泡点计算的相态模型。

（4）适合于露点计算的相态模型：

$$\begin{cases} F_1(p,T,x_i,y_i) = f_{1l} - f_{1g} = 0 \\ F_2(p,T,x_i,y_i) = f_{2l} - f_{2g} = 0 \\ \cdots \\ F_i(p,T,x_i,y_i) = f_{il} - f_{ig} = 0 \\ \cdots \\ F_{n-1}(p,T,x_i,y_i) = f_{(n-1)l} - f_{(n-1)g} = 0 \\ F_n(p,T,x_i,y_i) = f_{nl} - f_{ng} = 0 \\ F_{n+1}(p,T,x_i,y_i) = p - \sum_{i=1}^{n}\frac{f_{ig}}{\phi_{il}} = 0 \end{cases} \qquad (1.33)$$

（5）适合于泡点计算的相态模型：

$$
\begin{cases}
F_1(p,T,x_i,y_i) = f_{1l} - f_{1g} = 0 \\
F_2(p,T,x_i,y_i) = f_{2l} - f_{2g} = 0 \\
\quad\quad\quad \cdots \\
F_i(p,T,x_i,y_i) = f_{il} - f_{ig} = 0 \\
\quad\quad\quad \cdots \\
F_{n-1}(p,T,x_i,y_i) = f_{(n-1)l} - f_{(n-1)g} = 0 \\
F_n(p,T,x_i,y_i) = f_{nl} - f_{ng} = 0 \\
F_{n+1}(p,T,x_i,y_i) = p - \sum_{i=1}^{n} \dfrac{f_{il}}{\phi_{ig}} = 0
\end{cases}
\tag{1.34}
$$

（6）适合于等温闪蒸计算的相态模型：

$$
\begin{cases}
F_1(p,T,x_i,y_i) = f_{1l} - f_{1g} = 0 \\
F_2(p,T,x_i,y_i) = f_{2l} - f_{2g} = 0 \\
\quad\quad\quad \cdots \\
F_i(p,T,x_i,y_i) = f_{il} - f_{ig} = 0 \\
\quad\quad\quad \cdots \\
F_{n-1}(p,T,x_i,y_i) = f_{(n-1)l} - f_{(n-1)g} = 0 \\
F_n(p,T,x_i,y_i) = f_{nl} - f_{ng} = 0 \\
F_{n+1}(p,T,x_i,y_i) = p - \sum_{i=1}^{n} \dfrac{z_i(\phi_{il}/\phi_{ig} - 1)}{1 + (\phi_{il}/\phi_{ig} - 1)V} = 0
\end{cases}
\tag{1.35}
$$

用压力和热力学逸度表示物料热力学平衡条件方程，更直观地反映出热力学参数对相平衡的影响，此外还便于在牛顿迭代解法中推导出雅可比（Jacobi）矩阵元。

建立起油气藏流体相平衡模型后，即可根据所要开发的凝析气藏或挥发性油藏的特点及生产实际需要，确定地层流体或者井流物的相态分析计算内容。对于地层段，相态计算内容主要是拟合初始凝析压力、原始相图，并模拟开发过程进行"等容衰竭相态计算"，目的是预测不同开采期地层油、气的组成分布，采出井流物的组成，凝析气采出程度，以及地层凝析油损失量等动态变化规律。此外，对于地层段，还可以设计等组成膨胀相态计算功能，以获得油气两相相对体积等参数。对于地面井口到分离器段，相态计算内容主要是根据等容衰竭相态计算所获得的井流物组成数据，完成各开采期分离器及油罐内闪蒸分离计算，以及低温膨胀制冷、增压机工作制度的计算，目的是获得合理的分离条件和工艺制度，使凝析油回收量达到最大，同时地面相态计算还可预测不同开采期气油比变化规律、凝析油采出程度等参数。

相态计算的内容还可以根据开发及动态调整的需要加以扩充，如循环注气相态计算、混相驱相态计算等，都可以在建立流体相平衡模型的基础上加以设计。

1.2.2　常用状态方程

近四十几年来，随着描述流体 PVT 相态行为的半理论半经验状态方程的研究和发展，特别是 1976 年，提出了结构简单、精度较高的 PR 三次方型状态方程之后，利用流体热力学平衡理论结合精度较高的状态方程求解相平衡问题的方法很快被引入油气体系相态计算，并已取代了收敛压力求解平衡常数的经验图版方法，尤其是状态方程能较准确地描述和预测油气体系反常凝析的相态特征和临界点附近的相态变化，因而随着计算机技术的进步得到迅速发展和广泛应用。

本节主要介绍几个常用的状态方程，即 SRK、RK、PR、LHHSS、SW、PT 状态方程，这些方程均是在 van der Waals 方程基础上发展起来的半理论、半经验三次方型状态方程，故首先介绍范德瓦耳斯方程的分析与应用。

1.2.2.1　范德瓦耳斯（van der Waals）方程

1873 年，范德瓦耳斯（van der Waals）[8]从分子热力学理论研究着手，考虑到实际分子有体积、分子间存在斥力和引力作用这一基本物理现象，根据硬球分子模型，提出了著名的范德瓦耳斯状态方程（对 1mol 分子体系）。

$$p = \frac{RT}{V-b} - \frac{a}{V^2} \tag{1.36}$$

式中，V——分子体积；

　　　a，b——分子引力和斥力系数；

　　　R——摩尔气体常数。

方程右边第一项表示分子体积和斥力对压力的贡献，第二项则表示分子间引力对压力的贡献。

范德瓦耳斯方程最大的成功在于给出了这样一些认识：第一次导出了能满足临界点条件，并且对分子体积是简单的三次方形式的状态方程；赋予状态方程以明确的物理意义；通过与安德鲁（Andrms）实测 CO_2 体系临界等温线的对比，首先用状态方程阐明气液两相相态转变的连续性；提出了两参数对比态原理；建立和发展能同时精确描述平衡气液两相相态行为的状态方程。

但同时范德瓦耳斯方程仅是对理想气体模型作了比较简单的修正，在引入分子间引力和斥力系数 a、b 时，忽略了实际分子几何形态和分子力场不对称性以及温度对分子间引力、斥力的影响。故方程仅对那些简单的球形对称的非极性分子体系适用。

如果把范德瓦耳斯方程展开成分子体积的表达式，则有

$$V^3 - \left(b + \frac{RT}{p}\right)V^2 + \frac{a}{p}V - \frac{ab}{p} = 0 \tag{1.37}$$

该方程体积为三次方，含有 a、b 两个参数，所以范德瓦耳斯方程也称为两参数三次方型状态方程。

1.2.2.2 RK（Redlich 和 Kwong）方程

对于三次方型状态方程的改进,首先取得突破性进展的是 1949 年 Redlich 和 Kwong[9] 提出的范德瓦耳斯方程修正式,简称 RK 方程。

$$p = \frac{RT}{V-b} - \frac{aT^{-0.5}}{V(V+b)} \quad (1.38)$$

该方程考虑了分子密度和温度对分子间引力的影响,引入温度对引力项加以修正,式中的引力和斥力系数 a、b 仍可由临界点条件表示为

$$a = 0.42748\frac{R^2 T_c^{2.5}}{p_c} \quad (1.39)$$

$$b = 0.08664\frac{RT_c}{p_c} \quad (1.40)$$

式中,R——摩尔气体常数[应用时取 8.31MPa·cm³/（mol·K）];

T_c——临界温度,K;

p_c——临界压力,0.1013MPa。

与范德瓦耳斯方程相比,RK 方程在表达纯物质的物性的精度上有明显提高,但从结构上看,其本质上并没有脱离范氏原来的思路,仍用 T_c 和 p_c 两个物性参数确定方程中 a、b 两个参数,即仍然遵循两参数对比态原理。已知两参数对比态原理的实用范围,从原理上讲,仅限于极简单的硬球形非极性对称分子。

1.2.2.3 SRK（Soave-Redlich-Kwong）方程

1961 年皮泽（Pitzer）发现具有不对称偏心力场的硬球分子体系,其对比蒸汽压（p_s/p_c）要比简单球形对称分子的蒸汽压低。偏心度越大,偏差程度越大。他从分子物理学角度,用非球形不对称分子间相互作用位形能（引力和斥力强度）与简单球形对称非极性分子间位形能的偏差程度来解释,引入了偏心因子这个物理量：$\omega = -\lg(p_{rs})_{Tr=0.7}-1$;$p_{rs}$ 为不同分子体系在 T_r（T/T_c）=0.7 时的对比蒸汽压（p_s/p_c）。

Soave[10]将纯物质的偏心因子作为第三个参数引入状态方程,随后又有些人进行了卓有成效的工作,使三次方型方程的改进、实用化有了长足的进步,并被引入油气藏流体相平衡计算。SRK 方程的形式为

$$p = \frac{RT}{V-b} - \frac{a\alpha(T)}{V(V+b)} \quad (1.41)$$

与 RK 方程相比,Soave 状态方程中引入了一个有一般化意义的温度函数 $\alpha(T)$,用于改善烃类等实际复杂分子体系对 PVT 相态特征的影响。

1.2.2.4 PR（Peng-Robinson）方程

考虑到 SRK 方程在预测含较强极性组分体系物性和液相容积特性方面精度欠佳的问题,1976 年彭和罗宾逊[11]对 SRK 方程作了进一步改进,其过程可简要归纳为以下几点：第一,运用分子物理学理论对范德瓦耳斯方程、RK 方程和 SRK 方程的结构特征进行分

析，将硬球分子模型的三次方型状态方程写成一般结构式：$p=p_r+p_a$，p_r 和 p_a 表示一类范德瓦耳斯方程改进式的广义斥力项和引力项；第二，范德瓦耳斯方程中原斥力的形式 $p_r=RT/(V-b)$，从简单性、实用性来讲对于简单硬球分子模型仍是较好的形式；第三，对引力项与分子密度的关系作了较深入的分析，给出了更好的结构，首先将 p_a 写成：$p_a=a\alpha(T)/g(V,b)$，并指出适当选择 $g(V,b)$ 的函数形式，可更好地反映包括偏心硬球分子体系在内的分子密度对应力项的影响，并可使之适合临界区计算。给出 $g(V,b)$ 的具体结构为：$g(V,b)=V(V+b)+b(V-b)$，从而对 SRK 方程作出新的修正，简称 PR 方程，即

$$p = \frac{RT}{V-b} - \frac{a\alpha(T)}{V(V+b)+b(V-b)} \tag{1.42}$$

自 PR 方程发表之后，首先被广泛用于各种纯物质及其混合物热力学性质的计算，继之又用于气液相平衡计算，并对它作了较全面的检验，与 SRK 方程相比有以下进步：对纯物质蒸汽压的预测有明显的改进，对焓差计算则两者相当；对于液相密度及容积特性的计算，PR 方程有明显的改善，而对于气相密度及容积特性的测定则两者相当；用于气液相平衡计算，PR 方程一般优于 SRK 方程；PR 方程用于含 CO_2、H_2S 等较强极性组分体系的气液相平衡计算，能取得较为满意的结果。因此，PR 方程是目前在油气藏烃类体系相态模拟计算中使用最为普遍、公认最好的状态方程之一。

对于纯组分物质体系，PR 方程仍能满足范德瓦耳斯方程所具有的临界点条件，式中的 a、b 为

$$a_i = 0.45724\frac{R^2 T_{ci}^2}{p_{ci}} \tag{1.43}$$

$$b_i = 0.07780\frac{RT_{ci}}{p_{ci}} \tag{1.44}$$

沿用 Soave 的关联方法，PR 方程中可调温度函数关联式为

$$a_i = [1+m_i(1-T_{ri}^{0.5})]^2 \tag{1.45}$$

$$m_i = 0.37464+1.54226\omega_i - 0.26992\omega_i^2 \tag{1.46}$$

对于油气藏烃类多组分体系，PR 方程的形式如下。

1. 压力方程

$$p = \frac{RT}{V-b_m} - \frac{a_m(T)}{V(V+b_m)+b_m(V-b_m)} \tag{1.47}$$

式中，a_m、b_m 仍沿用 SRK 方程的混合规则求得

$$a_m(T) = \sum_{i=1}^{n}\sum_{j=1}^{n} x_i x_j (a_i a_j \alpha_i \alpha_j)^{0.5}(1-k_{ij}) \tag{1.48}$$

$$b_m = \sum_{i=1}^{n} x_i b_i \tag{1.49}$$

式中，k_{ij} 为 PR 方程的二元交互作用系数，可在有关文献资料中查得，也可利用相关公式通过对实验数据的拟合而求得；其他参数定义与 SRK 方程相同。

2. 偏差系数三次方程

PR 方程对应的 Z 三次方方程为

$$Z_m^3 - (1 - B_m)Z_m^2 + (A_m - 2B_m - 3B_m^2)Z_m - (A_mB_m - B_m^2 - B_m^3) = 0 \quad (1.50)$$

式中，

$$A_m = \frac{a_m(T)p}{(RT)^2} \quad (1.51)$$

$$B_m = \frac{b_m p}{RT} \quad (1.52)$$

3. 混合物中各组分的逸度方程

对应于 PR 方程的逸度计算公式为

$$\ln\left(\frac{f_i}{x_i p}\right) = \frac{b_i}{b_m}(Z_m - 1) - \ln(Z_m - B_m) - \frac{A_m}{2\sqrt{2}B_m}\left(\frac{2\psi_j}{a_m} - \frac{b_i}{b_m}\right)\ln\left(\frac{Z_m + 2.414B_m}{Z_m - 0.414B_m}\right) \quad (1.53)$$

其中，

$$\psi_j = \sum_j^n x_j(a_ia_j\alpha_i\alpha_j)^{0.5}(1 - k_{ij}) \quad (1.54)$$

当计算平衡气相、液相混合物中各组分逸度时，y_i、x_i 则分别表示气相、液相的组成。PR 方程由于引力项中进一步考虑了分子密度对分子引力的影响，其结构上更为合理。经过后人大量实验数据的验算，PR 方程用于纯组分蒸汽压的预测及含弱极性物质体系的气液平衡计算比 SRK 方程有较显著的改进，尤其对液相容积特性的预测能给出更好的估计。用于临界点，PR 方程所得到的理论 Z_c 值为 0.3074，更接近于实际分子体系 Z（0.264~0.292），故 PR 方程对于临界区物性的预测也能得到满意的结果。因此，PR 方程被普遍用于油气藏烃类体系相态计算中。

1.2.2.5 LHHSS（李士伦等人改进）方程

为了适应我国凝析气藏油气烃类体系相态计算发展的需要，在前人工作的基础上，李士伦、黄瑜、何更生、孙良田、孙雷等通过对状态方程改进方法和理论基础的深入分析，提出了一个新的四参数三次方型状态方程，即 LHHSS 方程[12]，其表达式为

$$p = \frac{RT}{V - b} - \frac{a\alpha(T)}{V^2 + cV - d^2} \quad (1.55)$$

对前述状态方程，从临界点特征分析，两参数的 SRK 方程和 PR 状态方程其理论临界偏差系数对任何物质均为不变的常数（SRK 方程 Z_c=0.3333，PR 方程 Z_c=0.3074），这与大多数实际组分具有的可变化的临界偏差系数（Z_c=0.264~0.292）不相一致；四参数状态方程目的是在满足范德瓦耳斯方程临界条件的基础上，使其理论 Z_c 值成为可调参数，从而能在更广泛的范围适用于不同油气藏烃类体系的相态计算要求。

利用其体积三次方程在临界点处条件展开类比，可导出方程中对应于各纯物质的系数：

$$a_i = \Omega_{ai} \frac{(RT_{ci})^2}{p_{ci}} \tag{1.56}$$

$$b_i = \Omega_{bi} \frac{(RT_{ci})}{p_{ci}} \tag{1.57}$$

$$c_i = \Omega_{ci} \frac{(RT_{ci})}{p_{ci}} \tag{1.58}$$

$$d_i = \Omega_{di} \frac{(RT_{ci})}{p_{ci}} \tag{1.59}$$

式中各 Ω_i 是与偏心因子 ω_i 及临界偏差系数 Z_{ci} 有关的系数，可由一组根据方程（1.55）在临界点处的特征化条件所导出的公式求得

$$\Omega_{ci} = \Omega_{bi} + 1 - 3Z_{ci} \tag{1.60}$$

$$\Omega_{di} = \left\{ \Omega_{bi} \left[3Z_{ci}^2 + \Omega_{ci}(1 + \Omega_{bi}) \right] Z_{ci}^3 \right\}^2 \tag{1.61}$$

$$\Omega_{ai} = 3Z_{ci}^2 + \Omega_{ci}(\Omega_{bi} + 1) + \Omega_{di}^2 \tag{1.62}$$

为求得各系数，选择其中 Ω_{bi} 和 Z_{ci} 为与各纯物质偏心因子 ω_i 有关的可调参数，经大量气、液相容积特性数据拟合回归，得到下列关联式：

$$\Omega_{bi} = 0.8355 - 0.030051\omega_i - 0.0087911\omega_i^3 \tag{1.63}$$

$$Z_{ci} = \frac{0.84}{3.44 + 1.2\omega_i} + 0.07 \tag{1.64}$$

这里，对甲烷等非极性球形对称分子，Ω_{bi} 介于 SRK 方程的 0.08664 与 PR 方程的 0.07780 之间，而理论 Z_{ci} 值基本保持大于实测 Z_c 值 5%~10%。对油气烃类体系，可以从有关石油天然气手册中查到各纯物质烃类组分的 ω_i，再根据方程（1.60）~（1.63）即可分别求出各 Ω_i 值。

当油气体系中某一烃类组分的对比温度 $T_{ri} \leqslant 1$，即该组分处于可液化状态时，温度函数关联式与 SW（Schmidt-Kenzel）状态方程的形式相同。

当 $T_{ri} > 1$ 时，体系中 i 组分将处于超临界状态，改进的温度函数关联式为

$$\alpha_i(T) = 1 - (0.6258 + 1.5227\omega_i) \ln T_{ri} + (0.1533 + 0.41\omega_i)(\ln T_{ri})^2 \tag{1.65}$$

如上各式称为 LHHSS（Ⅰ）型状态方程。

在地层温度条件下，LHHSS 方程的研究者针对油气藏（特别是凝析气藏）烃类体系的 N_2、CO 等超临界组分（体系温度超过该组分的临界温度）对相平衡的影响，对温度函数 $\alpha(T)$ 经验式的关联作了进一步的改进。

当油气体系中某一烃类组分（如 C_1）的对比温度 $T_{ri} \leqslant 1$（该组分处于可液化状态）时，温度函数关联式为

$$\alpha_i(T) = [1 + m_i(1 - T_{ri}^{0.5})]^2 \tag{1.66}$$

将偏心因子划分为三个数值区间，分别回归得到不同区间的可调参数关联式。

区间 Ⅰ：$\omega_i \leqslant 0.05$，主要包括 CH_4、N_2、CO、Ne、Ar、Kr、Xe、F_2、O_2 等球形对称分子为主的纯物质。通过拟合这些组分的蒸汽压数据，得到适应于球形对称分子相态计算的关联式为

$$m_i = 0.40623 + 1.9636\omega_i - 43.28338\omega_i^2 \tag{1.67}$$

区间 II：$0.05 < \omega_i < 0.2$，主要包括 C_2H_6、C_3H_8、C_3H_6、nC_4H_{10}、C_4H_8、C_5H_{10}、C_{12} 等非球形短链中间烃分子为主的纯物质，回归得到的关联式为

$$m_i = 0.34056 + 4.2890\omega_i - 27.03739\omega_i^2 + 76.43585\omega_i^3 \tag{1.68}$$

区间 III：$\omega_i > 0.2$，主要包括 CO_2、H_2S 等弱极性不对称分子以及 nC_5H_{12}、iC_5H_{12}、nC_6H_{14}、nC_7H_{16}、nC_8H_{18}，…，$nC_{20}H_{42}$ 等长链非球形烃类分子为主的纯物质，相应的关联式为

$$m_i = 0.11928 + 3.3167\omega_i - 3.67269\omega_i^2 + 1.71497\omega_i^3 \tag{1.69}$$

当体系中某一烃组分的对比温度 $T_{ri} > 1$，即该组分处于超临界状态（以溶解方式才能凝析成液相）时，则有

$$\alpha_i(T) = 1 - (0.82668 + 0.50890\omega_i)\ln T_{ri} + (0.21082 + 0.46995\omega_i)(\ln T_{ri})^2 \tag{1.70}$$

对于由式（1.55）～（1.64）和（1.66）～（1.70）构成的 LHHSS 状态方程，称为 LHHSS（II）型状态方程。

同样经过验证，可以得到适合于油气藏烃类多组分混合体系平衡气、液两相 Z 因子和逸度计算的 LHHSS 方程热力学表达式。对于油气藏烃类多组分混合体系，LHHSS 方程的形式如下。

1. 压力方程

$$p = \frac{RT}{V - b_m} - \frac{a_m(T)}{V^2 + c_m V - d_m^2} \tag{1.71}$$

对于混合物，式中各系数分别由下列混合规则求得

$$a_m(T) = \sum_{i=1}^{n} \sum_{j=1}^{n} x_i x_j (a_i a_j \alpha_i \alpha_j)^{0.5} \tag{1.72}$$

$$b_m = \sum_{i=1}^{n} x_i b_i \tag{1.73}$$

$$c_m = \sum_{i=1}^{n} x_i c_i \tag{1.74}$$

$$d_m = \sum_{i=1}^{n} x_i d_i \tag{1.75}$$

2. 偏差系数三次方程

LHHSS 方程于混合物计算的 Z 三次方方程为

$$Z_m^3 - (C_m - B_m - 1)Z_m^2 + (A_m - B_m C_m - C_m - D_m^2)Z_m + (B_m D_m^2 - D_m^2 - A_m B_m) = 0 \tag{1.76}$$

式中，

$$A_m = \frac{a_m(T)p}{(RT)^2} \tag{1.77}$$

$$B_m = \frac{b_m p}{RT} \tag{1.78}$$

$$C_m = \frac{c_m p}{RT} \qquad (1.79)$$

$$D_m = \frac{d_m p}{RT} \qquad (1.80)$$

3. 混合物中各组分的逸度方程

对应于 LHHSS 方程的逸度计算公式为

$$
\ln\left(\frac{f_i}{x_i p}\right) = \frac{b_i}{b_m}\left(\frac{B_m}{Z_m - B_m}\right) - \ln(Z_m - B_m)
$$
$$
+ \left(1 - \frac{1}{Z_m - B_m}\right)\left[\frac{c_m c_i/4 + d_m d_i}{c_m^2/4 + d_m^2} Z_m - \frac{c_m d_m^2}{2\left(c_m^2/4 + d_m^2\right)}\left(\frac{c_i}{c_m} - \frac{d_i}{d_m}\right)\right]
$$
$$
+ \frac{A_m}{2\sqrt{C_m^2/4 + D_m^2}}\left(\frac{2\psi_j}{a_m} - \frac{c_m c_i/4 + d_m d_i}{c_m^2/4 + d_m^2}\right)\ln\left(\frac{Z_m + C_m/2 - \sqrt{C_m^2/4 + D_m^2}}{Z_m + C_m/2 + \sqrt{C_m^2/4 + D_m^2}}\right)
$$

$$(1.81)$$

其中，

$$\psi_j = \sum_j^n x_j (a_i a_j \alpha_i \alpha_j)^{0.5} \qquad (1.82)$$

经多个凝析油气体系 PVT 相态实验分析及相态拟合计算表明，LHHSS 方程用于油气藏烃类体系相平衡计算具有较好的适应性，能在较宽的温度、压力和组成范围内较准确地预测油气体系的相态特征[13-26]。

1.2.3 相态模拟常用软件与拟合方法

经过近 40 年的发展，油气藏流体相态模拟技术已日趋完善。目前，已形成从实验室相态测试到相平衡仿真模拟计算和数值模拟的配套技术，并实现了应用软件的工业化。这里主要介绍国内外有代表性的油气藏流体相态模拟软件及其拟合方法。

1.2.3.1 相态模拟常用软件

1. PVTCOG、PVTOIL 相态模拟软件包

PVTCOG、PVTOIL 相态模拟软件包由西南石油大学气藏工程研究室开发，含有 SRK、PR、PT、SW、LHHSS 等 5 个状态方程的热力学模型，能较好地适应我国各种类型油气藏地层流体相态评价的需要。针对油气藏地层流体相态特征以及注入气与地层流体之间抽提—溶解传质过程相态特征分析的需要，该软件可提供以下相态分析功能。

（1）原始地层流体组成计算。该项功能给出注气驱相态模拟所需的地层油气体系组分选择和组成计算数据。

（2）不同温度下地层流体露点压力拟合。该项指标可给出进行地层油气体系完整 PT 相图模拟计算的数据基础。

（3）地层流体的恒组成膨胀实验模拟计算。该项指标可给出开采过程中随着地层压力的降低，地层流体体积的膨胀程度、体积系数和偏差系数的变化等，从而可用于判断地层油弹性膨胀特性在驱替机理中的作用程度。

（4）地层流体定容衰竭实验相态模拟计算。该项研究可以给出压降开采过程中地层反凝析液饱和度变化、采出井流物组成变化、地层流体采出程度等开发指标预测结果，可为凝析气藏和挥发型油藏注气驱开发方式的选择提供依据。

（5）地层油多级脱气实验模拟计算。该项分析分别给出多级脱气过程液相体积压缩系数、地层体积系数、地层油黏度、地层油压缩系数、溶解汽油比等 PVT 参数随地层压力的变化，可为注气驱替机理的选择及注入气与地层油间的溶解—抽提相平衡研究提供模拟基础。

（6）地面分离器油气产量和生产汽油比模拟预测。可用于检验注气驱相态模拟计算结果的可靠性。

2. CMG Winprop 相态模拟软件

CMG Winprop 相态模拟软件是由加拿大计算机模拟软件集团公司（Computer Modelling Group Ltd.，CMG）开发的油气藏流体相态模拟系统，含有 SRK、PR、改进的 PR 方程。Winprop 是 CMGprop 的 Windows 版本，Winprop 是 CMG 状态方程多相平衡特性软件包，它包括流体特征化、组分归并、实验室数据回归拟合、相态图计算、沥青沉淀等。在 Winprop 中考虑的实验包括分离器油和气的合并、压缩系数测量、等组分膨胀、微分脱气、分离器测试、等容衰竭和膨胀实验。可用 Winprop 分析油藏油气系统相态，产生 CMG 组分模拟器 GEM 的组分性质。Winprop 还具有图形接口，图形由 Excel 输出。Winprop 也可产生 CMGprop 的关键字数据文件，除 CMGprop 需要的常规关键字外，还包括图形接口的特殊控制字符。因此，Winprop 不能解释用编辑程序（editor）产生或修改的数据。

Winprop 相态模拟软件除具有与 PVTCOG、PVTOIL 相态模拟软件包相同的计算功能外，还具有与注气混相驱相态模拟有关的计算功能，即注入气-地层油之间的多次接触混合与闪蒸、注入气膨胀实验、最小混相组成和最小混相压力预测等模拟计算功能。

3. Eclipse PVTi 相态模拟软件

Eclipse PVTi 相态模拟软件是根据相应的状态方程、样品测试生成和分析 PVT 相态特性。它是一个通用的、基于状态方程的、为 Eclipse 准备输入数据的 PVT 数据分析软件包；具有四个可用的状态方程（RK、SK、PR 和 ZJ）模型和分析方法，可对流体样品进行分组或拟组分化；可以交互方式或批处理方式工作；具有两种黏度的计算方法，Pedersen et al.[27]和 Lohrenz-Bray-Clark[28]；含有三种流体定义方法：标准（Library）组分只需输入相应的组分即可、特征组分及拟组分；经过物质平衡检查，实验过程的模拟，利用实验数据用状态方程进行回归，最后生成 Eclipse 所需的 PVT 数据。

4. PVTsim 相态模拟软件

PVTsim 相态模拟软件是为石油工程师开发的多用途 PVT 模拟软件。要精确模拟油和凝析气混合物的 PVT 特性，需要进行标准的组分分析。多种油藏组分流体可以被定性化和集总为一个唯一的拟组分。程序中的回归方法选项允许将 PVT 数据匹配成与最少的拟组分。另外，PVTsim 中的天然气水化物、蜡、沥青质和结垢功能选项使 PVTsim 非常适合于评估在管线运输过程中的固体沉降的风险。PVTsim 中还有组分蜡分解模拟器（DepoWax）。PVTsim 可以定量地模拟从深层油藏到标准条件下的油、气、水多相的组分分布及相特性。PVTsim 可以将结果向其他油藏模拟器、管道模拟器、处理模拟器输出，这样就可能在模拟整个油/气生产过程中使用同一种热动力基础。

（1）流体处理器。处理流体组分和 PVT 数据是 PVTsim 中的主要组成部分。PVT 实验室测出的 PVT 数据可以输入并存在 PVTsim 的数据库中去。PVTsim 自动地将加号组分分开，并结成拟组分，准备好在模拟过程中所需的各组分和模型参数。PVTsim 中的"泥浆清理"功能可以将被泥浆中的油基所污染的数据进行数字化清理。PVTsim 的流体处理器中还包括两相压力/温度闪蒸和相态变化模拟功能。闪蒸计算的输出结果包括：密度和 Z 因子，焓、熵、C_p 和 C_v，声速，黏度，热传导率，表面张力。

（2）PVTsim 模拟器。PVTsim 适合于计划 PVT 实验、检查实验数据的质量。所有的常规 PVT 实验都可以被模拟：定量膨胀、定容脱离、差异脱离、分离实验、膨胀实验、黏度实验，还有其他选项可计算饱和点、零界点和随深度的组分变化。

（3）闪蒸和设备操作。PVTsim 所支持的闪蒸有：PT（压力、温度）、PH（压力、焓）、PS（压力、熵）、VT（容积、温度）、UV（内能、容积）、HS（焓、熵）。可以模拟的设备有：压缩机、扩容机、冷却器、加热器、泵、阀、闪蒸分离器。

（4）与油藏模拟器的接口。PVTsim 只用几分钟就可以将标准组分分析的结果转化为向油藏和井流模拟器的输入文件。所支持的模拟器有：Eclipse 黑油模型、Eclipse 200（Gi）、Eclipse 组分模型、VIP 黑油模型、VIP 组分模型、prosper/Mbal、Saphir。

（5）流体传输分析。PVTsim 可以模拟并预测流体传输过程中可能发生固体沉降的风险和预防措施。PVTsim 中的天然气水合物模块可以评估：水合物形成的潜在风险、水合物生成量、抑制水合物生成的抑制剂量、盐对水合物生成条件的影响。水合物抑制剂向油相的流失石蜡模块有如下的模拟选项：石蜡压力温度曲线、压力温度闪蒸（气、油和蜡）、石蜡生成条件（温度和压力）、对蜡沉降实验数据的调整。

PVTsim 中还有模拟沥青质和结垢的功能模块。

5. 美国 SSI 公司的 COMPⅣ模拟软件

组分模型（3.1 版本）是由美国 SSI 公司 1990 年推出的，它具有技术成熟、操作灵活等优点，代表了 20 世纪 80 年代末国际的先进水平，尤其是对轻质油、近临界点挥发油油藏和凝析气藏，能够获得精确的结果和直观的动态变化特征显示。

COMPⅣ组分模型可用于黑油、近临界点挥发油、凝析气藏和凝析油气藏等不同类型的油气藏进行衰竭式开采、注水、注气（循环注气）、注富气、混相/富气段塞驱开采的动态预测。COMPⅣ组分模型的 PVT 相态模拟以井流物组成为依据，采用状态方程计算。模型中可供选择的状态方程有 SRK、PR、RK 和 ZJRK 方程，能适应各种油气藏类型的需要。

6. KCOM-PVT K 值多组分模型软件

KCOM-PVT K 值多组分模型软件是由西南石油大学气藏工程研究室开发的油气藏数值模拟软件，属于状态方程型多组分模型。其特点是通过对油气体系相平衡物理过程进行科学简化后，具备 K 值快速计算功能。

该软件既适用于对纯凝析气藏，轻质油藏，带底水、油环的凝析油气藏进行模拟，又适用于对保持地层压力的注气、注水开发进行模拟，特别是具有自动拟合油气田开发生产史的功能。应用它可以很好地预测地层剩余油的分布，从而能够为注气驱等三次采油方案确定注采井网提供可靠的依据。

1.2.3.2 拟合方法

油气烃类体系是由多组分物质构成的混合物。如在研究注气驱过程气液间溶解-抽提相平衡问题时，必须知道油气体系中各组分的组成分布及其相应的热力学性质，并通过相态实验数据的拟合对其中 C_7^+ 重馏分的热力学参数进行合理的调整，以便使流体相态实验数据-状态方程模型-流体热力学参数之间满足热力学相容性，从而使状态方程相态模拟的结果符合油气藏流体实际相态变化过程，为油气藏模拟提供合理的流体 PVT 参数场。

PVT 拟合实际上就是对照实验数据，用 PVT 软件，调整 EOS 状态方程参数，使 PVT 软件用 EOS 计算的结果与实验室测量结果匹配，然后把拟合好的 EOS 输出给组分模型用于组分模拟的 EOS 和闪蒸计算，最后是 EOS 的输出。拟合时尽量考虑用 EOS（状态方程）模拟较宽的组成、温度和压力范围，覆盖油藏、井筒、油管及分离器条件等。以地层流体相态实验数据为基础进行相态拟合计算，优选状态方程，确定油气体系重馏分的热力学参数场，即相态实验拟合，或 PVT 拟合。

运用油气藏流体相态模拟软件处理上述问题，实现流体相态实验数据-状态方程模型-流体热力学参数之间满足热力学相容性，必须进行以下工作：

（1）重馏分的特征化预测，即 C_7^+ 重馏分的热力学参数。重馏分的特征化是在精确测定油气体系的前 $n-1$ 个组分和组成后，对第 n 个组分以后的重馏分采用实沸点蒸馏的方法进行窄馏分分析。并采用一定的统计方法确定出这些组分的组成含量和分布规律，然后将其应用于确定加和馏分的延伸组分的组成，再根据有关的热力学经验关系式计算出这些延伸组分相应的热力学参数，如分子量、相对密度、正常沸点、临界温度、临界压力和偏心因子等。这些参数对油气体系的多相相平衡以及多组分数值模拟研究是至关重要的。

CMG、COMP Ⅳ 多组分模型的原理是：运用精密的组成分析技术测出石油馏分或油气体系中的前 $n-1$ 个组分组成的分布规律，并运用数学方法关联整理出具普遍意义的分布模型，然后将关联模型推广到各种油气体系，用分布模型预测 C_n^+ 重馏分组成及其热力学参数。

（2）相态拟合及热力学参数场拟合。相态拟合和热力学参数拟合采用最优化多元回归拟合法。该方法以实验测定的相态实验数据作为目标函数，通过相态拟合计算，自动搜索出与给定油气体系实测 PVT 相态参数和状态方程相匹配的 C_n^+ 重馏分特征化参数，并完成油气体系所需的相态模拟计算。用最优化拟合方法确定重馏分特征参数，可归纳为以下步骤。

1）选择有代表性的 PVT 相态实验数据

在进行注气驱过程相态研究时，PVT 实验能够较好地测出以下实验数据：

（1）局部相图（不同温度下的露点和泡点压力）。

（2）单次闪蒸（原始体积系数、GOR、地面油密度和分子量等）。

（3）等组成膨胀（相对体积、气相的压缩因子等）。

（4）定容衰竭（反凝析饱和度、井流物采出程度、凝析油采出程度等）。

（5）多次脱气（地层油压缩系数和黏度、GOR、体积系数、密度等）。

（6）膨胀实验（饱和压力、体积膨胀系数等）。

（7）多次接触（油气组成、体积系数、混相压力等）。

其中，局部相图、单次闪蒸、定容衰竭、多次脱气、膨胀实验和多次接触实验测试数据更符合油气藏开采过程油气相态变化，拟合时应优先选择。

2）建立目标函数，确定拟合变量

定义相态拟合目标函数方程为

$$F(X_1, X_2, \cdots, X_n) = \sum_{i=1}^{m} \left| W_i \frac{Y_{ci} - Y_{ei}}{Y_{ei}} \right| = 0 \tag{1.83}$$

式中，$F(X_1, X_2, \cdots, X_n)$ 为目标函数；$X_1, X_2, \cdots, X_n$ 为所选测得拟合变量（C_7^+ 重馏分的热力学参数 T_c、p_c、ω_c 以及状态方程系数 Ω_a、Ω_b 等）；W_i 为第 i 个拟合变量的权重；Y_{ci}、Y_{ei} 分别为计算和实测的相态参数（p_d、p_b、S_o、V_r、GOR 等）。

3）搜索计算重馏分特征参数

给出一组拟合变量初值，选择某一状态方程进行相态拟合计算，用最优化方法调整拟合变量，经过多次搜索迭代，直至满足目标函数，由此得到相态计算所需的 C_n^+ 重馏分特征参数。

此外，用最优化拟合方法还可以检验油气体系组成分布、状态方程和拟合的 C_n^+ 特征参数之间的匹配关系。如果三者匹配关系缺乏物理相容性，则会出现多次搜索拟合均不能满足目标函数的情况，这时应检验实测相态数据的可靠性或重新选择状态方程进行拟合，直到获得满意的结果为止。

参 考 文 献

[1] 孙长宇，陈光进，郭天民，等. 甲烷水合物分解动力学[J]. 化工学报，2002，53（9）：899-903.

[2] 李淑霞，夏晞冉，玄建，等. 多孔介质中水合物生成与分解的电阻率性质（英文）[J]. Chinese Journal of Chemical Engineering，2010，18（1）：45-48.

[3] 喻西崇，李刚，李清平，等. 沉积物中水合物分解过程影响因素的实验模拟分析[J]. 中国科学：地球科学，2013（3）：400-405.

[4] 孟庆国，刘昌岭，业渝光，等. 不同类型天然气水合物真空分解过程实验研究[J]. 现代地质，2010，24（3）：607-613.

[5] Wilson G M. XI. A New Expression for the Excess Free Energy of Mixing [J]. Journal of the American Chemical Society，1964，86（2）．127-130.

[6] Pitzer K S. Theoretical basis and general equations[J]. J. Phys. Chem，1973，77（2）：268-277.

[7] Fussell D D，Yanosik J L，Fussell D D，et al. Iterative sequence for phase equilibrium calculations incorporating the

Redlich--Kwong equation of state[J]. Society of Petroleum Engineers Journal，1978，18（18）：173-182.

[8] Waals J D V D. The equation of state for gases and liquids（Reprinted from Nobel Lecture，December，1910）[J]. Journal of Supercritical Fluids the，2010，55（2）：403-414.

[9] Redlich O，Kwong J N. On the thermodynamics of solutions：an equation of state：fugacities of gaseous solutions. [J]. Chemical Reviews，1949，44（1）：233-244.

[10] Soave G. Equilibrium constants from a modified Redlich-Kwong equation of state [J]. Chemical Engineering Science，1972，27（6）：1197-1203.

[11] Peng D Y，Robinson D B. A New Two-Constant Equation of State [J]. Industrial & Engineering Chemistry Fundamentals，1976，15（1）：92-94.

[12] 李士伦，黄瑜，孙雷，等. 一个新的三次方型状态方程[J]. 西南石油大学学报（自然科学版），1988，10（3）：17-25.

[13] Walas S M. Phase Equilibria in Chemical Engineering [M]. Butterworth，1985.

[14] 郭天民. 多元气-液平衡和精馏[M]. 北京：石油工业出版社，2002.

[15] Peng D Y，Robinson D B. A New Two-Constant Equation of State[J]. Industrial & Engineering Chemistry Fundamentals，1976，15（1）：92-94.

[16] Schmidt G，Wenzel H. A modified van der Waals type equation of state [J]. Chemical Engineering Science，1980，35（7）：1503-1512.

[17] Ahmed T H. Comparative Study of Eight Equations of State for Predicting Hydrocarbon Volumetric Phase Behavior [J]. Spe Reservoir Engineering，1986，3（1）：337-348.

[18] Firoozabadi A，Nutakki R，Wong T W，et al. EOS Predictions of Compressibility and Phase Behavior in Systems Containing Water，Hydrocarbons，and CO_2 [J]. Spe Reservoir Engineering，1988，3（2）：673-684.

[19] 童景山，刘裕品. 一个改进的三次型状态方程[J]. 工程热物理学报，1982，V3（3）：3-9.

[20] 张茂林，等. 凝析油气藏流体相态和数值模拟研究[M]. 成都：四川科学技术出版社，2004.

[21] 瓦拉斯. 化工相平衡[M]. 北京：中国石化出版社，1991.

[22] Ahmed T H. Hydrocarbon phase behavior [J]. Contributions in Petroleum Geology & Engineering，1989.

[23] SY/T 6101-1994. 凝析气藏相态特征确定技术要求

[24] 袁士义. 凝析气藏高效开发理论与实践[M]. 北京：石油工业出版社，2003.

[25] 孙志道，胡永乐，李云娟，等. 凝析气藏早期开发气藏工程研究[M]. 北京：石油工业出版社，2003.

[26] 李士伦. 天然气工程[M]. 北京：石油出版社，2000.

[27] Pedersen K S，Fredenslund A，Christensen P L，et al. Viscosity of crude oils[J]. Chemical Engineering Science，1984，39（6）：1011-1016.

[28] Lohrenz J，Bray B G，Clark C R. Calculating Viscosities of Reservoir Fluids from Their Compositions [J]. Journal of Petroleum Technology，1964，16（10）：1171-1176.

第2章　凝析油气藏相态研究

常规 PVT 相态研究都是在多孔介质中进行的，然而相态变化是在储层多孔介质中进行的。研究多孔介质对相态的影响有非常重要的意义，目前油气田开发工程中的相态模拟及计算还未考虑多孔介质的影响，关于此国内外有不少学者进行过研究，然而研究结论相差很大，有的认为影响大，有的认为没影响，但无论如何，它是开发工程中重要的基本问题，它直接关系到在 PVT 筒中进行的测试是否有代表性的问题。本章主要从多孔介质本身特点出发，讨论吸附对储量的影响、毛管压力对相态的影响、吸附及毛管压力对露点的影响、多孔介质中凝析油采收率的影响、多孔介质中凝析油临界流动饱和度的影响。

2.1　多孔介质中高温高压凝析油气相态

凝析气藏是一类极为特殊、复杂的气藏。一方面由于它能同时采出天然气和凝析油而具有较高的经济价值[1-3]；另一方面，在衰竭开发过程中当地层压力降到露点压力以下时，凝析气开始发生反凝析，气相中的重烃会发生相间传质、相态变化[4, 5]。当凝析油的饱和度超过临界凝析流动饱和度时，储层出现气液两相流动，这种流动与常规的油气两相流动有本质差别，从井筒到地层表现出三区油气分布特征[6-8]：凝析油气两相流动区、凝析油不可流动区和单相气流动区。凝析气藏反凝析现象的特殊性给现代油气藏工程分析技术以及合理、高效地开发和开采凝析气藏带来一系列技术难题，而解决这些难题的关键之一就是从微观和宏观上正确认识和评价凝析油气在储层多孔介质中的相态变化及渗流规律。

凝析气田开发已有半个世纪的历史，已形成了相应的开发与开采配套分析评价和应用技术。这些技术和方法是基于 PVT 筒中的相态实验，即忽略多孔介质界面现象对凝析油气体系相态变化规律和渗流规律的影响。实际上，由于储层的颗粒细、孔隙小，储层介质具有巨大的比面积，流体与储层介质间存在多种界面，界面现象极为突出，如吸附、毛细凝聚效应、界面张力等[9-11]。因此，把凝析油气体系和储层多孔介质视为一个相互作用的完整系统，考虑多孔介质界面现象对凝析油气体系相态变化和渗流规律的影响，更能真实地反映凝析油气体系在储层多孔介质中的相态和渗流特征。

2.1.1　多孔介质中的界面现象

多孔介质中凝析油气体系是一个不均匀体系，具有多相性，且各相之间存在界面。这种界面是一个物理区域，而不是一个没有厚度的纯粹几何平面。由于界面非常薄，在许多情况下仅有几个分子直径厚，因此，常将其看作一个二维平面或准三维区域[12]。实际上并不存在两个相的截然分界面，因此常把界面区域作为另一相来处理，称为界面相，而与界面相相邻的两个均匀相就称为本体相。当其中任何一个本体相发生变化时,界面相性质也要发生相应的改变。凝析气藏中界面现象普遍存在。多孔介质表面存在吸附,反凝析现象发生以后,出现气液两相,因而储层中就存在气-固、气-液和液-固界面[13, 14]。

1. 凝析气在储层多孔介质表面的吸附

1)凝析气纯组分在储层多孔介质表面的吸附

在凝析气藏中,烃类流体在储层多孔介质表面发生吸附现象。根据吸附的基本理论[15],应用混合气吸附模型求解吸附问题,这样就需要单组分气体的吸附等温线,而吸附等温线直接与吸附剂的结构特征有关。为此,我们首先确定储层中单组分凝析气的吸附等温线[16, 17]。

单组分凝析气的吸附等温线可通过实验测定是否存在多孔介质时气体的压缩因子来确定[18],即

$$n^{(\sigma)} = \frac{pV_o}{RT}\left(\frac{1}{Z_o} - \frac{1}{Z_o}\right) \tag{2.1}$$

式中,$n^{(\sigma)}$——吸附量;

p——压力;

R——通用气体常数;

T——温度;

V_o——多孔介质的孔隙体积;

Z_o——多孔介质中气体的压缩因子;

Z_o——无多孔介质时气体的压缩因子。

然而,实际凝析气藏组分非常复杂,不可能测试每一组分的吸附等温线。为此,我们应用 Polanyi-Dubinin 位势理论[19-27]扩展单组分气体的吸附等温线。根据这一理论,气体在一定吸附剂上的吸附特性曲线即吸附空间体积 W 为

$$W = n^{(\sigma)}V_m \tag{2.2}$$

吸附位势 ε

$$\varepsilon = \frac{RT}{V_m}\ln\frac{p^*}{p} \tag{2.3}$$

式中,V_m——饱和液体的摩尔体积;

p^*——饱和蒸汽压。

为考虑实际凝析气的非理想性,在求得特性曲线后,推算储层中单组分凝析气的吸附等温线时,我们应用逸度 f 代替压力 p 来求 ε,即

$$\varepsilon = \frac{RT}{V_m}\ln\frac{f^*}{f} \tag{2.4}$$

这样由经验特征曲线推算任一温度下任一气体在给定吸附剂上的吸附等温线的步骤为:

(1)由气体的特性参数计算气体的饱和蒸汽压和吸附温度下饱和液体的摩尔体积;

（2）计算吸附温度下气体在其饱和蒸汽压下的逸度；

（3）计算吸附温度下不同压力下气体的逸度；

（4）由方程（2.3）计算吸附位势 ε；

（5）由特性曲线经验方程求得不同压力下的吸附量。

得到单组分凝析气的吸附等温线，就可根据混合气吸附理论确定一定温度、压力下凝析气混合物在储层多孔介质表面的吸附量及吸附相的组成。

2）凝析气混合物在储层多孔介质表面的吸附

混合气吸附不仅与温度、压力有关，而且随气体组成而变化，其吸附模型较著名的有空穴溶液模型（VSM）[28-31]、吸附溶液模型等[32-35]。本节计算采用 VSM 模型。据空穴溶液理论知，空穴溶液由吸附质和能为吸附质所填充的空穴组成。混合气吸附平衡处理为气相中空穴溶液与吸附相中空穴溶液的平衡，气相和吸附相都考虑为假想溶剂"空穴"中的溶质，吸附相看作吸附分子与空穴的混合物，用活度系数模型描述吸附相空穴溶液。应用 Flory-Huggins 活度系数模型描述的 F-HVSM 模型[36,37]，即混合气的 F-HVSM 等温式［式（2.5）］。由此模型，利用已知的自由相气体组成 y_i、压力 p、温度 T 和纯组分的吸附数据，就可求得总吸附量 $n_m^{(\sigma)}$ 以及吸附相组成 $x_i^{(\sigma)}$。

$$y_i \phi_i p = \gamma_i^{(s)} x_i^{(\sigma)} \frac{n_m^{(\sigma)}}{n_m^{(\infty)}} \frac{n_i^{\infty}}{b_i} \left[\frac{\exp \alpha_{iV}}{1 + \alpha_{iV}} \right] \exp \left[\left(\frac{n_i^{\infty} - n_m^{(\sigma)}}{n_m^{(\sigma)}} - 1 \right) \ln \gamma_V^{(s)} x_V^{(s)} \right] \tag{2.5}$$

式中，y_i——自由相气体中 i 组分的物质的量分数；

ϕ_i——自由相气体中 i 组分的逸度系数；

$x_i^{(\sigma)}$——吸附相空穴溶液中 i 组分的分数；

$n_i^{(\infty)}$——纯组分 i 的吸附容量；

α_{iV}——组分 i 与空穴间的二元相互作用系数；

$\gamma_V^{(s)}$——吸附相空穴溶液中空穴的活度系数；

n_m^{∞}——混合气的吸附容量，$n_m^{(\infty)} = \sum\limits_{i=1}^{n} x_i^{(\sigma)} n_i^{\infty}$；

$n_m^{(\sigma)}$——混合气的总吸附量；

$x_V^{(s)}$——吸附相空穴溶液中空穴的分数，$x_V^{(s)} = 1 - \dfrac{n_m^{(\sigma)}}{n_m^{(\infty)}}$；

b_i—— i 组分的 Henry 常数；

$\gamma_i^{(s)}$——吸附相空穴溶液中 i 组分的活度系数；

$$\ln \gamma_i^{(s)} = -\ln \left(\sum_{j=1}^{n+1} \frac{x_j^{(s)}}{\alpha_{ij} + 1} \right) + \left[1 - \sum_{j=1}^{n+1} \frac{x_j^{(s)}}{\alpha_{ij} + 1} \right]^{-1}$$

其中，α_{ij}——为组分 i 与组分 j 间的二元相互作用系数，$\alpha_{ij} = \dfrac{\alpha_{iV} + 1}{\alpha_{jV} + 1} - 1$；

$x_j^{(s)}$——吸附相空穴溶液中 j 组分的物质的量分数，$x_j^{(s)} = \dfrac{n_m^{(\sigma)} x_j^{(\sigma)}}{n_m^{(\infty)}}$。

2. 凝析油在储层多孔介质表面的吸附

由吸附平衡的热力学条件可导出液体混合物的吸附模型[38]如下：

$$x_i \gamma_i = x_i^{(\sigma)} \gamma_i^{(\sigma)} \exp\left[\frac{A_{sm,i}\pi(i)}{RT}\right] \tag{2.6}$$

式中，x_i——液体相中 i 组分的分数；

　　　γ_i——液体相中 i 组分的活度系数；

　　　$A_{sm,i}$——纯组分 i 在与系统相同的温度、铺展压下的偏摩尔界面面积；

　　　$\pi(i)$——体系相对于纯组分 i 的铺展压。

凝析油为烃类混合物，即使在储层的高温、高压下与理想溶液的偏差并不大。因此可将液体相和吸附相都看作理想液体，从而 $\gamma_i = \gamma_i^{(\sigma)} = 1$，这样方程（2.6）就简化为

$$x_i \gamma_i = \gamma_i^{(\sigma)} x_i^{(\sigma)} \exp\left[\frac{A_{sm,i}\pi(i)}{RT}\right] \tag{2.7}$$

方程（2.7）结合吸附相、体相的 Gibbs 吸附等温式为[39-41]

$$A_{sm}\mathrm{d}\pi = \sum_{i=1}^{n} x_i^{(\sigma)}\mathrm{d}\mu_i \tag{2.8}$$

利用二元液体混合物的吸附数据求得已知自由液相组成时在一定温度下凝析油混合物吸附相的组成。

$$\sum_{i=1}^{n} x_i \mathrm{d}\mu_i = 0 \tag{2.9}$$

多孔介质常被认为孔隙的总体积被填满即为总吸附量，由于各种分子所占的体积不同，总吸附量将因分子的种类和浓度而异。设总的孔隙体积完全充满某组分 i 时其数量为 $n_i^{(\infty)}$，并设混合时无体积变化，则对 N 元体系，总的吸附量 $n_m^{(\sigma)}$ 为

$$n_m^{(\sigma)} = \left[\sum \frac{x_i^{(\sigma)}}{n_i^{(\infty)}}\right]^{-1} \tag{2.10}$$

式中，$n_i^{(\infty)}$——纯组分 i 蒸汽的饱和吸附量；

　　　$x_i^{(\sigma)}$——混合物吸附相中 i 组分的分数。

$n_i^{(\infty)}$ 由 Aranovich 和 Donohue 的方法[42, 43]求取，根据他们的理论蒸汽在固体吸附剂量为

$$n^{(\sigma)} = \frac{f(p)}{\left(1 - \dfrac{p}{p^*}\right)^q} \tag{2.11}$$

式中，$f(p)$——描述第一分子层吸附的函数；

　　　q——可调参数，$0 < q < 1$。

以上吸附等温线可由下面的方程来表示：

（1）当 $p = p^*$ 时，$n^{(\sigma)} = f(p^*) = n^{(\infty)}$，即为饱和吸附量；

（2）当 $p \to p^*$ 时，

$$n^{(\sigma)} = \frac{n^{\infty}}{\left(1 - \dfrac{p}{p^*}\right)^q} \tag{2.12}$$

所以有

$$\ln n^{(\sigma)} = \ln n^{(\infty)} - d\ln(1 - p/p^*) \tag{2.13}$$

根据已知纯组分蒸汽的吸附数据作 $\ln n^{(\sigma)}$-$\ln$（$1-p/p^*$）的关系曲线，可得一直线，截距即为 $\ln n^{(\infty)}$，从而可求出 $n^{(\infty)}$，即可根据方程（2.10）求得总吸附量 $n_m^{(\sigma)}$。

计算凝析油液体混合物吸附的具体步骤如下：

（1）利用纯组分蒸汽的吸附数据作 $\ln n^{(\sigma)}$-$\ln$（$1-p/p^*$）关系曲线，求取纯组分蒸汽的饱和吸附量 $n_i^{(\infty)}$；

（2）根据方程（2.8）和方程（2.9）应用二元液体混合物吸附数据求取 π(i)；

（3）由方程（2.7）利用已知自由液相组成求取吸附相组成；

（4）由方程（2.10）求取混合物的总吸附量。

3. 多孔介质中的毛细凝聚现象

在测定多孔介质的吸附等温线时，常常出现滞后现象，即在同一压力下，吸附等温线中吸附分支与脱附分支不相重合，脱附曲线高于吸附曲线，形成所谓"吸附回线"。一般认为这是由于毛细凝聚现象所致[44-46]。毛细凝聚现象往往伴随着多孔介质表面气体吸附而发生。对毛细孔来说，由于界面张力的作用，在弯曲两相界面的两侧会形成压力差，因此气体发生凝聚时的压力比正常在大平界面发生凝聚所需的压力要小，孔隙半径愈小，其发生凝聚所需的压力就愈低[47]。该现象可用开尔文公式（Kelvin）[48, 49]来表示。

$$\left(\frac{\partial A}{\partial V}\right)_T = \frac{1}{\sigma V_m} RT \ln \frac{p}{p^*} \tag{2.14}$$

式中，V_m——液体的摩尔体积；

$\quad\quad \sigma$——气液界面张力；

$\quad\quad A$——表面积；

$\quad\quad p$——毛细孔中的饱和压力；

$\quad\quad p^*$——孔隙空间曲率半径无穷大时的饱和压力。

毛细凝聚是由于化学势的减小产生的，通常有两个因素可使吸附质化学势减小，一是固体表面的临近效应，即吸附效应；另一是液体弯月面的曲率效应，即 Kelvin 效应[50]。

在发生毛细凝聚之前，孔壁上原先已覆盖了吸附膜，吸附膜厚度 t 由相对压力值决定。因此毛细凝聚并不是直接发生在孔表面，而是发生在孔心上。由 Kelvin 方程最初得到的是孔心尺寸而不是孔尺寸。将孔心尺寸转换为孔尺寸要借助于孔模型。

现以圆筒孔等效模型为例，多孔介质的孔隙被用许多半径不同的圆筒孔来代表，这些圆筒孔又按大小分成许多组。当达到与某组孔径相应的临界相对压力时，就发生毛细凝聚现象。半径越小的孔越先被凝聚液充满，半径较大的一些孔也相继被凝聚液充满，而半径更大的一些孔，孔壁吸附层则继续增厚。

当气液平衡发生在半径为 r 的毛细管中，气液界面为一半径为 r' 的球面，管壁上并有

厚度为 t 的吸附层，此时 Kelvin 方程有

$$\left(\frac{\partial A}{\partial V}\right)_T = -\frac{2}{r'} = -\frac{2\cos\theta}{r_K} \tag{2.15}$$

由此可得圆筒孔模型毛细管凝聚的 Kelvin 方程为

$$r_K = -\frac{2\sigma V_m \cos\theta}{RT \ln\dfrac{p}{p^*}} \tag{2.16}$$

式中，r_K——开尔文半径，它与孔隙半径 r 及吸附层厚度 t 有关，$r_K = r - t$；

t——吸附层厚度，对于较大的孔，其厚度值可以忽略。

一般地，把半径为 r 的孔刚好发生凝聚时对应的相对压力 p/p^* 称为与 r 相应的临界相对压力。反过来，称孔半径 r 为与相对压力相应的临界孔半径。由式（2.16）知道，孔隙曲率半径越小，毛细凝聚现象就越严重。当具有毛细孔的多孔介质与某种蒸汽相接触时，随着蒸汽的相对压力从零开始增加，开始时毛细孔中没有凝聚液，但由于吸附作用，孔壁已有蒸汽的吸附膜，随着相对压力的增加，吸附膜厚度也增加。当相对压力增加到与最小孔径相应的临界相对压力时，毛细凝聚开始在孔心上发生，孔中的吸附膜起成核作用，半径越小的孔越先充满凝聚液。

就凝析气藏而言，由于毛细凝聚的作用，多孔介质中的露点可能比无多孔介质作用时要高，特别是对于低渗透凝析气藏。

2.1.2 多孔介质中凝析油气体系相平衡规律研究

常规的相平衡研究忽略了多孔介质的影响，而多孔介质中吸附、毛细凝聚、界面张力、润湿作用、毛管压力等界面现象客观存在，多孔介质对相平衡的影响也必然客观存在。由于多孔介质毛细凝聚的作用，多孔介质中露点可能低于常规未考虑多孔介质作用的露点。同时当发生反凝析现象时，在储层中出现气、液两相流体，由于流体与储层介质间的润湿作用，气液界面存在曲率，又由于界面张力的作用，使得两相间压力不等，即形成毛管压力。而多孔介质表面的吸附具有选择性，某些组分会优先吸附，从而使得吸附态流体（界面相流体）组成不同于自由态流体（本体相流体）。在开发过程中，随着地层压力的下降，多孔介质表面吸附随着发生变化，因而吸附态流体、自由态流体组成也随着变化，从而影响相图、PVT 物性参数、初凝压力、地层反凝析油损失量等。

1. 多孔介质中凝析气藏的露点

在开发过程中，从原始地层压力点到露点的衰竭段，凝析气藏流体处于单一的气相状态，因此多孔介质的影响仅表现在气体吸附和毛细凝聚。随着开发过程中地层压力的下降，原先吸附在多孔介质表面的气体逐渐脱附，并伴随着毛细凝聚现象的发生。因此，由于吸附和毛细凝聚的影响，衰竭段是一个变组成的等温衰竭过程，组成的变化使得露点线也发生变化。

为计算吸附引起的组成变化，将衰竭段划分为若干小区段 $A_0A_1, A_1A_2, \cdots A_iA_{i+1}, \cdots$，用 A_0 表示凝析气藏初始状态点，C 为临界点，T_c 为临界温度，T_{cmax} 为最大凝析温度。数学模

型假设如下：

（1）开采过程中，凝析气藏温度恒定不变；

（2）忽略开采过程中岩石弹性对孔隙空间的影响；

（3）流体同时满足吸附平衡和相平衡，若状态改变，吸附平衡也同时改变；

（4）流体以吸附态和自由态两种状态存在，仅自由态流体参与相平衡，吸附态流体解吸为自由态后才参与相平衡。

数学模型包括等温闪蒸相平衡关系和吸附影响组成的关系[51-57]。

1）等温闪蒸相平衡关系

$$f_i^V = f_i^L \tag{2.17}$$

$$\sum_i^n \frac{n_i}{K_i} = 1 \tag{2.18}$$

$$\ln \frac{p_d}{p^*} = -\frac{2\sigma V_m \cos\theta}{RT_f r} \tag{2.19}$$

式中，f_i^V、f_i^L——组分 i 分别在气、液相中的逸度；

　　　　n_i——体系中 i 组分的分数；

　　　　K_i——i 组分的平衡常数；

　　　　p_d——露点压力；

　　　　p^*——孔隙半径 $r \to \infty$ 时的露点；

　　　　σ——界面张力；

　　　　V_m——液体的摩尔体积；

　　　　θ——润湿接触角；

　　　　R——气体常数。

2）吸附影响组成的关系

A_j 处气体的解吸量 ΔN_{gj} 为

$$\Delta N_{gj} = N_{g,j-1} - N_{gj} \tag{2.20}$$

从而气体摩尔组成改变量 Δn_{ji} 为

$$\Delta n_{ji} = n_{A,j-1,i} N_{g,j-1} - n_{Aj} N_{gj} \tag{2.21}$$

因此 A_j 处气体的摩尔组成 n_{ji} 为

$$n_{ji} = \frac{n_{j-1,i} + \Delta n_{ji}}{1 + \Delta N_{gj}} \tag{2.22}$$

式中，N_{gj}——A_j 处气体吸附量；

　　　　n_{ji}——A_j 处吸附气相中 i 组分分数。

由混合气吸附模型求出的吸附量是指单位质量吸附剂所吸附气体的物质的量 N_t，其单位为 mol/kg，因此应将其转化为 1mol 烃类体系所对应的吸附量 N（mol/mol），表示为

$$N = N_t \frac{ZRT_f \rho_s (1-\varphi)}{p\varphi} \tag{2.23}$$

式中，ρ_s——孔隙介质的密度；

φ——孔隙介质的孔隙度。

考虑多孔介质影响的露点的求解步骤为：

（1）求取单组分凝析气的吸附等温线；

（2）根据凝析气混合物的吸附模型计算 A_{j-1}、A_j 处混合气吸附量 $N_{g,j-1}$、N_{gj} 以及吸附相组成 $n_{A,j-1,i}$，n_{Aji}；

（3）计算 A_j 处气体组成 n_{ji}；

（4）求取露点 p_d，判断 p_d 是否大于 A_j 处压力 p_{Aj}，若是，则 p_d 为所求露点；若不是，则在下一点 A_{j+1} 处重复上述步骤，直到满足条件。

2. 多孔介质中凝析油气体系的定容衰竭相平衡

多孔介质中凝析油气体系的定容衰竭相平衡数学模型假设同露点数学模型[58-62]。数学模型包括等温闪蒸相平衡关系、模拟衰竭过程的物质平衡关系以及吸附影响组成的关系。

1）等温闪蒸相平衡关系

$$f_i^V = f_i^L \tag{2.24}$$

$$\sum_i^N \frac{n_i(K_i-1)}{1+(K_i-1)V} = 0 \tag{2.25}$$

$$p^V - p^L = \frac{2\sigma\cos\theta}{r} \tag{2.26}$$

式中，V——气相摩尔分量；

p^V——气相压力；

p^L——凝析油相压力。

2）物质平衡关系

露点压力下单位摩尔质量的油气体系所占的孔隙体积为

$$V_d = \frac{Z_d R T_f}{p_d} \tag{2.27}$$

第 k 次压降段采出井流物的摩尔质量为

$$\Delta N_{pk} = \left[(Z_{gk}V_k + Z_{lk}L_k)(1-N_{p,k-1})\frac{RT_f}{P_k} - V_d \right]\frac{p_k}{Z_{gk}RT_f} \tag{2.28}$$

衰竭开采至第 k 级压力时，井流物的摩尔质量累积采收率为

$$\Delta N_{pk} = \sum_{j=2}^k \Delta N_{pj} \tag{2.29}$$

衰竭开采至第 k 级压力时，地层反凝析油损失占孔隙体积饱和度为

$$S_{lk} = \frac{Z_{lk}L_k(1-N_{p,k-1})RT_f}{p_k V_d} \times 100\% \tag{2.30}$$

衰竭开采至第 k 级压力时，地层剩余流体的摩尔组成为

$$n_{ik} = \frac{n_i - \sum_{j=2}^k (\Delta N_{pk}y_{ij})}{1 - N_{pk}} \tag{2.31}$$

第 k 次衰竭压力时，采出井流物组成为

$$y_{ij} = \frac{n_{ik}k_{ik}}{1 + (k_{ik} - 1)V_k}　　　　　　　　　　（2.32）$$

以上各式中，　V_d——露点压力下单位摩尔质量的油气体系所占的孔隙体积；

　　　　　　　Z_d——储层温度和露点压力下地层流体的压缩因子；

　　　　　　　Z_{gk}——第 k 次压降时地层中平衡气相的压缩因子；

　　　　　　　Z_{lk}——第 k 次压降时地层中平衡液相的压缩因子；

　　　　　　　V_k——第 k 次压降时地层中平衡气相的摩尔分量；

　　　　　　　L_k——第 k 次压降时地层中平衡液相的摩尔分量；

　　　　　　　ΔN_{pk}——第 k 次压降采出井流物的摩尔质量；

　　　　　　　$N_{p, k-1}$——第 k 次压降时井流物累积采出程度；

　　　　　　　S_{lk}——第 k 次压降时地层反凝析油损失饱和度；

　　　　　　　i——组分数，i=1, 2, 3, $\cdots$, N；

　　　　　　　j——衰竭压降次数，j=1, 2, $\cdots$, k。

3）吸附影响组成的关系

在每一压力衰竭步长 p_j—p_{j+1} 内，每一分析单元对应的因压降引起的气体脱附量为

$$\Delta N_{gj} = N_g - N_{g, j+1}　　　　　　　　　　（2.33）$$

地层流体摩尔组成的改变量为

$$\Delta n_{ji} = y_{pji}N_{gj} - y_{p, j+1, i}N_{g, j+1}　　　　　　　　　　（2.34）$$

从而地层流体新的摩尔组成为

$$n_{j+1, i} = \frac{n_{ji} + \Delta n_{ji}}{1 + \Delta N_{gj}}　　　　　　　　　　（2.35）$$

气、液相的物质的量分别为

$$V_{p, j+1} = V_j + \sum_i^N \frac{\Delta n_{ji}K_i}{1 + K_i}　　　　　　　　　　（2.36）$$

$$L_{p, j+1} = L_j + \sum_i^N \frac{\Delta n_{ji}}{1 + K_i}　　　　　　　　　　（2.37）$$

气、液相的物质的量分数为

$$V_{j+1} = \frac{V_{p, j+1}}{V_{p, j+1} + L_{p, j+1}}　　　　　　　　　　（2.38）$$

$$L_{j+1} = \frac{L_{p, j+1}}{V_{p, j+1} + L_{p, j+1}}　　　　　　　　　　（2.39）$$

因而考虑吸附后，在压力点 p_{j+1} 处组分 i 在气、液相中的摩尔组成为

$$y_{j+1, i} = \frac{n_{ji}K_i}{1 + (K_i - 1)V_{j+1}}　　　　　　　　　　（2.40）$$

$$x_{j+1,i} = \frac{n_{ji}}{1+(K_i-1)V_{j+1}}$$ (2.41)

2.2 凝析气藏气液固多相体系相态

油藏开采及注气过程中经常会发生固相沉积，这些固相物质会堵塞油气渗流通道，使储层流体渗流能力下降。研究固相沉积条件与沉积量以及建立考虑固相沉积的理论预测模型，对油气开采有着重要的意义。

2.2.1 激光测试固相沉积点技术

原油中固溶物沉积的室内分析主要包括三个方面[63-65]：

（1）固相沉积点。在特定条件下沥青质或蜡质开始从油气体系中沉积的温度，或者压力，或者体系的组成；

（2）固相沉积量。在特定条件下沥青质或蜡质从体系中沉积出的数量；

（3）固相沉积点和固相沉积量受体系温度、压力和组成变化的影响趋势和程度。

原油中的固相一般是微小颗粒，靠肉眼无法直接观测，国外已有激光测试固相沉积技术，但国内还没有。为此，建立了激光测试固相沉积技术，并用于气液固多相平衡的研究中。

测试基本原理：特定的均质透光介质对光具有确定的透光率，在条件恒定不变时，一稳定的光源发出光束穿过该体系，已通过体系的光束其光强也是稳定不变的。光束通过体系时，光强的衰减主要是由于体系对光的吸收造成的。处于单一液相的原油对光也具有一定的透光率。当温度、压力、组成等条件不变时，体系对光的吸收不变。当温度、压力、组成等条件变化时，虽然体系对光的吸收会发生变化，但这种变化通常比较平缓。原油出现固相沉积时，从单一均质的液相转化为液-固两相体系，体系除了对光束产生吸收外，其固相如蜡或沥青质颗粒，将导致穿过体系的光束散射，随着这些固相颗粒的出现和增多，体系对光的传导率会急剧下降，检测并处理体系对光传导率的变化，就可以确定体系的固相沉积点。

设备：采用1997年从加拿大DBR公司引进，专门为测定原油固相沉积而设计制造。如图2.1所示，该设备具有如下特点：

（1）系统可承受10 000psi（约69MPa）高压，数字压力表指示PVT筒内压力；

（2）系统温度：30～200℃可调，并可用程序控制升、降温过程。烘箱和PVT筒温度分别检测显示；

（3）具有烘箱除湿功能，以消除低温段烘箱内结雾对光信号的干扰；

（4）PVT筒为小容量（130cm³）、小内径（30mm）、前后视窗，筒内设电磁搅拌器，筒体可绕横轴向正、负180°旋转；

（5）系统设有高压在线过滤器，可用于固相沉积量的测定。

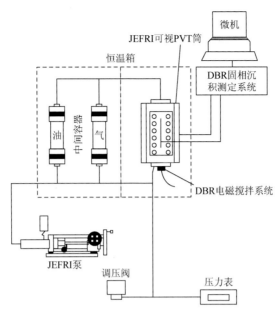

图 2.1　固相沉积测定装置

2.2.2　考虑有机固相沉积的相态理论模型

在热力学模型的建立中，对气-液-固三相相平衡，以状态方程为基础统一描述气相和液相的相态特征，而仅使用溶液理论来描述固相[66,67]。即对气-液平衡，采用状态方程进行求解；而对液-固平衡，液相仍然采用状态方程，这样就能保证对液相描述的统一性和一致性，也就保证整个模型具有热力学相平衡的连续一致性。对固相使用溶液理论来进行描述，以考虑各种物质分子之间的相互作用程度的不同，这样固相混合物就不再是理想的混合物或纯物质了。根据这种思想建立的气-液-固三相相平衡热力学模型，能够反映油气体系内气-液-固三相相平衡规律，并能够实现在高温、高压下的各种相态特性的计算和模拟。

1. 多相相平衡的热力学判据

在物理化学理论中，根据平衡物系的吉布斯自由能为最小的原则而导出的平衡条件为：各相的温度相等，各相的压力相等，每一个组分在各相中的化学位也应相等。即有

$$T^{(1)} = T^{(2)} = \cdots = T^{(n)} \tag{2.42}$$

$$p^{(1)} = p^{(2)} = \cdots = p^{(n)} \tag{2.43}$$

$$\begin{cases} \mu_1^{(1)} = \mu_1^{(2)} = \cdots = \mu_1^{(n)} \\ \mu_2^{(1)} = \mu_2^{(2)} = \cdots = \mu_2^{(n)} \\ \qquad\qquad \vdots \\ \mu_m^{(1)} = \mu_m^{(2)} = \cdots = \mu_m^{(n)} \end{cases} \tag{2.44}$$

或者

$$\begin{cases} f_1^{(1)} = f_1^{(2)} = \cdots = f_1^{(n)} \\ f_2^{(1)} = f_2^{(2)} = \cdots = f_2^{(n)} \\ \qquad\qquad \vdots \\ f_m^{(1)} = f_m^{(2)} = \cdots = f_m^{(n)} \end{cases} \qquad (2.45)$$

2. 热力学方程

为了建立油气体系中多组分的气-液-固三相相平衡热力学模型，对研究的问题作出如下处理：在气-液-固三相平衡体系中，将整个多相平衡状态范围划分为相对独立的平衡区域，然后再将最终的平衡关系联结起来。即：

（1）气-液-固三相平衡等价为气-液平衡和液-固平衡；

（2）对气-液平衡，气相和液相均采用状态方程进行描述；

（3）对液-固平衡，液相仍然采用状态方程进行描述，而固相则根据溶液理论进行描述，然后再将最终的平衡关系联结起来。

根据热力学相平衡原理，体系内各组分 i 在气、液、固三相中的逸度分别表示为

$$f_i^V = y_i^V \phi_i^V p \qquad (2.46)$$

$$f_i^L = x_i^L \phi_i^L p \qquad (2.47)$$

$$f_i^S = a_i^S f_i^{OS} = x_i^S \gamma_i^S f_i^{OS} \qquad (2.48)$$

气-液平衡常数 k_i^{VL} 的表达式为

$$K_i^{VL} = \frac{y_i^V}{x_i^L} = \frac{\phi_i^L}{\phi_i^V} \qquad (2.49)$$

以及液-固平衡常数 k_i^{SL} 的表达式为

$$K_i^{SL} = \frac{x_i^S}{x_i^L} = \frac{\phi_i^L p}{\gamma_i^S f_i^{OS}} \qquad (2.50)$$

其中，组分 i 在气相和液相中的逸度系数 ϕ_i^V 和 ϕ_i^L 可分别采用状态方程计算获得。而固相参数、标准态逸度 f_i^{OS} 和活度系数 γ_i^S 采用以下途径获得。

1）固相标准态逸度

在温度 T、压力 p 下，组分 i 在液相和固相中的逸度与标准态逸度的关系，可以通过一热力学循环过程来获得，如图 2.2 示。

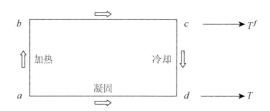

图 2.2　液、固相标准态逸度的热力学循环

根据实验可知，组分 i 在液相、固相中的热容差与温度和分子量有如下关系：

$$\Delta C_{pi} = C_{pi}^L - C_{pi}^S = b_1 M_i + b_1 M_i T \tag{2.51}$$

固体标准态的逸度 f_i^{OS} 表达式：

$$f_i^{OS} = f_i^{OL} \exp\left[-\frac{\Delta H_i^f}{RT}\left(1 - \frac{T}{T_i^f}\right) + \frac{b_1 M_i}{R}\left(\frac{T_i^f}{T} - 1 - \ln\frac{T_i^f}{T}\right) + \frac{b_2 M_i}{2R}\left(\frac{(T_i^f)^2}{T} + T - 2T_i^f\right)\right] \tag{2.52}$$

其中，组分 i 液相标准态逸度 f_i^{OL} 取为体系在该温度 T、压力 p 下纯组分 i 的逸度，其值由状态方程计算获得。

体系中，当组分碳原子数小于或等于 6 时，组分 i 的溶解温度 T_i^f、溶解焓 ΔH_i^f，以及摩尔体积 V_i^S，可以从相关的化工手册中查得；当其碳原子数大于 7 时，则由以下经验关联式子计算得到：

$$T_i^f = 374.5 + 0.02617 M_i - 20172 / M_i \tag{2.53}$$

$$V_i^S = M_i / (0.8155 + 0.6272 \times 10^{-4} M_i - 13.06 / M_i) \tag{2.54}$$

$$\Delta H_i^f = 0.1426 f(M_i) M_i T_i^f \tag{2.55}$$

式中，ΔH_i^f——组分 i 的溶解焓，cal/mol；

T_i^f——组分 i 的溶解温度，K。

在有机固相沉积问题中，溶解焓起着十分重要的作用，特别是对沉积起始点温度的高低和固体沉积量的大小有明显的影响。由于固相中重质组分及其物性参数的不确定性，对组分 i 引入与分子量关联的可调函数 $f(M_i)$，具有如下的形式：

$$f(M_i) = a_3 + (1 - a_3)(0.5 - \arctan((M_i - 16)/14 - 6)/3.1416) \tag{2.56}$$

式中，a_3 为常数；M_i 为组分 i 的分子量。

2）固相活度系数

采用正规溶液理论对固体混合物的非理想性进行校正，可以得出固相的活度系数 γ^S 的计算表达式：

$$\ln \gamma_i^S = \frac{V_i^S (\delta_m^S - \delta_i^S)}{RT} \tag{2.57}$$

其中固相混合物的溶解度参数 δ_m^S 采用体积分数加权计算：

$$\delta_m^S = \sum \Phi_i^S \delta_i^S \tag{2.58}$$

组分 i 的溶解度参数 δ_i^S 由以下式子给出：

$$\delta_i^S = 8.50 + a_1(\ln C_i - \ln 7) \tag{2.59}$$

组分 i 的溶解度参数 δ_i^S 也可由下列式子给出：

$$\delta_i^S = \begin{cases} 7.62 + 2.8b_3 \left\{ 1 - \exp\left[-5.975\left(\dfrac{M_i - 48.2273}{628} \right) \right] \right\} & M_i < 450 \\ 10.30 + 1.7823 \times 10^{-3} b_3 (M_i - 394.77) & M_i \geqslant 450 \end{cases} \quad (2.60)$$

其中，C_i 为组分 i 的碳数；Φ_i^S 为组分 i 的体积分数；a_1 和 b_3 为经验可调参数。

由于无法获得体系中每一组分的物性参数，特别是重质组分的基础物性数据，引入 b_1、b_2、b_3、a_1 和 $f(M_i)$ 作为模型可调参数，这样可以提高模型的适应性，其具体数值可由实验数据拟合得到。

3. 气-液-固三相闪蒸模型

设一个由 n 个组分构成的油气体系，取 1mol 质量数为分析单元，则体系处于气-液-固三相相平衡时，应满足以下物质平衡条件[68-73]：

$$L + V + S = 1 \quad (2.61)$$

$$Ly_i^V + Vx_i^L + Sx_i^S = Z_i \quad (2.62)$$

$$\sum_{i=1}^n y_i^V = \sum_{i=1}^n x_i^L = \sum_{i=1}^n x_i^S = \sum_{i=1}^n Z_i = 1 \quad (2.63)$$

式中，V、L、S 分别代表平衡时气相、液相和固相的物质的量分数；x_i^V、x_i^L、x_i^S 分别代表平衡时气相、液相、固相各相中第 i 个组分的摩尔组成；Z_i 代表油气体系中第 i 个组分的总摩尔组成。

结合组分在平衡时的气相、液相和固相各相中的平衡分配比或平衡常数的定义，可以导出下述的气-液-固三相相平衡数值模型方程组（三相闪蒸模型）：

$$\begin{cases} \sum_{i=1}^n y_i^V = \sum_{i=1}^n \dfrac{Z_i K_i^{VL}}{V(K_i^{VL}-1) + S(K_i^{SL}-1) + 1} = 1 & (2.64) \\[3mm] \sum_{i=1}^n x_i^L = \sum_{i=1}^n \dfrac{Z_i}{V(K_i^{VL}-1) + S(K_i^{SL}-1) + 1} = 1 & (2.65) \\[3mm] \sum_{i=1}^n x_i^S = \sum_{i=1}^n \dfrac{Z_i K_i^{SL}}{V(K_i^{VL}-1) + S(K_i^{SL}-1) + 1} = 1 & (2.66) \end{cases}$$

上述方程组是一个高度非线性方程组，可以采用 Newton-Raphson 迭代法求解。

该模型计算的石蜡沉积起始点与国外几种模型计算值进行对比，见表 2.1。由此可见，本模型计算的石蜡沉积起始点与实验结果接近。

表 2.1　本模型计算的石蜡沉积点与其他模型的对比结果

体系	石蜡沉积起始点/K				
	实验	Won 模型	Hansen 模型	Narayanan 模型	本模型
2	308	355	304	308	305
3	314	361	313	314	313

2.3 凝析油气藏开发实例

运用上述理论对凝析气藏 TH2 和 TH6 两口井的井流物（井流物组成见表 2.2）进行定容衰竭计算，然后计算 TH2 和 TH6 井的吸附相饱和度曲线，最后计算对应于设定的压力系列的拟压力以及 TH2 和 TH6 井试井测试中实测的压力系列对应的拟压力。

表 2.2 TH2 和 TH6 井部分地层参数和井流物原始组成数据表

项目		井号	
		TH2	TH6
层位		N_{1j}	N_{1j}
生产井段/m		4958.0～4963.0	4963.5～4968.0
层厚/m		5.0	4.5
原始地层压力/MPa		55.45	55.82
地层温度/K		407.05	409.3
井流物组成/%	CO_2	0.58	0.74
	N_2	3.30	4.27
	C_1	76.54	77.44
	C_2	8.70	6.50
	C_3	2.44	1.93
	C_4	1.55	1.33
	C_5	0.83	0.72
	C_6	0.53	0.59
	C_{7+}	5.53	6.48

从计算结果（图 2.3 和图 2.4）可以看出，由于多孔介质的作用，在定容衰竭过程中，地层反凝析油饱和度均比不考虑多孔介质作用时有明显增加，而且增加的幅度均较高（表 2.3）。这是由于压力增加时，地层流体中的重烃成分首先被吸附，在定容衰竭时，随压力降低而脱附的气体中，重烃组分又优先脱附，即在脱附的流体中重烃组分含量相对较大，因而使得体系中参与相平衡的重组分含量相对增加，在相同的压力下，析出的凝析油量也就相对增加。

表 2.3 TH2 和 TH6 井在地层渗流条件下最大反凝析油饱和度值及对比

井号	无介质/%	有介质/%	差值/%	相对误差/%
TH2	24.01	29.66	5.65	23.53
TH6	20.36	29.51	9.15	44.94

对比图 2.3 和图 2.4，可看出 TH6 井比 TH2 井在考虑多孔介质吸附影响时，地层反凝析油饱和度比不考虑多孔介质作用时增加的幅度要大一些。这是因为 TH6 井比 TH2 井地层流体中重烃含量要略高一些。同样，对比图 2.5 和图 2.6 可得出类似的结论，即压力增高，凝析油气被吸附的量增加；反之，压力降低时，部分流体又将脱附出来加入自由相流体中参与渗流。

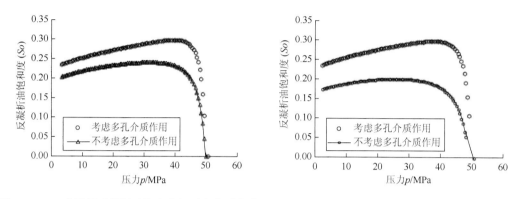

图 2.3　TH2 井地层反凝析油饱和度与压力关系曲线　　图 2.4　TH6 井反凝析油饱和度与压力关系曲线

从图 2.5 和图 2.6 可看出，计算得出的多孔介质对凝析油气吸附曲线同于 Myers[74] 的 "Fundamental of Adsorption"（New York，1983）中介绍的常见的五种吸附等温线中的第五类曲线。即吸附量随组分分压或浓度的增加而增加，但压力趋近于饱和蒸汽压时吸附量并不无限增加，而是趋于定值，这是由于产生了毛细凝聚现象，它反映了孔隙性吸附剂的特点，其吸附量受到孔隙体积的限制。

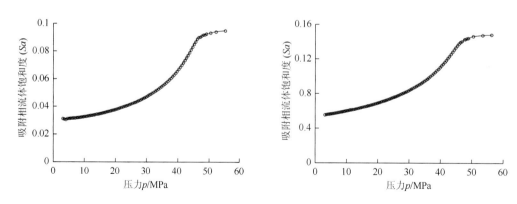

图 2.5　TH2 井吸附相流体饱和度与压力关系曲线　　图 2.6　TH6 井吸附相流体饱和度与压力关系曲线

得到渗流过程中反凝析油饱和度与压力的关系之后，根据两相拟压力的定义式，应用变步长辛普森积分法或龙贝格求积法求得对应于设定的压力系列的拟压力与压力关系曲线，如图 2.7 和图 2.8。然后据此求得实测压力对应的两相拟压力与测试时间的关系曲线，如图 2.9 和图 2.10 所示。由图可见，考虑多孔介质吸附影响时的拟压力明显低于不考虑时的情况，且在开发早期，压力越高，这种差别越明显。

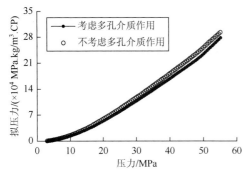
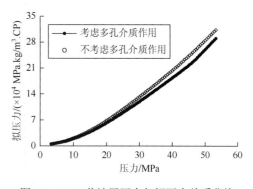

图 2.7　TH2 井地层压力与拟压力关系曲线　　　　图 2.8　TH6 井地层压力与拟压力关系曲线

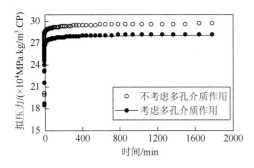
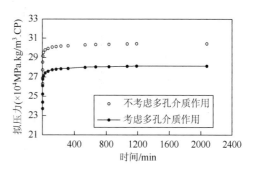

图 2.9　TH2 井压恢测试实测压力对应的拟压力曲线　　图 2.10　TH6 井压恢测试实测压力对应的拟压力曲线

2.4　凝析油气真实相渗研究

凝析气藏是油气田开发中较为复杂的一类气藏。在开发过程中，气藏中的烃类流体会发生相态转变、相间传质等复杂的物理化学变化，从而引发井流物和地层流体组成的变化，进而导致地层流体高压物性如油气饱和度、相渗透率、黏度、密度、体积系数等发生变化。这就必然引起地层流体渗流规律、井筒流动规律以及地面分离器工作条件的变化。

目前，对凝析油气渗流的研究主要存在以下两方面的问题：

（1）常规 PVT 测试是在没有多孔介质的空筒中进行的（并有相关的技术标准），未考虑流体与介质的相互作用，其流体饱和度可通过观察窗直接进行观测。但储层流体相态是在多孔介质中产生变化的，测定在储层多孔介质中的相态才能真实代表储层实际情况。由于多孔介质的特殊性，给定量测试流体饱和度带来很大困难，目前有 CT、核磁共振等可进行测试，但其测试温度压力低，并对夹持器有特殊要求，不能适应凝析气藏高温（≥100℃）、高压（≥50MPa）的实际情况。

（2）常规油气相渗采用模拟油（煤油）与模拟气（氮气）在常温及低压下进行测试，并有相关的技术标准。实验过程是首先饱和水，再用油驱水建立束缚水，再用气驱油稳态或非稳态法进行相渗测试。但在地层渗流过程中流体处于高温高压条件下，并且参与渗流的是平衡态的流体，地层凝析油是在束缚水存在下凝析气在压力低于露点后逐渐形成的，因此常规方法不能反映地层的真实情况。

2.4.1　临界流动饱和度测试原理

建立高温高压下超声波测试多孔介质中凝析油临界流动饱和度的技术与方法,主要原理类似于测试过程中的超声波测试井[75]。

多孔介质中的纵波声速[76, 77]:

$$v_p = \left[\frac{\lambda_0 + 2\mu}{\rho_s(1-\varphi) + \rho_f(1-\tau^{-1})} \right]^{1/2} \tag{2.67}$$

式中,λ_0——多孔介质的拉梅(Lame)常数,Pa;

　　　M——介质剪切弹性模量,Pa;

　　　φ——介质孔隙度,%;

　　　ρ_s、ρ_f——分别为介质骨架和流体的密度,kg/m³;

　　　τ——迂曲度。

孔隙介质中的声速不仅与多孔介质的体积弹性模量、剪切模量、密度、孔隙度和迂曲度有关,而且还依赖于饱和流体密度与体积弹性模量等。因此,当孔隙流体发生相变或饱和度变化时,孔隙介质中流体的弹性模量、密度、黏度及孔隙介质对流体的关联作用等都将随之发生变化,从而改变多孔介质的声学性质,即声速传播速度和衰减等。所以岩心中声波速度和衰减蕴载着流体相态和饱和度等信息。声波经过整个岩心后的速度和衰减,必然反映出岩心中平均意义下的流体相态和饱和度。多次研究表明,在产生相变和饱和度变化时,波幅变化较为复杂。在本研究中,主要应用时差来进行分析,采用首波为标准来进行测试,保证了读取数据的准确性。

超声波测试岩心中流体饱和度原理是根据在相同压力、温度条件下,岩心中油饱和度与声波时差呈线性变化关系来确定,为了能获得饱和度值,在进行实验前先对所用的实验岩心在地层条件下进行标定,标定结果如图 2.11,从图中可看出,其线性关系较好。

多次重复实验证明当岩心的压力体系以及流体状态处于同一条件下时超声波信号具有相当好的重复性,这就确保了将标定曲线用于确定实际测试过程岩心中的凝析油饱和度的正确性。

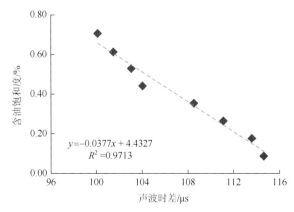

图 2.11　高渗组岩心束缚水 27%时的凝析油饱和度与声波时差关系

在系统衰竭起始，压力高于露点压力时，超声波的时间和振幅信号不随着压力的降低而发生变化，表明系统处于单一气相区。随着压力的进一步降低，超声波波形和振幅由无变化到同时突然改变，表明岩心中的流体系统出现了相态变化，由此确定露点。露点时，超声波的时间并没有发生非常明显改变，说明相变区域流体性质接近，对声波的传播时间并没有影响。随后的一段时间，声波的时间基本不变，但波形和振幅持续变化，初步判断此段为凝析气出现露点以后的雾区。随后，声波时间和波形以及振幅都随着衰竭压力的降低而变化，观察不到明显的突变。根据岩心出口端观察窗见第一滴油来判断临界流动饱和度点，然后根据此时的超声波时间来计算临界流动饱和度值。

2.4.2　平衡油气相渗曲线测试方法

1. 实验方法

实验室测量相对渗透率以获得指导凝析气田开发的数据时,最重要的是实验过程尽可能符合实际流动动态过程。由于稳态法测量过程中流体的流动特征与实际凝析气藏开发过程中的油气流动特征较非稳态法更为接近,国外研究人员大多使用稳态法来测量凝析油气相对渗透率曲线[78]。

用于凝析油气相对渗透率测量的稳态法不同于常规的稳态测量方法。凝析油气体系的稳态法相渗测量有稳态法和拟稳态法两种[79-81]。拟稳态法测得的相渗曲线反映的是不同含油饱和度时具有不同油气界面张力的不同体系的油气相对渗透率,稳态法测得的相渗曲线反映的是同一界面张力体系不同含油饱和度时的油气相对渗透率。为了尽可能地达到与实际开采过程的一致,首先在岩心中饱和地层凝析气,然后衰竭到临界流动饱和度。确定临界流动饱和度所对应的地层压力并配置该压力下的平衡油和平衡气,用该平衡油气作为稳态法测试的入口流体,再按照与常规稳态法测试相同的步骤,用两台恒速泵按所选比例分别将油和气常速注入岩心,直到岩心两端压差不变,并且出口端的气油比恒定,记录平衡时的压差。然后用已知的流体黏度以及岩石物性参数,根据达西公式计算两相的相渗透率。这样就可以得到低界面张力的实际平衡凝析油气的相对渗透率值。岩心中对应的凝析油饱和度由声波时间-凝析油饱和度标定曲线来确定。

2. 平衡油气流体配制

在进行临界流动饱和度测试后,将得到的临界流动条件对应的压力进行平衡油气样的配制。对配制好的样品进行相关 PVT 参数的测试,得到平衡油样及平衡气样组成。为检验所配制的流体是否处于相平衡状态,根据 SY/T 5542-2009[82]中的方法对平衡油、气样进行平衡性检验。根据气液平衡原理,如果两相是处于相平衡状态的,那么它们组分的性质从甲烷到己烷在半对数坐标纸上应存在下列线性关系:

$$\lg K_i p_{sep} = -b_i \left(\frac{1}{T_{bi}} - \frac{1}{T_{sep}} \right) \tag{2.68}$$

$$b_i = \frac{\lg p_{ci} - \lg 0.101}{\dfrac{1}{T_{bi}} - \dfrac{1}{T_{ci}}}$$ （2.69）

式中，K_i——i 组分的平衡常数；

  p_{sep}——配制压力，MPa；

  T_{sep}——配制温度，K；

  T_{bi}——i 组分的沸点，K；

  b_i——常数；

  p_{ci}——i 组分的临界压力，MPa；

  T_{ci}——i 组分的温度，K。

由图 2.12 可见，甲烷到己烷的性质呈直线关系，所以油气相处于相平衡，配制的样品确定是该压力条件下平衡的气液两相。

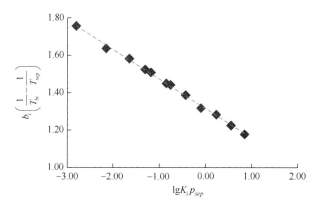

图 2.12　油气的平衡性检验图

3. 根据达西定律确定油气相渗透率

稳态法测量凝析油气相对渗透率的计算公式为

$$K_i = \frac{Q_i \mu_i L}{A \Delta p} \times 10^{-1}$$ （2.70）

式中，K_i——i 相相对渗透率，μm^2；

  Q_i——在测试压力下的 i 相流量，mL/s；

  μ_i——在测试温度及岩样中平均测试压力下 i 相的黏度，MPa·s；

  L——岩样长度，cm；

  A——岩样截面积，cm^2；

  Δp——测试时岩心的两端压差，MPa。

实验首先建立束缚水，然后饱和凝析气，衰竭至临界流动饱和度后，用该压力条件下的平衡油气作稳态法凝析油气相对渗透率测量。平衡气相黏度采用剩余黏度法进行计算，平衡油相黏度用落球黏度仪实际测量。

2.5　考虑吸附影响的渗流理论模型及应用

2.5.1　考虑吸附现象作用的三维四相多组分模型

1. 相平衡计算模型

1）假设条件

要建立考虑多孔介质吸附现象作用、适用于油气藏烃类体系的（气相、液相和吸附相）三相平衡计算物料平衡方程，首先应给出以下基本假设条件[83-90]。

（1）研究的气相、液相和吸附相三相体系为一封闭物系（与环境无物质交换的物系）；

（2）研究体系内存在 N_c 个组分，体系总组成为 Z_i（$i=1, 2, \cdots, N_c$）；

（3）气相、液相和吸附相三相之间的相平衡过程是瞬间完成的；

（4）将多孔介质对气相和液相的吸附现象作用相近似，统一用空穴溶液吸附模型描述；

（5）同时考虑吸附现象作用和毛细管压力作用对油气体系相平衡的影响。

2）相平衡计算模型

假设气相、液相和吸附相三相体系由 N_c 种物质组成，总物质的量为 1，总组成为 Z_i（$i=1, 2, \cdots, N_c$），平衡时气相物质的量为 V，其组成为 y_i（$i=1, 2, \cdots, N_c$），液相物质的量为 L，其组成为 x_i（$i=1, 2, \cdots, N_c$），吸附相物质的量为 A，其组成为 x_i^a（$i=1, 2, \cdots, N_c$），物质守恒有

$$V + L + A = 1 \tag{2.71}$$

$$y_i V + x_i L + x_i^a A = Z_i \quad (i=1,2,\cdots,N_c) \tag{2.72}$$

组成归一化条件

$$\sum_{i=1}^{n} Z_i = 1 , \quad \sum_{i=1}^{n} y_i = 1 , \quad \sum_{i=1}^{n} x_i = 1 , \quad \sum_{i=1}^{n} x_i^a = 1 \tag{2.73}$$

气相、液相平衡常数定义为

$$K_i^{VL} = \frac{y_i}{x_i} (i=1,2,\cdots,N_c) \tag{2.74}$$

气相、吸附相平衡常数定义为

$$K_i^{VA} = \frac{y_i}{x_i^a} (i=1,2,\cdots,N_c) \tag{2.75}$$

物料平衡方程为

$$\sum_{i=1}^{n} y_i = \sum_{i=1}^{N_c} \frac{Z_i K_i^{VL} K_i^{VA}}{K_i^{VA} + V K_i^{VA} (K_i^{VL}-1) + A(K_i^{VL} - K_i^{VA}) + 1} = 1 \tag{2.76}$$

$$\sum_{i=1}^{n} x_i = \sum_{i=1}^{N_c} \frac{Z_i K_i^{VA}}{K_i^{VA} + V K_i^{VA} (K_i^{VL}-1) + A(K_i^{VL} - K_i^{VA}) + 1} = 1 \tag{2.77}$$

$$\sum_{i=1}^{n} x_i^a = \sum_{i=1}^{N_c} \frac{Z_i K_i^{VL}}{K_i^{VA} + V K_i^{VA} (K_i^{VL}-1) + A(K_i^{VL} - K_i^{VA}) + 1} = 1 \tag{2.78}$$

若已知平衡常数 K_i^{VL}，K_i^{VA}（$i=1, 2, \cdots, Nc$），可用牛顿迭代法计算得到 V、A 值。

对气相和液相来说，有

$$f_i^L = \phi_i^L x_i P^L = f_i^V = \phi_i^V y_i P^V \ (i = 1, 2, \cdots, N_c) \tag{2.79}$$

$$K_i^{VL} = \frac{y_i}{x_i} = \frac{\phi_i^L p^L}{\phi_i^V p^V} \tag{2.80}$$

式中，f、ϕ 分别是逸度和逸度系数。在已知体系的温度、各相压力和组成时，逸度系数 ϕ 可由状态方程计算确定。

对气相和吸附相来说，采用较著名的空穴溶液气体吸附模型（Flory-Hugging Vancancy Solution Model，FHVSM），有

$$y_i \phi_i^V p = \gamma_i^S x_i^a \frac{N_m^S N_i^{S,\infty}}{N_m^{S,\infty} b_i} \left[\frac{\exp(a_{iv})}{1 + a_{iv}} \right] \exp\left[\left(\frac{N_i^{S,\infty} - N_m^{S,\infty}}{N_m^S} - 1 \right) \ln(\gamma_v^S x_v^S) \right] (i = 1, 2, \cdots, N_c) \tag{2.81}$$

$$K_i^{VA} = \frac{y_i}{x_i^a} = \gamma_i^S x_i^a \frac{N_m^S N_i^{S,\infty}}{N_m^{S,\infty} b_i} \left[\frac{\exp(a_{iv})}{1 + a_{iv}} \right] \exp\left[\left(\frac{N_i^{S,\infty} - N_m^{S,\infty}}{N_m^S} - 1 \right) \ln(\gamma_v^S x_v^S) \right] / \phi_i^V P (i = 1, 2, \cdots, N_c)$$

$$\tag{2.82}$$

式中，自由气相的逸度系数 ϕ_i^V 在已知体系的温度、压力和组成时，可由状态方程计算确定。

2. 多组分渗流模型

1）补充假设条件

根据理论分析和实例计算论证，多孔介质中界面现象对凝析气藏开发动态的影响不容忽视。因此，描述油、气、水三相流体在地层孔隙介质中的多组分渗流规律的数学模型应予以校正。

在油气藏中，流体及岩石除满足常规假设条件之外，还应满足如下三个补充条件：

（1）热力学相平衡应考虑流体在多孔介质中的界面现象，即考虑油相和气相之间存在压力差，并考虑多孔介质对流体的吸附现象作用；

（2）油气在渗流过程中，物质守恒应考虑吸附相的存在，但吸附相不参与流动；

（3）吸附相与自由相（油相和气相）之间的吸附平衡是瞬时完成的。

严格地讲，此时的多组分模型应称之为"考虑吸附现象作用的三维四相（油相、气相、水相和吸附相）多组分模型"。

2）油相、气相、水相和吸附相组分渗流数学模型

（1）水方程为

$$\nabla \cdot \left[\frac{K_{rw}}{\mu_w} \rho_w \tilde{K} \nabla \Phi_w \right] + \frac{q_w}{V_b} = \frac{\partial}{\partial t} (\varphi \rho_w S_w) \tag{2.83}$$

（2）烃组分方程为

$$\nabla \cdot \left[\frac{K_{ro}}{\mu_o} \rho_o X_m \tilde{K} \nabla \Phi_o + \frac{K_{rg}}{\mu_g} \rho_g Y_m \tilde{K} \nabla \Phi_g \right] + \frac{q_w}{V_b} = \frac{\partial}{\partial t} [\varphi(\rho_o S_o + \rho_g S_g + \rho_a S_a) Z_m] \ (m = 1, 2, \cdots, N_c - 1)$$

$$\tag{2.84}$$

（3）总烃方程为

$$\nabla \cdot \left[\frac{K_{ro}}{\mu_o} \rho_o \tilde{K} \nabla \Phi_o + \frac{K_{rg}}{\mu_g} \rho_g \tilde{K} \nabla \Phi_g \right] + \frac{q_T}{V_b} = \frac{\partial}{\partial t} [\varphi(\rho_o S_o + \rho_g S_g + \rho_a S_a)] \tag{2.85}$$

3）补充方程

（1）相平衡方程：

$$f_m^L = f_m^V = f_m^a (m = 1, 2, \cdots, N_c) \tag{2.86}$$

（2）约束方程：

$$S_o + S_g + S_w + S_a = 1 \tag{2.87}$$

$$L + V + A = 1 \tag{2.88}$$

$$\sum_{m=1}^{Nc} X_m = \sum_{m=1}^{Nc} Y_m = \sum_{m=1}^{Nc} Z_m = \sum_{m=1}^{Nc} X_m^a = 1 \tag{2.89}$$

$$Z_m = X_m L + Y_m V + X_m^a A \tag{2.90}$$

$$L = \frac{\rho_o S_o}{\rho_o S_o + \rho_g S_g + \rho_a S_a} , \quad S_o = \frac{L / \rho_o}{L / \rho_o + L / \rho_g + L / \rho_a}(1 - S_w) \tag{2.91}$$

$$V = \frac{\rho_g S_g}{\rho_o S_o + \rho_g S_g + \rho_a S_a} , \quad S_g = \frac{L / \rho_g}{L / \rho_o + L / \rho_g + L / \rho_a}(1 - S_w) \tag{2.92}$$

$$A = \frac{\rho_a S_a}{\rho_o S_o + \rho_g S_g + \rho_a S_a} , \quad S_a = \frac{L / \rho_a}{L / \rho_o + L / \rho_g + L / \rho_a}(1 - S_w) \tag{2.93}$$

2.5.2　模型应用

针对凝析气藏 Case 1，在考虑吸附和不考虑吸附情况下进行数值模拟计算。

1. 凝析气藏 Case 1 地质概况

（1）凝析气藏 Case 1 位于我国西部，油田地面海拔 2780m 左右。

（2）凝析气藏 Case 1 为一构造圈闭的背斜油气藏。根据顶部构造图 250m 等高线计算，该构造长轴为 9.6km，短轴为 1.9km，闭合面积为 14.6km²，闭合高度为 100m。构造顶部平坦，两翼基本对称，地层向翼部迅速变陡。

（3）凝析气藏 Case 1 构造发育有 9 条断层。构造南北两翼被两条大逆断层切割，形成典型的两断层夹一长隆构造，沿构造长轴方向有 4 条平移小断层，断层 5m 左右。另外在构造北翼发育有 3 条小的逆断层。

（4）凝析气藏 Case 1 储层主要为碳酸盐岩类岩石。其中碳酸盐类岩石占 60%左右；泥质和砂质岩类仅占 30%左右。岩性有白云岩、灰岩、泥灰岩、泥云岩、泥灰质团块岩、含粉砂泥灰岩、粉砂岩等。

（5）凝析气藏 Case 1 埋深 2970～3200m。气层纵向上分布集中，且分布井段长（以 N6 井为例，气层井段 2975.4～3148.0m，长 172.6m）；横向上分布在构造高部位。

（6）地层压力及地层温度。气层中部深度为 3061m（海拔−262.82m），原始地层压力为 41.81MPa，压力系数为 1.37；地层温度为 137℃，地温梯度为 3.50℃/100m。

（7）天然气及凝析油基本性质。天然气相对密度为 0.5934～0.5770；凝析油比重为 0.75～0.78，平均密度为 0.768g/cm³；50℃凝析油黏度为 0.60～1.207MPa·s；原始油气比为 5487m³/t；凝析油含量为 170～250g/m³，平均为 208g/m³。

2. 数值模拟计算结果

1）吸附现象作用对初始化储量的影响

由表 2.4 可知，吸附现象作用对初始化储量的影响主要有以下几个方面：

（1）考虑吸附现象作用时，地下烃类物质（气相、油相和吸附相）的总组成明显重于不考虑吸附现象作用时地下烃类物质（气相、油相）的总组成，而地下烃类物质的自由相（气相和油相）的组成二者完全相等，均为井流物原始组成。

（2）考虑吸附现象作用与不考虑吸附现象作用相比较，凝析气藏 Case 1 烃类物质（气相、油相）的地下和地面各项储量指标均减少了 1.53%。

（3）考虑吸附现象作用时，造成储量指标减少的主要原因是考虑了吸附相的存在，凝析油气藏中自由相（气相和油相）的空间就相应地减少了；而吸附相中的烃类组成较"重"，多属大分子，C_{7+}含量接近 80%，在高压条件下，吸附相的摩尔体积大（即摩尔密度小），1mol 吸附相物质所占的体积比 1mol 气相物质所占的体积还要大。因此，无论是总烃（气相、油相和吸附相）物质的量，还是自由相（气相和油相）物质的量均减少了。

表 2.4　吸附现象作用对初始化计算储量的影响

条件	指标	不考虑吸附现象作用	考虑吸附现象作用	影响幅度
地下储量	总烃（吸附烃相+自由烃相）/（10⁷m³）	0.91882	0.91882	—
	总烃（吸附烃相+自由烃相）/（10¹¹mol）	1.05759	1.04998	−0.0072
	吸附烃相体积/（10⁷m³）	0.00000	0.01409	—
	吸附烃相物质的量/（10¹¹mol）	0.00000	0.00860	—
	吸附烃相平均视分子量/（g/mol）	0.0000	101.9233	—
	自由烃相体积（油相+气相）/（10⁷m³）	0.91882	0.90473	−0.0153
	自由烃相（油相+气相）/（10¹¹mol）	1.05759	1.04139	−0.0153
	油相体积/（10⁷m³）	0.00000	0.00000	—
	油相物质的量/（10¹¹mol）	0.00000	0.00000	—
	气相体积/（10⁷m³）	0.91882	0.90473	−0.0153
	气相物质的量/（10¹¹mol）	1.05759	1.04139	−0.0153
	水相体积/（10⁷m³）	9.40641	9.40641	—
	水相物质的量/（10¹²mol）	5.16908	5.16908	—
地面储量	油体积/（10⁶m³）	0.59004	0.58100	−0.0153
	油质量/（10⁶t）	0.44319	0.43640	−0.0153
	油物质的量/（10¹¹mol）	0.04236	0.04171	−0.0153

续表

条件	指标	不考虑吸附现象作用	考虑吸附现象作用	影响幅度
地面储量	气体积/($10^9 m^3$)	2.43406	2.39676	−0.0153
	气物质的量/(10^{11}mol)	1.01523	0.99968	−0.0153
	水体积/($10^7 m^3$)	9.31210	9.31210	—
	水相/(10^{12}mol)	5.16908	5.16908	—

2）吸附现象作用对凝析气藏开发动态的影响

表 2.5～表 2.8 为凝析气藏开发过程中吸附作用对开发动态的影响。从表中可以看出：

（1）考虑吸附现象作用时，凝析气藏的各个开采方案的稳产年限有所缩短，产量递减有所加快。

（2）考虑吸附现象作用时，凝析气藏天然气和凝析油的累计采出量均有所减少。

（3）不考虑吸附现象作用时，在相同的初期采气速度条件下，不同初期回注比表现为凝析油采出程度增幅较小，而地层压力存在较大的差异。

（4）考虑吸附现象作用时，在相同的初期采气速度条件下，不同初期回注比表现为凝析油采出程度增幅较大，且地层压力存在较大的差异。

如果凝析气藏存在有较强吸附现象作用时，在保证凝析油气藏经济效益的前提下，注气保压开发就显得更为必要，这不仅可减少重烃组分的反凝析损失，还可减少其（竞争）吸附损失。这是因为注入气一方面可替换出自由相中的重烃组分并保持较高压力水平，减少自由相中的反凝析液损失；另一方面，由于轻质气的注入，增加了自由相中轻质组分的浓度，按吸附平衡机理，它们将从吸附相中替换出一部分被吸附的重烃组分，并防止其再次被吸附，增加凝析油的采出量。

表 2.5 稳产年限 20 年天然气及凝析油开采指标对比表（不考虑吸附现象作用）

井数	初期采气速度/%	12	10	8	6	4	2
	初期日产气/(10^4/d)	89.4	74.5	59.6	44.7	29.8	14.9
4	方案号	—	—	F001	F002	F003	F005
	稳产年限*	—	—	0.0	0.0	4.5	18.5
	R_g/%	—	—	61.193	62.152	60.383	41.772
	R_o/%	—	—	55.704	56.460	55.470	41.753
	累计产气/($10^8 m^3$)	—	—	150.44	152.79	148.44	102.69
	累计产油/(10^4t)	—	—	24.934	25.273	24.829	18.640
6	方案号	—	F011	F012	F013	F015	—
	稳产年限	—	0.0	0.0	1.5	7.5	—
	R_g/%	—	70.044	71.060	70.737	65.734	—
	R_o/%	—	61.831	62.512	62.381	59.802	—
	累计产气/($10^8 m^3$)	—	172.19	174.69	173.90	161.60	—
	累计产油/(10^4t)	—	27.677	27.981	27.923	26.768	—

续表

井数	初期采气速度/%	12	10	8	6	4	2
	初期日产气/（10^4/d）	89.4	74.5	59.6	44.7	29.8	14.9
8	方案号	F021	F022	F023	F024	F026	—
	稳产年限	0.0	0.5	1.5	3.5	9.5	—
	R_g/%	75.772	76.544	76.547	75.468	69.467	—
	R_o/%	65.754	66.209	66.261	65.916	63.131	—
	累计产气/（$10^8 m^3$）	186.17	188.17	188.24	185.53	170.78	—
	累计产油/（10^4t）	29.433	29.636	29.660	29.505	28.259	—
9	方案号	F031	F032	F033	F035	—	—
	稳产年限	0.0	0.5	1.5	4.5	—	—
	R_g/%	77.044	77.468	77.699	76.684	—	—
	R_o/%	66.588	66.840	67.141	66.931	—	—
	累计产气/（$10^8 m^3$）	189.40	190.45	191.01	188.52	—	—
	累计产油/（10^4t）	29.806	29.919	30.053	29.960	—	—

*注：采气量减少到初始采气量的95%时定为稳产期结束时刻。

表 2.6　稳产年限 20 年天然气及凝析油开采指标对比表（考虑吸附现象作用）

井数	初期采气速度/%	12	10	8	6	4	2
	初期日产气（10^4/d）	89.4	74.5	59.6	44.7	29.8	14.9
4	方案号	—	—	A001	A002	A003	A005
	稳产年限*	—	—	0.0	0.0	3.5	18.5
	R_g/%	—	—	60.511	61.509	60.057	42.999
	R_o/%	—	—	56.061	56.714	56.065	44.385
	累计产气/（$10^8 m^3$）	—	—	144.51	146.90	143.43	102.69
	累计产油/（10^4t）	—	—	24.418	24.702	24.420	19.332
6	方案号	—	A011	A012	A013	A015	—
	稳产年限	—	0.0	0.0	0.5	6.5	—
	R_g/%	—	69.488	70.548	70.374	65.955	—
	R_o/%	—	62.274	62.914	62.970	61.018	—
	累计产气/（$10^8 m^3$）	—	165.95	168.48	168.07	157.52	—
	累计产油/（10^4t）	—	27.124	27.403	27.427	26.577	—
8	方案号	A021	A022	A023	A024	A026	—
	稳产年限	0.0	0.0	1.5	3.5	8.5	—
	R_g/%	75.445	76.260	76.362	75.477	69.994	—
	R_o/%	66.276	66.754	66.934	66.856	64.729	—
	累计产气/（$10^8 m^3$）	180.18	182.13	182.37	180.26	167.16	—
	累计产油/（10^4t）	28.867	29.075	29.154	29.120	28.193	—

续表

初期采气速度/%		12	10	8	6	4	2
井数	初期日产气（10^4/d）	89.4	74.5	59.6	44.7	29.8	14.9
9	方案号	A031	A032	A033	A035	—	—
	稳产年限	0.0	0.0	1.5	3.5	—	—
	R_g/%	76.724	77.452	77.494	76.672	—	—
	R_o/%	67.142	67.646	67.882	67.933	—	—
	累计产气/（10^8m³）	183.23	184.97	185.07	183.11	—	—
	累计产油/（10^4t）	29.244	29.464	29.567	29.589	—	—

*注：采气量减少到初始采气量的 95%时定为稳产期结束时刻。

表 2.7 循环注采保压开发数值模拟开发指标对比表（不考虑吸附现象作用）

方案号	初期采气速度/%	初期回注比/%	20 年后（2016 年）的开发指标						
			平均地层压力/MPa	日注气量/（10^4m³）	日产气量/（10^4m³）	日产油量/t	地层凝析含量/（g/m³）	凝析油采出程度/%	累计生产凝析油/（10^4t）
F061	6	100	17.94	24.10	25.26	21.39	116.54	67.82	30.35
F062	6	75	16.13	18.07	21.37	18.50	133.36	66.85	29.92
F063	6	50	14.32	12.05	17.73	19.77	155.50	65.92	29.51
F064	5	100	17.88	23.48	25.69	23.92	122.80	66.73	29.87
F065	5	75	16.23	17.61	21.94	21.67	138.52	65.96	29.52
F066	5	50	14.61	11.74	18.39	21.39	159.89	64.73	28.97
F067	4	100	17.84	21.96	23.81	27.66	138.12	62.94	28.17
F068	4	75	16.55	16.47	21.34	27.14	151.88	60.11	27.84
F069	4	50	15.28	10.98	18.69	23.81	168.87	61.29	27.43

表 2.8 循环注采保压开发数值模拟开发指标对比表（考虑吸附现象作用）

方案号	初期采气速度/%	初期回注比/%	20 年后（2016 年）的开发指标						
			平均地层压力/MPa	日注气量/（10^4m³）	日产气量/（10^4m³）	日产油量/t	地层凝析含量/（g/m³）	凝析油采出程度/%	累计生产凝析油/（10^4t）
A061	6	100	18.32	24.10	24.07	23.75	150.49	70.09	30.52
A062	6	75	16.40	18.07	20.69	22.94	168.64	68.72	29.93
A063	6	50	14.57	12.05	16.79	20.39	193.04	66.82	29.10
A064	5	100	18.14	23.48	24.36	27.76	155.64	68.96	30.03
A065	5	75	16.43	17.61	20.99	25.73	173.34	67.46	29.38
A066	5	50	14.78	11.74	17.37	21.32	195.89	65.57	28.56
A067	4	100	17.93	21.96	22.75	31.97	169.52	64.46	28.07
A068	4	75	16.59	16.47	20.03	26.67	184.10	63.40	27.61
A069	4	50	15.28	10.98	17.64	22.47	198.87	62.49	27.21

参 考 文 献

[1] 高大鹏. 塔河 AT11 区块底水凝析气藏气水分布特征及出水规律研究[D]. 荆州：长江大学，2013.

[2] 汪周华. 多孔介质中凝析气衰竭及注水开发机理研究[D]. 成都：西南石油大学，2004.

[3] 王正东. 苏联气体凝析油利用概况[J]. 石油与天然气化工，1981（4）：20-28.

[4] 赵金洲，胡永全，朱炬辉. 凝析气井压裂生产动态模拟研究[J]. 天然气工业，2004，24（10）：86-88.

[5] 胡伟岩. 凝析气井流入动态分析方法研究[D]. 成都：西南石油学院，2003.

[6] Ivind F，Whitson C H. Modeling Gas-Condensate Well Deliverability [J]. SPE Reservoir Engineering，2013，11（4）：221-230.

[7] 康晓东，李相方，刘一江，等. 凝析气藏高速多相渗流机理与数值模拟研究[J]. 工程热物理学报，2005，26（2）：261-263.

[8] 赵文民，董长银，李志芬，等. 凝析气井流入动态模型研究[J]. 新疆石油天然气，2006，2（2）：57-59.

[9] 尼奥基. 界面现象[M]. 北京：石油工业出版社，1992.

[10] 周守信，张金庆，徐严波，等. 低渗透储层气藏烃类气体吸附等温线计算模型的建立及其应用[J]. 天然气地球科学，2004，15（1）：79-81.

[11] 胡伟岩. 凝析气井流入动态分析方法研究[D]. 成都：西南石油学院，2003.

[12] 蔡治勇. 界面微观特性的分子动力学模拟研究[D]. 重庆：重庆大学，2008.

[13] 杜建芬，李士伦，尹永飞，等. 烃类气体在多孔介质中的吸附研究[J]. 天然气工业，2004，24（9）：111-112.

[14] 杜建芬，李士伦，孙雷，等. 储层多孔介质表面凝析气体混合物的吸附研究[J]. 西南石油学院学报，2003，25（3）：62-65.

[15] 赵振国. 吸附作用应用原理[M]. 北京：化学工业出版社，2005.

[16] Sircar S，Myes A L. Surface Potential Theory of Multilayer Adsorption from Gas Mixtures. Chem. Eng. Sci.，1973，（28）489.

[17] Myers A L，Prausnitz J M. Thermodynamics of Mixed-Gas Adsorption.AIChE J.，1965，（11），121.

[18] lark C R. Adsorption and Desorption of Light Paraffinic Hydrocarbons in Dry and Water-Saturated Sand-Clay Packs：Studies to Determine the Effect of These Phenomena on the PVT Behavior of Natural Gases and Gas Condensates in the Reservoir [M]. 1969.

[19] Lee T V，Huang J C，Rothstein D，et al. Correlation of adsorption isotherms of hydrocarbon gases on activated carbon [J]. Carbon，1984，22（6）：493-495.

[20] Wojsz R，Rozwadowski M. Thermodynamical analysis of adsorption isotherms measured for microporous adsorbents [J]. Chemical Engineering Science，1985，40（1）：105-109.

[21] Tsai M C，Chen W N，Cen P L，et al. Adsorption of gas mixture on activated carbon[J]. Carbon，1985，23（2）：167-173.

[22] Rozwadowski M，Wojsz R，Wisniewski K E，et al. Description of adsorption equilibrium on type A zeolites with use of the Polanyi-Dubinin potential theory [J]. Zeolites，1989，9（6）：503-508.

[23] Łrozwadowski M，Wojsz R. Description of adsorption of polar substances on microporous adsorbents using the modified Polanyi-Dubinin potential theory [J]. Carbon，1981，19（5）：383-390.

[24] Terzyk A P，Wojsz R，Rychlicki G，et al. Fractal dimension of microporous carbon on the basis of the Polanyi-Dubinin theory of adsorption. Part 2：Dubinin-Astakhov adsorption isotherm equation [J]. Colloids & Surfaces a Physicochemical & Engineering Aspects，1996，119（2）：175-181.

[25] Terzyk A P，Gauden P A，Rychlicki G，et al. Fractal dimension of microporous carbon on the basis of the Polanyi-Dubinin theory of adsorption. Part 3：Adsorption and adsorption thermodynamics in the micropores of fractal carbons [J]. Colloids & Surfaces a Physicochemical & Engineering Aspects，1998，136（3）：245-261.

[26] 树森，化工. 吸附法气体分离[M]. 北京：化学工业出版社，1991.

[27] 化工热力学. 近代化工热力学：应用研究的新进展[M]. 上海：上海科学技术文献出版社，1994.

[28] Suwanayuen S，Danner R P. A Gas Adsorption Isotherm Equation Based on Vacancy Solution Theory. AIChE J.，1980，（26），68.

[29] Bering B P，Serpinskii V V. The theory of adsorption equilibrium，based on the thermodynamics of vacancy solutions [J]. Bulletin of the Academy of Sciences of the Ussr Division of Chemical Science，1974，23（11）：2342-2353.

[30] Cochran T W，Kabel R L，Danner R P. Vacancy solution theory of adsorption using Flory–Huggins activity coefficient

equations[J]. Aiche Journal，1980，31（31）：268-277.

[31] Suwanayuen S，Danner R P. Vacancy solution theory of adsorption from gas mixtures [J]. Aiche Journal，1980，26（1）：76-83.

[32] Richter E，Wilfried S，Myers A L. Effect of adsorption equation on prediction of multicomponent adsorption equilibria by the ideal adsorbed solution theory[J]. Chemical engineering science，1989，44（8）：1609-1616.

[33] Hand D W，Loper S，Ari M，et al. Prediction of multicomponent adsorption equilibria using ideal adsorbed solution theory [J]. Environmental science & technology，1985，19（11）：1037-1043.

[34] Seidel A，Gelbin D. On applying the ideal adsorbed solution theory to multicomponent adsorption equilibria of dissolved organic components on activated carbon [J]. Chemical Engineering Science，1988，43（1）：79-88.

[35] Liu J，Shen B. Constant-capacity ideal adsorption solution model for adsorption process of n-C_4~0—n-C_（10）~0 on 5A molecular sieves [J]. Huagong Xuebao/journal of Chemical Industry & Engineering，2008，59（12）：3078-3084.

[36] Lindvig T，Michelsen M L，Kontogeorgis G M. A Flory-Huggins model based on the Hansen solubility parameters [J]. Fluid Phase Equilibria，2002，203（1）：247-260.

[37] Cochran T W，Kabel R L，Danner R P. Vacancy solution theory of adsorption using Flory-Huggins activity coefficient equations[M]. 1985.

[38] 杜建芬，李士伦. 多孔介质吸附对凝析油气相平衡的影响[J]. 天然气工业，1998（1）：33-36.

[39] Belton G R. Langmuir adsorption，the gibbs adsorption isotherm，and interfacial kinetics in liquid metal systems [J]. Metallurgical & Materials Transactions B，1976，7（1）：35-42.

[40] Alexander A E，Posner A M. A method of integrating the Gibbs adsorption isotherm. [J]. Nature，1950，166（166）：432-3.

[41] Tadros T. Gibbs Adsorption Isotherm [M]. Springer Berlin Heidelberg，2013.

[42] Donohue M D，Aranovich G L. Classification of Gibbs adsorption isotherms [J]. Advances in Colloid & Interface Science，1998，76（98）：137-152.

[43] Aranovich G L，Donohue M D. Gibbs adsorption and the compressibility equation [J]. Journal of Chemical Physics，1995，103（103）：2216-2220.

[44] Evans R，Marconi U M B，Tarazona P. Fluids in narrow pores：Adsorption，capillary condensation，and critical points [J]. Journal of Chemical Physics，1986，84（4）：2376-2399.

[45] Tuller M，Dudley L M. Adsorption and capillary condensation in porous media：Liquid retention and interfacial configurations in angular pores [J]. Water Resources Research，1999，35（7）：1949-1964.

[46] Trev N，van，médium. Capillary Condensation [J]. Lect Publishing，2012：189-189.

[47] Udell K. The Thermodynamics of Evaporation and Condensation in Porous Media [J]. SPE California Regional Meeting，1982.

[48] 严继民. 吸附与凝聚[M]. 北京：科学出版社，1986.

[49] Štěpánek，František，Marek M，Adler P M. Modeling capillary condensation hysteresis cycles in reconstructed porous media [M]// AIChE Journal. 1999：1901-1912.

[50] Thomson S W. On the equilibrium of vapour at a curved surface of liquid[J]. Philosophical Magazine，1871.4，448-452.

[51] 杜建芬，李士伦，尹永飞，等. 多孔介质对凝析气藏露点的影响机理研究[J]. 西南石油学院学报，2006，28（4）：26-28.

[52] 杜建芬，李士伦，孙雷，等. 多孔介质毛细凝聚对凝析气藏露点的影响研究[J]. 天然气工业，2001，21（3）：56-59.

[53] 吴晓东，吕彦平，马焕英，等. 多孔介质对凝析气露点压力影响研究[J]. 大庆石油地质与开发，2007，26（2）：67-70.

[54] 汪周华，郭平，钟兵，等. 低渗透多孔介质对高含凝析油型凝析气相态影响[J]. 钻采工艺，2009，32（3）：56-59.

[55] 马焕英. 多孔介质界面现象对凝析气藏露点压力的影响研究[D]. 中国石油大学（北京），2005.

[56] 周守信，徐严波，李士伦，等. 考虑多孔介质界面吸附和毛细凝聚影响的露点计算模型[J]. 中国海上油气（工程），2004，16（2）：101-104.

[57] 郭平，孙良田，孙雷，等. 多孔介质对凝析气露点的影响讨论[J]. 中国海上油气（地质），2001，15（3）：208-213.

[58] 隋淑玲，郭平，杜建芬，等. 低渗多孔介质中凝析气衰竭实验研究[J]. 西南石油大学学报（自然科学版），2010，32（3）：97-100.

[59] 李明秋. 多孔介质中凝析气衰竭及注气过程凝析油饱和度研究[D]. 成都：西南石油大学，2006.

[60] 杜建芬. 多孔介质中凝析油气体系相平衡规律和渗流规律研究[D]. 成都：西南石油大学，1997.

[61] 卢斐，孙雷，张瀚奭，等. 大涝坝凝析气藏考虑多孔介质影响的衰竭开采相态特征[J]. 油气藏评价与开发，2014（4）：30-33.

[62] 周守信，徐严波，张媛，等. 多孔介质中凝析油气体系的定容衰竭相平衡计算[J]. 中国海上油气，2004，16（5）：324-327.

[63] 何行范. 原油体系有机固溶物沉积研究[D]. 成都：西南石油大学，2001.

[64] 梅海燕，张茂林，李闽，等. 石蜡沉积实验与模拟研究[J]. 新疆石油地质，2003，24（1）：59-61.

[65] 梅海燕，张茂林，李闽，等. 葡北油田石蜡沉积研究[J]. 断块油气田，2003，10（2）：35-37.

[66] 梅海燕，张茂林，李士伦，等. 石蜡沉积预测方法[J]. 天然气工业，2003，23（3）：92-94.

[67] 梅海燕，张茂林，孙良田，等. 气-液-固三相相平衡热力学模型预测石蜡沉积[J]. 石油学报，2002，23（2）：82-86.

[68] 李闽，李士伦，郭平. 气液固三相相平衡计算[J]. 石油学报，2002，23（1）：98-101.

[69] 梅海燕，李士伦. 油气体系气液固三相相平衡计算[J]. 天然气工业，2000，20（3）：75-78.

[70] 张茂林，梅海燕，李闽，等. 油气体系气-液-固三相相态模拟[J]. 石油学报：石油加工，2002，18（5）：80-85.

[71] Hansen J H，Fredenslund A，Pedersen K S，et al. A thermodynamic model for predicting wax formation in crude oils [J]. Aiche Journal，1988，34（12）：1937-1942.

[72] Mei H，Kong X，Zhang M，et al. A Thermodynamic Modelling Method for Organic Solid Precipitation [J]. 1999.

[73] Karen S. Prediction of Cloud Point Temperatures and Amount of Wax Precipitation [J]. SPE Production & Facilities，1995，10（1）：46-49.

[74] Myers A L，Sircar S. Theory of Correspondence for Adsorption from Dilute Solutions on Heterogeneous Adsorbents [J]. Advances in Chemistry，1983，33（202）：63-76.

[75] 郭平，杨金海，李士伦，等. 超声波在凝析油临界流动饱和度测试中的应用[J]. 天然气工业，2001，21（3）：22-25.

[76] 郭平，杨金海. 超声波在凝析油临界流动饱和度测试中的应用[J]. 天然气工业，2001，21（3）：22-25.

[77] 杨金海，李士伦，郭平，等. 孔隙介质中气体相变超声波测试方法研究[J]. 西南石油学院学报，1999，21（3）：22-24.

[78] 易敏，郭平，孙良田. 非稳态法水驱气相对渗透率曲线实验[J]. 天然气工业，2007，27（10）：92-94.

[79] 黄时祯，石美，郭平，等. 温度和测试方法影响相同油水黏度比相渗曲线的实验研究[J]. 重庆科技学院学报：自然科学版，2013，15（6）：87-91.

[80] 苏畅，郭平，李士伦，等. 凝析气藏中替代相渗和真实相渗曲线差别对油气采收率的影响[J]. 海洋石油，2003，23（2）：41-44.

[81] 田巍. 致密砂岩凝析气藏油气水多相渗流规律研究[D]. 北京：北京科技大学，2015.

[82] 国家能源局. 凝析气藏流体物性分析方法：SY/T 5542-2009[S].北京：石油工业出版社，2010.

[83] 梅海燕，张茂林，郭平，等. 三维四相多组分模型及其数值模拟应用[J]. 新疆石油地质，2004，25（5）：505-508.

[84] 张茂林. 多孔介质中界面现象对凝析气藏开发动态的影响[D]. 合肥：中国科学技术大学，2000.

[85] 张茂林，梅海燕，孙良田，等. 三维四相多组分数学模型和数值模型的建立[J]. 断块油气田，2002，9（5）：28-32.

[86] 张茂林，梅海燕，孙良田，等. 考虑吸附现象作用的三维四相多组分模型[J]. 天然气工业，2002，22（5）：77-80.

[87] 张茂林，孙良田，李士伦. 分数步长算法在 K 值多组分模型中的应用[J]. 天然气工业，1991（4）：51-56.

[88] 张茂林，孙良田. 凝析油气藏 K 值多组分模型数值模拟方法[J]. 石油学报，1991（1）：60-68.

[89] 张茂林，喻高明. 凝析油气藏拟组分数值模拟方法[J]. 西南石油学院学报，1991，13（2）：38-47.

[90] 张茂林，喻高明. 油气体系拟组分相平衡及物性参数计算[J]. 天然气工业，1988，18（4）：26-32.

第3章　高含硫气藏相态研究

3.1　高含硫天然气物性参数计算模型优选

3.1.1　天然气偏差因子计算及校正

天然气偏差因子是指在一定温度压力下，真实气体体积与理想气体体积的比值。而高含硫气体中由于 H$_2$S 含量较高，偏差因子计算会出现偏差，因此要对高含硫气体的偏差因子计算模型作对比，得到最合适的模型。

计算天然气偏差因子的方法有很多，在实验室条件下可以由 PVT 实验获取，进行理论研究时，有很多计算天然气偏差因子的计算公式。计算关系式主要分为两种类型：第一种是应用状态方程求解偏差因子，第二种是应用经验公式求解偏差因子。

目前较常用的状态方程法包括 PR 状态方程法和 SRK 状态方程法，经验公式法包括 Dranchuk-Purvis-Robinson（DPR）法、Hall-Yarborough（HY）法、Sarem 方法、Dranchuk-Abu-Kassem（DAK）法、Hankinson-Thomas-Phillips（HTP）法、Beggs-Brill（BB）法和李相方（LXF）法等。本节蒋比较在计算高含硫气体偏差因子的几种方法。

1. 偏差因子计算模型

1）SRK 状态方程

$$p = \frac{RT}{V - b_m} - \frac{aa_m(T)}{V(V + b_m)} \tag{3.1}$$

$$a_m(T) = \sum_{i=1}^{n} \sum_{j=1}^{n} x_i x_j (a_i a_j a_i a_j)^{0.5} (1 - k_{ij}) \tag{3.2}$$

$$b_m = \sum_{i=1}^{n} x_x b_i \tag{3.3}$$

式中，k_{ij}——二元交互作用系数；

$a_m(T)$——混合体的平均引力常数；

R——气体普适常数，8.31MPa·cm^3/(mol·K)；

b_m——混合体系平均斥力常数；

a、b——组分物质的临界参数；

x——组分的组成；

下标 i, j——平衡混合气相和混合液相中各组分。

SRK 方程中关于偏差因子 Z 的方程可以表示为

$$Z_m^3 - Z_m^2 + (A_m - B_m - B_m^2)Z_m - A_m B_m = 0 \tag{3.4}$$

$$A_m = \frac{a_m(T)p}{(RT)^2}, \quad B_m = \frac{b_m p}{RT} \tag{3.5}$$

2）PR 状态方程

$$p = \frac{RT}{V - b_m} - \frac{a_m(T)}{V(V + b_m) + b_m(V - b_m)} \tag{3.6}$$

PR 方程中关于偏差因子 Z 的方程可以表示为

$$Z_m^3 - (1 - B_m)Z_m^2 + (A_m - 2B_m - 3B_m^2)Z_m - (A_m B_m - B_m^2 - B_m^3) = 0 \tag{3.7}$$

$$A_m = \frac{a_m(T)p}{(RT)^2}, \quad B_m = \frac{b_m p}{RT} \tag{3.8}$$

3）Dranchuk-purvis-Robinson（DPR）法

1974 年，Dranchuk、Purvis 和 Robinson 根据 Benedict-Webb-Rubin 状态方程，考虑对比温度和对比压力，推导出了带有 8 个常数的计算偏差因子的经验公式：

$$Z = 1 + \left(A_1 + \frac{A_2}{T_{pr}} + \frac{A_3}{T_{pr}^3}\right)\rho_{pr} + \left(A_4 + \frac{A_5}{T_{pr}}\right)\rho_{pr}^2 + \left(\frac{A_5 A_6}{T_{pr}}\right)\rho_{pr}^5$$

$$+ \frac{A_7}{T_{pr}^3}\rho_{pr}^2(1 + A_8\rho_{pr}^2)\exp(-A_8\rho_{pr}^2) \tag{3.9}$$

式中，A_i——给定系数，详见表 3.1；

ρ_{pr}——拟对比密度，无因次；

其中，$\rho_{pr} = 0.27 p_{pr}/(ZT_{pr})$

T_{pr}——拟对比温度，无因次。

表 3.1　DpR 方程参数

参数	参数值	参数	参数值
A_1	0.31506237	A_5	−0.61232032
A_2	−1.0467099	A_6	−0.10488813
A_3	−0.57832729	A_7	0.68157001
A_4	0.53530771	A_8	0.68446449

参考 Newton-Raphson 迭代法，求解 DPR 非线性问题。适用范围是：$1.05 \leqslant T_{pr} \leqslant 3.0$，$0.2 \leqslant p_{pr} \leqslant 30$。

4）Hall-Yarborough（HY）法

基于 Starling-Carnahan 状态方程，重新拟合了 Standing-Katz 图版，得到新的经验公式：

$$Z = 0.06125(p_{pr}/\rho_r T_{pr})\exp[-1.2(1 - 1/T_{pr})^2] \tag{3.10}$$

式中，ρ_r——相对密度。

采用牛顿迭代方法，使用如下方程可求得 ρ_r：

$$\frac{\rho_r + \rho_r^2 + \rho_r^3 - \rho_r^4}{(1-\rho_r)^3} - (14.76/T_{pr} - 9.76/T_{pr}^2 + 4.58/T_{pr}^3)\rho_r^2$$

$$+(90.7/T_{pr} - 242.2/T_{pr}^2 + 42.4/T_{pr}^3)\rho_r^{(2.18+2.82/T_{pr})} \qquad (3.11)$$

$$-0.06152(p_{pr}/T_{pr})\exp[-1.2(1-1/T_{pr})^2] = 0$$

上述方法的适用范围是：$1.2 \leqslant T_{pr} \leqslant 3$，$0.1 \leqslant p_{pr} \leqslant 24.0$。

5）Dranchuk-Abu-Kassem（DAK）法

DAK 方法和 DpR 方法计算公式基本相同，但是计算相对密度 ρ_r 的公式不同，DAK 方法的相对密度计算公式如下：

$$1 + \left(A_1 + \frac{A_2}{T_{pr}} + \frac{A_3}{T_{pr}^3} + \frac{A_4}{T_{pr}^4} + \frac{A_5}{T_{pr}^5}\right)\rho_r + \left(A_6 + \frac{A_7}{T_{pr}} + \frac{A_8}{T_{pr}^2}\right)\rho_r^2 - A_9\left(\frac{A_7}{T_{pr}} + \frac{A_8}{T_{pr}^2}\right)\rho_r^5$$

$$+\frac{A_{10}}{T_{pr}^3}\rho_r^2(1+A_{11}\rho_r^2)\exp(-A_{11}\rho_r^2) - 0.27\frac{p_{pr}}{\rho_r T_{pr}} = 0 \qquad (3.12)$$

其中，A_i 的值详见表 3.2。

表 3.2　DAK 方程参数表

参数	参数值	参数	参数值
A_1	0.3265	A_7	0.7361
A_2	1.07	A_8	0.1844
A_3	0.5339	A_9	0.1056
A_4	0.01569	A_{10}	0.6134
A_5	−0.05165	A_{11}	0.721
A_6	0.5475		

2. 偏差因子校正模型

由于高含硫化氢气体含有 CO_2 和 H_2S 等酸性气体，引起混合气体的临界温度和临界压力等参数发生变化，此时，如果使用上述方法计算会导致偏差因子变大，存在一定的误差，因此，一般要对酸性气体的临界参数进行校正。目前使用较为普遍的校正方法有两种。

1）郭绪强（GXQ）校正

基于 HTp 模型和 DpR 模型，国内学者郭绪强等对酸性气体临界参数采取以下方法进行校正：

$$T_c = T_m - C_{wa} \qquad (3.13)$$

$$p_c = T_c \sum (x_i p_{ci}) / [T_c + x_1(1-x_1)C_{wa}] \qquad (3.14)$$

$$T_m = \sum_{i=1}^{n} (x_i T_{ci}) \qquad (3.15)$$

$$C_{wa} = \frac{1}{14.5038}\left|120 \times \left|(x_1+x_2)^{0.9} - (x_1+x_2)^{1.6}\right| + 15(x_1^{0.5} - x_1^4)\right| \qquad (3.16)$$

式中，x_1——H_2S 在体系中的摩尔分数；

x_2——CO_2 在体系中的摩尔分数。

2）Wichert-Aziz 校正方法

Wichert-Aziz 考虑酸性气体（CO_2、H_2S）对混合气体的影响，于 1972 年引进参数 ε，其计算关系式如下：

$$\varepsilon = 15(M - M^2) + 4.167(N^{0.5} - N^2) \tag{3.17}$$

式中，M——体系内 H_2S 和 CO_2 的物质的量分数之和；

N——体系内 H_2S 的物质的量分数。

Wichert-Aziz 以参数 ε 为基础，考虑了各个组分的临界温度和临界压力，其临界参数校正关系式如下：

$$T'_{ci} = T_{ci} - \varepsilon \tag{3.18}$$

$$p'_{ci} = p_{ci} T'_{ci} / T_{ci} \tag{3.19}$$

式中，T_{ci}——i 组分的临界温度，K；

p_{ci}——i 组分的临界压力，kPa；

T'_{ci}——i 组分的校正临界温度，K；

p'_{ci}——i 组分的校正临界压力，kPa。

上述计算公式的压力适用范围为 0～17240kPa，且需参考此压力值对温度进行校正，校正公式如下：

$$T' = T + 1.94(p / 2760 - 2.1 \times 10^{-8} p^2) \tag{3.20}$$

3.1.2　天然气黏度计算及校正

1. 黏度计算模型

1）Lohrenz-Bray-Clark（LBC）法

1964 年，Lohrenz 提出了计算高压气体黏度的公式：

$$[(\mu - \mu_{g1})\xi + 10^{-4}]^{1/4} = a_1 + a_2\rho_r + a_3\rho_r^2 + a_4\rho_r^3 + a_5\rho_r^4 \tag{3.21}$$

式中，$a_1 = 0.1023$，$a_2 = 0.023364$，$a_3 = 0.058533$，$a_4 = 0.040758$，$a_5 = 0.0093324$；

μ_{g1}——低压下气体的黏度，MPa·s；

ρ_r——对比密度，$\rho_r = \dfrac{\rho}{\rho_c}$；

$\rho_c = (V_c^{-1}) = \left[\displaystyle\sum_{\substack{i=1 \\ i=C_+}}^{N} (z_i V_{ci}) + z_{C_{7+}} V_{C_{7+}}\right]^{-1}$；

μ——天然气黏度，MPa·s；

ξ——修正参数，无量纲。

其中，$V_{C_{7+}}$ 可由下式计算得

$$V_{C_{7+}} = 21.573 + 0.015122MW_{C_{7+}} - 27.656 \times SG_{C_{7+}} + 0.070615MW_{C_{7+}} \times SG_{C_{7+}} \tag{3.22}$$

其中，ξ 可由下式计算得

$$\xi = \left(\sum_{i=1}^{N} T_{ci} z_i\right)^{\frac{1}{6}} \left(\sum_{i=1}^{N} MW_i z_i\right)^{-\frac{1}{2}} \left(\sum_{i=1}^{N} p_{ci} z_i\right)^{-\frac{2}{3}} \tag{3.23}$$

μ_{g1} 可根据 Herning 和 Zipperer 混合定律计算得到

$$\mu_{g1} = \frac{\sum_{i=1}^{n} \mu_{gi} Y_i M_i^{0.5}}{\sum_{i=1}^{n} Y_i M_i^{0.5}} \tag{3.24}$$

式中，μ_{gi} 是 i 组分在给定温度压力下的黏度，可由 Stiel-Thodos 式计算得到：

$$\mu_{gi} = 34 \times 10^{-5} \frac{1}{\xi_i} T_{ri}^{0.94} \quad T_{ri} < 1.5 \tag{3.25}$$

$$\mu_{gi} = 17.78 \times 10^{-5} \frac{1}{\xi_i} (4.58 T_{ri} - 1.67)^{\frac{5}{8}} \quad T_{ri} \geqslant 1.5 \tag{3.26}$$

式中：M_i——气体单组分 i 分子量；

Y_i——混合物中某组分的摩尔分数。

2）Dempsey（D）法

对 Carr 等人的图版进行拟合，Dempsey 得到了计算黏度的新公式：

$$\ln\left(\frac{\mu_g T_r}{\mu_1}\right) = A_0 + A_1\rho_r + A_2\rho_r^2 + A_3\rho_r^3 + T_r(A_4 + A_5\rho_r + A_6\rho_r^2 + A_7\rho_r^3) \tag{3.27}$$
$$+ T_r^2(A_8 + A_9\rho_r + A_{10}\rho_r^2 + A_{11}\rho_r^3) + T_r^3(A_{12} + A_{13}\rho_r + A_{14}\rho_r^2 + A_{15}\rho_r^3)$$

$$\mu_1 = (1.709 \times 10^{-5} - 2.062 \times 10^{-6} \gamma_g)(1.8T + 32) + \tag{3.28}$$
$$8.188 \times 10^{-3} - 6.15 \times 10^{-3} \lg(\gamma_g)$$

式中，μ_1——单组分气体黏度，MPa·s。

A 的参数取值如表 3.3 所示：

表 3.3 参数取值表

参数	参数值	参数	参数值
A_0	−2.4621182	A_8	−0.7933858684
A_1	2.97054714	A_9	1.39643306
A_2	−0.286264054	A_{10}	0.149144925
A_3	0.00805420522	A_{11}	0.00441015512
A_4	2.80860949	A_{12}	0.0839387178
A_5	−3.49803305	A_{13}	−0.186408846
A_6	0.36037302	A_{14}	0.0203367881
A_7	−0.0104432413	A_{15}	−0.000609579263

3）Lee-Gonzalez（LG）法

石油公司提供了 8 组天然气样品，Lee 和 Gonzalez 采取实验研究的方法，分析了样品的黏度和密度，实验条件是温度为 37.8～171.2℃，压力为 0.1013～55.158MPa。通过实验数据分析，他们得到了计算黏度的新的经验公式：

$$\mu_g = 10^{-4} k \exp(X\rho_g^Y) \tag{3.29}$$

$$k = \frac{2.6832 \times 10^{-2}(470 + M_g)T^{1.5}}{116.1111 + 10.5556M_g + T} \tag{3.30}$$

$$X = 0.01\left(350 + \frac{54777.78}{T} + M_g\right) \tag{3.31}$$

$$Y = 0.2(12 - X) \tag{3.32}$$

$$\rho_g = \frac{10^{-3} M_{air}\gamma_g p}{ZRT} \tag{3.33}$$

式中：μ_g——地层天然气的黏度，$MPa \cdot s$；

ρ_g——地层天然气的密度，g/cm^3；

M_g——天然气的分子量，$kg/kmol$；

M_{air}——空气的分子量，$kg/kmol$；

T——地层温度，K；

γ_g——天然气的相对密度（空气=1）。

2. 黏度校正模型

计算酸性气体的黏度时，需要对经验公式进行校正，因为高含硫化氢气体的黏度偏大，需要进行校正。

1）杨继盛（YJS）校正法

杨继盛校正法主要针对 LG 经验公式，校正公式如下：

$$k' = k + k_{H_2S} + k_{CO_2} + k_{N_2} \tag{3.34}$$

式中，k_{H_2S}——天然气中存在 H_2S 时引起的附加黏度校正系数；

k_{CO_2}——天然气中存在 CO_2 时引起的附加黏度校正系数；

k_{N_2}——天然气中存在 N_2 时引起的附加黏度校正系数。

对于 $0.6 < \gamma_g < 1$ 的天然气，计算公式如下：

$$k_{H_2S} = Y_{H_2S}(0.000057\gamma_g - 0.000017) \times 10^4 \tag{3.35}$$

$$k_{CO_2} = Y_{CO_2}(0.000050\gamma_g + 0.000017) \times 10^4 \tag{3.36}$$

$$k_{N_2} = Y_{N_2}(0.00005\gamma_g + 0.000047) \times 10^4 \tag{3.37}$$

对于 $1 < \gamma_g < 1.5$ 的天然气，计算公式如下：

$$k_{H_2S} = Y_{H_2S}(0.000029\gamma_g + 0.0000107) \times 10^4 \tag{3.38}$$

$$k_{CO_2} = Y_{CO_2}(0.000024\gamma_g + 0.000043) \times 10^4 \tag{3.39}$$

$$k_{N_2} = Y_{N_2}(0.000023\gamma_g + 0.000074) \times 10^4 \tag{3.40}$$

式中，Y_{H_2S}——H_2S 在混合气体中的体积百分数；

Y_{CO_2}——CO_2 在混合气体中的体积百分数；

Y_{N_2}——N_2 在混合气体中的体积百分数。

2）Standing 校正

Stangding 针对 Dempsey 的黏度计算公式提出了校正模型，公式如下：

$$\mu_1' = (\mu_1)_{un} + \mu_{N_2} + \mu_{CO_2} + \mu_{H_2S} \tag{3.41}$$

式中，参数计算公式如下：

$$\mu_{H_2S} = n_{H_2S} \cdot [8.49 \times 10^{-3} \lg(\gamma_g) + 3.73 \times 10^{-3}] \tag{3.42}$$

$$\mu_{CO_2} = n_{CO_2} \cdot [9.08 \times 10^{-3} \lg(\gamma_g) + 6.24 \times 10^{-3}] \tag{3.43}$$

$$\mu_{N_2} = n_{N_2} \cdot [8.48 \times 10^{-3} \lg(\gamma_g) + 9.59 \times 10^{-3}] \tag{3.44}$$

式中：μ_{H_2S}——H_2S 黏度校正值，$MPa \cdot s$；

μ_{CO_2}——CO_2 黏度校正值，$MPa \cdot s$；

μ_{N_2}——N_2 黏度校正值，$MPa \cdot s$；

$n_{H_2S}, n_{CO_2}, n_{H_2S}$——其占气体混合物的摩尔含量，%；

γ_g——天然气相对密度（空气=1.0）；

$(\mu_1)_{un}$——混合物的黏度校正值，$MPa \cdot s$。

3.2　元素硫在高含硫天然气中溶解度

3.2.1　元素硫在高含硫天然气中溶解度预测模型

1. 实验原理

很多学者认为，元素硫与 H_2S 结合生成多硫化氢是硫直接溶解于酸性气体的主要途径。即在适当条件下的天然气中存在着如下反应平衡：

$$H_2S + S_x \overset{p \cdot T}{\Longleftrightarrow} H_2S_{x+1} \tag{3.45}$$

由于该反应是吸热反应（从左到右），因此在更高温度和压力条件下，平衡将向多硫化氢方向移动，使得单体硫能更多地存在于天然气中。当天然气中 H_2S 含量越高，则可以获得更为有效的对单体硫的溶解。反之，若降低温度或压力则反应逆向进行，元素硫将从天然气中析出。

因此，利用以上反应原理，在忽略其他影响因素的条件下，可以设计出硫在酸性天然气中的溶解度实验的基本路线，开展物理模拟实验装置研究和实验方案设计，物理模拟测试井筒条件不同温度、压力实验气体组成下元素硫的溶解度。元素硫不仅溶解在高含硫气体中，而且还溶解在高温高压条件下的富烃组分中。利用建立的元素硫溶解度测定方法，验证该测定方法的可行性。

2. 实验流程

实验流程和对应的溶解度测定主要装置见图 3.1。

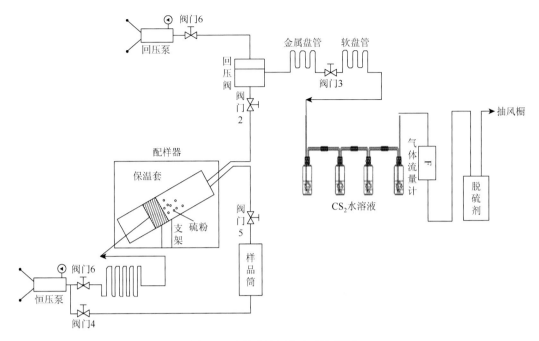

图 3.1　元素硫溶解度实验流程图

3. 实验步骤

整个实验分下面几个步骤完成[1]：

（1）安装。按照所示流程图连接好实验设备，并将过量的硫粉 50g 放入配样器中，调试整个流程，保证整个实验过程不发生泄漏；

（2）转样。关闭所有阀门后，开启阀门 4 和阀门 5，将样品筒的气体转入配样器，然后关闭阀门 4 和阀门 5；

（3）平衡。将配样器的气体加温加压到 100℃和 40MPa 条件下，将配样器进行摇样平衡 1 天左右；

（4）闪蒸。利用恒压泵保持 40MPa 条件不变，首先将回压泵调整到 42MPa，开启阀门 2、阀门 6 和阀门 3，然后逐步降低回压泵压力，起初气体开始流出，然后利用回压泵调节压力，直至气体流量计显示流量为 200mL/min 时，保持回压泵压力不变；

（5）计量。利用恒压泵和回压泵保持压力条件下，将配样器中的气体闪蒸完毕。用氮气溶液清洗出口端管线，同时与流程图中的 CS_2 溶液混合后，放入抽风橱，让 CS_2 溶液挥发，收集挥发后剩下的固体硫，利用精密天平进行称量。

4. 实验结果处理

利用计量得到的固体硫质量和气体流量计显示的累计流量值，就可以用气体状态方程计算得到一定压力和温度条件下，一定体积高含硫气体中元素硫溶解度。

选取川东北两口高含硫气井 L2 和 L6，两口井井流物组成见表 3.4 和表 3.5。L2 井原始气藏温度为 123.4℃，原始气藏压力为 55.2MPa，其硫化氢含硫为 198g/m³。L6 井原始气藏温度为 120℃，原始气藏压力为 55.17MPa，其硫化氢含硫为 215g/m³。均在与井口相联的管汇处实施高含硫取样，取样时间选择在放喷 1 小时后进行。

表 3.4　L2 井井流物组分组成分析	
组分	摩尔含量/%
H_2S	13.79
N_2	0.52
He	0.01
H_2	0.00
CO_2	9.01
C_1	76.64
C_2	0.03
$C_3 \sim C_{7+}$	0.00

表 3.5　L6 井井流物组分组成分析	
组分	摩尔含量/%
H_2S	14.99
N_2	0.43
He	0.01
H_2	0.01
CO_2	8.93
C_1	75.61
C_2	0.02
$C_3 \sim C_{7+}$	0.00

利用建立的元素硫溶解度测定方法，分别以 L2 和 L6 井口样为基础，将取得的井口样转入装有过量硫粉的配样器中，分别首先将配样器内温度升高到 123.4℃和 120℃，然后将气体压力升高到 55MPa，保持配样器压力和温度不变的条件下摇摆配样器，以便高含硫气体与过量硫粉达到饱和。

平衡摇样 1 天后，在保持配样器压力和温度不变的条件下，将配样器内的气体闪蒸到实验室内条件下，计量气体体积。当配样器内气体闪蒸完全后，关闭配样器出口端阀门，利用氮气吹洗管线，并收集装有 CS_2 的水溶液，利用分离装置分离出 CS_2，在室内条件下让 CS_2 挥发，挥发后将剩下的固体黄色物质进行称重。

将 L2 井井筒温度下降到 108.0℃、93.0℃、78.0℃和 63.0℃时，对不同压力下硫的溶解度进行测试，测试结果如图 3.2；将 L6 井井筒温度下降到 105.0℃、90.0℃、75.0℃和 60.0℃时，对不同压力下硫的溶解度进行测试，测试结果如图 3.3。

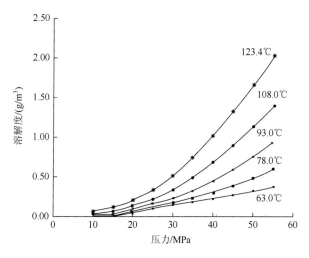

图 3.2　L2 井硫的溶解度与压力关系曲线

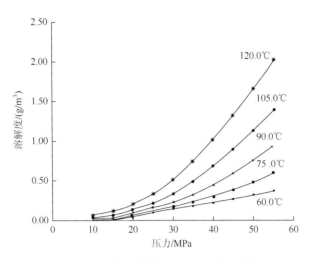

图 3.3　L6 井硫的溶解度与压力关系曲线

改变气体组成，同上，利用实验装置可以测得溶解度随压力变化的关系曲线图（图 3.4，图 3.5）。

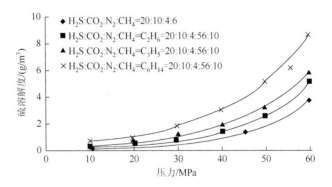

图 3.4　120℃时烃类组分对硫溶解度的影响对比曲线

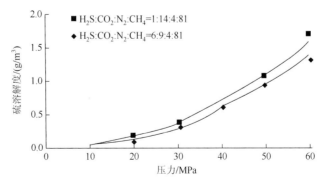

图 3.5　H_2S、CO_2 对硫溶解度的影响对比曲线

分析实验结果可以得到以下结论：

对全部实验的解释。

（1）影响元素硫在酸性气体中的溶解度大小因素主要有：压力、温度、硫化氢含量、二氧化碳含量及凝析组分含量等，可以用下面的式子简单表示：

$$\underbrace{\{S\}_{SOL} = f(p)(T)[H_2S][C_{6+}]}_{\text{主要因素}} \qquad \underbrace{[CO_2][CH_4][\cdots]}_{\text{次要因素}}$$

（2）温度、压力和气体组成是影响硫溶解度最主要的三个参数。在天然气中，随着温度和压力的升高，硫的溶解度也相应增大，其增加程度也随之增大。反之，当压力或温度下降时，元素硫将从饱和气流中析出。

（3）气体中的 H_2S 对硫的溶解度有着重要的影响。

（4）烃类物质尤其是重质组分也是硫的理想溶剂。

（5）硫在天然气中的溶解实际是物理溶解和化学溶解的综合结果。过去，很多学者研究认为酸性气体中 H_2S 的摩尔含量对硫的溶解度起着决定性的作用。但是从实验结果中可以明显看出，烃类物质尤其是分子中碳原子数目越多的烃类组分对硫的溶解度有着越重要的影响。目前仍无法从实验中明确确定 H_2S 与重质组分对硫溶解度的影响哪个更明显。

本实验获取了足够多的硫在天然气中溶解度的实验数据，为后面章节建立广泛应用于预测天然气中硫溶解度的预测模型提供数据支持。

3.2.2　高含硫气体硫溶解度缔合模型研究

本节将利用超临界流体多相平衡原理解决高含硫天然气混合物与元素硫之间的平衡关系。这是考虑在地层条件下，将高含硫天然气处理为超临界或接近临界流体态，因此本节将通过这种理论研究建立高含硫气体中元素硫溶解度的关联和预测模型。

3.2.2.1　缔合模型 1

通常用于确定硫在天然气中的溶解度的实验方法不仅危险性大而且投资成本高。因此，硫的溶解度的经验计算方法比较简单可用。将其应用到许多体系中都取得了相当满意的结果。

目前，人们公认的比较成功的经验关联式是 Chrastil 提出的三参数方程[2]，关系式如下：

$$C_r = \rho^k \exp\left(\frac{A}{T} + B\right) \tag{3.46}$$

式中，C_r——溶质在气体中的溶解度，g/m^3；

　　　ρ——气体密度，g/m^3；

　　　T——温度，K；

　　　k、A、B——常数。

此方程具有一定的理论意义，是从溶质和溶剂分子间只存在化学缔合出发推导出的，由于在该式的推导中没有考虑溶质在 SCF 作用下挥发性的变化以及导出的溶解度单位不便使用等原因，致使公式的准确性和适用范围受到了一定的限制。但 Chrastil 溶解度计算公式适用于溶质在气相中的溶解度极小的情况，且将超临界流体的非理想性全部归结于缔合反应，尤其对高温高压下元素硫在酸性混合气中的溶解度计算结果较为准确[3]。

对式（3.46）两边取对数得

$$\ln C_r = k \ln \rho + \frac{A}{T} + B \qquad (3.47)$$

按式（3.47），考虑温度不变的情况下，硫溶解度 C_r 和气体密度 ρ 在双对数曲线中呈线性关系。式（3.47）中的常数 k、A 和 B，可以用实验测得的数据来确定。

为了研究元素硫在高含硫气藏中溶解度缔合模型的适用性，采用文献实验数据进行验证，实验温度和压力分别为为 $80 \sim 160℃$ 和 $10 \sim 60MPa$，气体组成如表 3-6，混合物溶解度实验如表 3.7。实验数据按照 Chrastil 公式整理后直线关系明显（图 3.6），由图 3.7 可以确定对应气体组分下的 k 值，而参数 A 和 B 需要测不同温度下的溶解度才能求取。

表 3.6 实验气体（混合物 1）组分含量 （单位：%）

H₂S	CO₂	N₂	CH₄
20	10	4	66

表 3.7 混合物 1 的溶解度实验数据

温度/℃	压力/MPa	气体密度/（kg/m³）	溶解度/（g/m³）	质量含量/%
80	10	146	0.036	0.0042
	20	186	0.164	0.0143
	30	235	0.361	0.0326
	40	296	0.507	0.0486
	50	336	1.036	0.0964
	60	367	1.562	0.162
100	10	128	0.062	0.0054
	20	164	0.228	0.0202
	40	280	0.799	0.0767
	52	327	1.623	0.1371
	60	350	2.102	0.194
120	10	105	0.135	0.0112
	30	213	0.819	0.0729
	45	282	1.853	0.1741
	60	332	3.342	0.3053
140	10	69	0.254	0.0214
	30	198	1.21	0.1071
	45	264	2.87	0.261
	60	313	4.652	0.433
160	10	65	0.362	0.0342
	30	185	1.723	0.16
	40	231	2.754	0.2582
	50	267	4.491	0.477

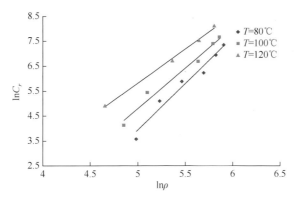

图 3.6　混合物 1 中 C_r 与 ρ 双对数曲线

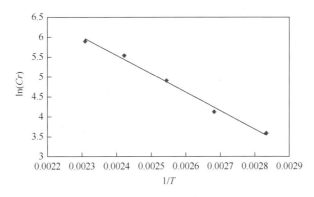

图 3.7　混合物 1 中气体密度为 105kg/m³ 的 $\ln C_r$ 与 $1/T$ 之间的关系

由图 3.6 中可以看出：$\ln C_r$ 与 $\ln \rho$ 呈线性关系，拟合回归得到相应的关系式，根据公式（3.47），确定一个密度，绘出 $\ln C_r$ 与 $1/T$ 的关系（图 3.7），计算出 A、B 值，从而可得到对应组分下的溶解度。

但是由于组分不同，参数 k、A 和 B 会出现相应的变化，因此在实际计算过程中，需要先确定各组分的实验数据，从而计算出该组分在不同温度、压力下的溶解度。同时，上述关联式只考虑了元素硫和 H_2S 之间的化学溶解，未考虑物理溶解，从量纲分析来看，单位不便使用，显然存在一定的局限性。

3.2.2.2　缔合模型 2

从前面的研究内容可知，硫在高含硫气体中的溶解机理包括物理溶解和化学溶解。下面先利用超临界流体中缔合模型的相关理论解释这两种溶解机理，然后建立包含两种溶解作用的缔合模型。

1. 溶解机理解释

1）物理溶解[4]

硫的物理溶解是指在温度不变的情况下，硫分子溶解在高含硫气体中，此时超临界态的硫与固态硫就处于一种平衡关系，如下所示：

$$S_{x(s)} \Longrightarrow S_{x(f)} \qquad (3.48)$$

式中，(s)——固相硫；

　　　(f)——超临界流体状态下的元素硫；

　　　(x)——硫原子的个数，$x=1, \cdots, 8$；

　　　S——硫元素。

2）化学溶解[5]

处于超临界流体相的硫原子与硫化氢由于弱化学作用发生缔合反应，硫、硫化氢以及多硫化物之间达到的相平衡，即满足

$$H_2S_{(f)} + S_{x(f)} \xleftarrow{\text{一定温度和压力}} H_2S_{x+1(f)} \qquad (3.49)$$

2. 元素硫溶解度的缔合模型研究

同时考虑物理溶解与化学溶解，联立式（3.48）和式（3.49），则有

$$H_2S_{(f)} + S_{x(s)} \xleftarrow{\text{一定温度和压力}} H_2S_{x+1(f)} \qquad (3.50)$$

对再将式（3.48）和式（3.50）联立写成一个通用式，即

$$nH_2S_{(f)} + S_{x(s)} \xleftarrow{\text{一定温度和压力}} (H_2S)S_{x(f)} \qquad (3.51)$$

当 $n=0$ 时，式（3.51）即为式（3.48），即只发生物理溶解；当 $n=1$ 时，式（3.51）即为式（3.50），即存在物理溶解和化学溶解。

依据化学反应规律，式（3.52）中的平衡常数 K 为

$$K = f_{3(f)} / \left[f_{2(s)} (f_{1(f)})^n \right] \qquad (3.52)$$

式中，K——反应平衡常数；

　　　$3(f)$——$(H_2S)S_{x(f)}$；

　　　$2(s)$——$S_{x(s)}$；

　　　$1(f)$——$H_2S_{(f)}$。

归纳统计分析众多实验数据，高含硫气体混合物中元素硫的物质的量分数一般都比较小，通常为 $10^{-2} \sim 10^{-4}$，因此如果将超临界相中各组分的物质的量分数用 y 来表示，有

$$\sum_{i=1}^{3} y_i \approx y_1 + y_3 = 1 \qquad (3.53)$$

令 $y_3 = y$，则

$$y_1 = 1 - y \qquad (3.54)$$

采用逸度来进行替换，则各组分表示如下：

$$f_{3(f)} = y\phi_3 p \qquad (3.55)$$

$$f_{1(f)} = (1-y)\phi_1 p \qquad (3.56)$$

式中，ϕ_1、ϕ_3——超临界相中 $H_2S_{(f)}$、$H_2S_{x+1(f)}$ 的逸度系数；

　　　p——系统压力。

固态硫的逸度表示如下:

$$f_s^s = \phi_s^{sat} p_s^{sat} \exp \int_{p_1^{sat}}^{p} \frac{V^s \mathrm{d}p}{RT} \tag{3.57}$$

将式（3.55）、式（3.56）、式（3.57）代入（3.52），得到

$$\frac{y}{(1-y)^n} = \frac{K\phi_1 \phi_s^{sat} p_s^{sat} \exp\left[\dfrac{V_s}{RT}(p-p_s^{sat})\right]}{\phi_3} \cdot p^{n-1} \tag{3.58}$$

式（3.58）即为考虑弱缔合反应的元素硫溶解度计算的一般式。

3. 元素硫溶解度缔合模型的讨论

1）物理溶解

仅当只考虑物理溶解时，$n=0$，此时 $K=1$，$\phi_3 = \phi_s$，式（3.58）变为

$$y = \frac{\phi_s^{sat} p_s^{sat} \exp\left[\dfrac{V_s}{RT}(p-p_s^{sat})\right]}{\phi_s p} \tag{3.59}$$

2）物理溶解与化学溶解

同时考虑物理与化学溶解，$1-y \approx 1$，有

$$y = \frac{K\phi_1 \phi_s^{sat} p_s^{sat} \exp\left[\dfrac{V_s}{RT}(p-p_s^{sat})\right]}{\phi_3} p^{n-1} \tag{3.60}$$

根据增强因子的定义式，即

$$E = \frac{yp}{p_s^{sat}} \tag{3.61}$$

对式（3.60）两边取自然对数，并结合式（3.61），得到

$$\ln E = n\ln p + \frac{V_s}{RT}(p-p_s^{sat}) + \ln K + \ln \frac{\phi_1 \phi_s^{sat}}{\phi_3} \tag{3.62}$$

又因

$$p = \frac{Z}{M}RT\rho \tag{3.63}$$

同时，根据平衡常数的公式：

$$\ln K = -\frac{\Delta H^0}{RT} + \frac{\Delta S^0}{R} \tag{3.64}$$

式（3.62）可变化为

$$\ln E = n\ln(\rho T) + \frac{ZV_s}{M}\rho - \frac{\left(\dfrac{V_s p_s^{sat}}{R} + \dfrac{\Delta H^0}{R}\right)}{T}$$
$$+ \left(\frac{\Delta S^0}{R} + n\ln \frac{ZR}{M}\right) + \ln \frac{\phi_1 \phi_s^{sat}}{\phi_3} \tag{3.65}$$

令

$$c_2' = \frac{ZV_s}{M} \qquad (3.66)$$

$$f(T,p) = -\frac{\left(\dfrac{V_s p_s^{sat}}{R} + \dfrac{\Delta H^0}{R}\right)}{T} + \left(\frac{\Delta S^0}{R} + n\ln\frac{ZR}{M}\right) + \ln\frac{\phi_1 \phi_s^{sat}}{\phi_3} \qquad (3.67)$$

式（3.67）得到的函数 $f(T、p)$ 是一个十分复杂的函数，为了实用化，可以把压力的因素考虑为与密度的影响关系，可简化为

$$f(T,p) = c_2'' \rho + \frac{c_3}{T} + c_4 \qquad (3.68)$$

将式（3.66）、式（3.67）代入式（3.65），得到

$$\ln E = n\ln(\rho T) + c_2' \rho + c_2'' \rho + \frac{c_3}{T} + c_4 \qquad (3.69)$$

令 $c_1 = n$，$c_2 = c_2' + c_2''$，$c_i(i=1 \sim 4)$为待定系数，则式（3.69）可变为

$$\ln E = c_1 \ln(\rho T) + c_2 \rho + \frac{c_3}{T} + c_4 \qquad (3.70)$$

式（3.70）即为考虑物理与化学溶解的计算溶解度的新缔合模型。方程右边第一项参数与压力的变化有关，第二项与密度即气体组成变化有关，第三项与温度的变化有关。其中各待定系数可由相关文献发表的或实验测定的溶解度数据进行回归分析求得。

为了研究元素硫在高含硫气藏中溶解度缔合模型的适用性，选取混合物样品中的三种不同混合体系，该混合物体系主要由 H_2S、CH_4 和 CO_2 组成，各体系物质的量分数见表 3.8，拟合得到的方程系数见表 3.9，对比结果见表 3.10。

表 3.8　高含硫混合物的摩尔组成

混合物组成	气体百分数/%		
	H_2S	CO_2	CH_4
1	14.98	7.31	77.71
2	17.71	6.81	75.48
3	26.62	7.00	66.38

表 3.9　由新建缔合模型回归得到式（3.70）中各项系数值

混合物组分	式（3.70）中各项拟合参数			
	c_1	c_2	c_3	c_4
1	11.6617	−0.0239	−3329.3504	−112.9052
2	−2.1308	0.0257	−8601.6984	46.8056
3	−32.5019	0.1157	−19540.7755	402.2039

表 3.10　硫溶解度实验值与计算值对比表

混合物组成	T/K	p/MPa	实验值, 物质的量分数 $y/$（10^{-5}）	计算值, 物质的量分数 $y/$（10^{-5}）	$AAD/\%$
1	343.2	35	2.017	1.994	1.147
	343.2	40	2.507	2.531	0.967
	363.2	40	4.341	4.485	3.316
	363.2	45	5.821	5.902	1.399
2	343.2	35	2.332	2.350	0.781
	343.2	40	3.066	2.943	4.001
	363.2	40	5.397	5.261	2.511
	363.2	45	7.109	6.894	3.025
3	343.2	35	4.262	4.659	9.315
	343.2	40	5.738	5.436	5.267
	363.2	40	10.432	10.253	1.719
	363.2	45	12.707	13.054	2.735

从表 3.10 中可以得出，缔合模型新式（3.70）与文献中的实验数据有很好的一致性，最大 AAD 为 9.315%，平均 AAD 为 3.015%，说明了模型的可靠性。

3.2.2.3　缔合模型 3

目前得到的多种经验关联式中常含有 SCF 流体的密度等参数，而这些参数往往要用状态方程求解。但是这种方法不但计算麻烦，而且在近临界区时，状态方程计算出的密度一般误差比较大，因此这类经验关联式存在一定的局限性。为此，我们在缔合模型 2 的基础上进行了改进，从 SCF 萃取缔合出发，推导出一个无需 SCF 密度也能计算溶解度的新缔合模型。

为了得出适用于含硫气藏的气固相平衡的缔合模型，将式（3.59）进行简化。考虑到 SCF 中的溶解度极小，故可以近似处理为 $1-y\approx1$。SCF 萃取过程中 p_s^{sat} 很小，从而有 $\phi_s^{sat}\approx1$，$p-p_s^{sat}\approx p$，则式（3.59）简化为

$$y=\frac{K\phi_1 P_s^{sat}\exp\left(\dfrac{V_s p}{RT}\right)}{\phi_3}p^{n-1} \tag{3.71}$$

两边同取自然对数，得

$$\ln y=(n-1)\ln p+\ln K+\ln p_s^{sat}+\ln\left(\frac{\phi_1}{\phi_3}\right)+\frac{V_s p}{RT} \tag{3.72}$$

根据文献有

$$\ln p_s^{sat}=3.5115-\frac{2442.4}{T-106.5} \tag{3.73}$$

将式（3.61）、式（3.73）代入式（3.72），得到

$$\ln y=(n-1)\ln p+\left(-\frac{\Delta H^0}{RT}\right)\frac{1}{T}-\frac{2442.4}{T-106.5}$$
$$+\left[\frac{\Delta S^0}{R}+3.5115+\ln\left(\frac{\phi_1}{\phi_3}\right)\right]+\frac{V_s p}{RT} \tag{3.74}$$

这里，考虑缔合分子中的溶剂分子的个数 n 是温度的函数，因此式（3.74）变为

$$\ln y = (m_1 + m_2 T)\ln p + m_3 \frac{1}{T} - \frac{2442.4}{T - 106.5} + 0.0137 \times 10^{-3} \times \frac{p}{T} + m_4 \quad (3.75)$$

式（3.75）即为本节新推导出的计算元素硫在高含硫气藏中溶解度的缔合模型。

同样以孙长宇发表的实验组成为例，利用公式（3.75）对溶解度计算进行关联，拟合得到的各项系数见表 3.11，实验值与模型预测值对比见表 3.12。

表 3.11　由新建缔合模型回归得到式（3.75）中各项系数值

混合物组分	式（3.75）中各项拟合参数			
	m_1	m_2	m_3	m_4
1	−8.124	0.028	12827.379	−32.147
2	1.809	0.001	91.412	3.612
3	15.090	−0.037	−17178.738	53.905

表 3.12　硫溶解度实验值与计算值对比表

混合物组成	T/K	p/MPa	实验值，物质的量分数 y/（10^{-5}）	计算值，物质的量分数 y/（10^{-5}）	AAD/%
1	343.2	35	2.017	2.084	3.322
	343.2	40	2.507	2.616	4.348
	363.2	40	4.341	4.244	2.235
	363.2	45	5.821	5.672	2.560
2	343.2	35	2.332	2.162	7.311
	343.2	40	3.066	2.968	3.196
	363.2	40	5.397	5.139	4.780
	363.2	45	7.109	7.263	2.170
3	343.2	35	4.262	4.309	1.103
	343.2	40	5.738	5.442	5.159
	363.2	40	10.432	10.167	2.540
	363.2	45	12.707	13.280	4.509

从表 3.12 中可以得出，缔合模型新式（3.75）与文献中的实验数据有很好的一致性，最大 AAD 为 7.311%，平均 AAD 为 3.603%，说明了模型的可靠性。其精度高于后面用状态方程计算的精度。

3.3　富含 H₂S 天然气相平衡热力学模型

李世伦教授在 2005 年就明确指出：高含硫气体的相态研究是开发高含硫气藏的基础。高含硫气体的相态研究能够为硫沉积机理、影响因素、沉积规律、预测与防止技术及水合物的生成机理与防护提供理论支持。因此研究高含 H₂S 的天然气的相态特征具有重要意义。

3.3.1　高含硫气样混合物气-液相平衡热力学模型

在研究气-液相平衡规律之前，首先分析相平衡的判据和相关基本概念。

1. 相平衡的判据

由热力学第二定律知，在定温和定压且只做膨胀功时，必然存在着：

$$d(nG)_{T,p} \leqslant 0 \tag{3.76}$$

当有 α 和 β 两相存在时：

$$d(nG)_{T,o} = \sum_i \mu_i^\alpha dn_i^\alpha + \sum_i \mu_i^\beta dn_i^\beta \tag{3.77}$$

当组分 i 由 α 相转向 β 相时，则

$$dn_i^\alpha = -dn_i^\beta \tag{3.78}$$

因此，式（3.77）可写成：

$$\sum_i (\mu_i^\alpha - \mu_i^\beta) dn_i^\alpha \leqslant 0 \tag{3.79}$$

由于 dn_i^α 是负值，故

$$\mu_i^\alpha \geqslant \mu_i^\beta \tag{3.80}$$

式（3.80）表明，当 $\mu_i^\alpha > \mu_i^\beta$ 时，有物质转移发生，且这是个不可逆过程。当达到相平衡时，在宏观上表现为不再有物质传递，因此

$$\mu_i^\alpha = \mu_i^\beta \tag{3.81}$$

若有 π 个相，N 个组分，则上式可写成通式：

$$\mu_i^\alpha = \mu_i^\beta = \cdots = \mu_i^\pi (i=1,2,\cdots,N) \tag{3.82}$$

由此可知：在相平衡达到时，除了两（多）相的温度和压力必须相等外，各相中组分 i 的化学位也必须相等，这就是相平衡的判据，有

$$\begin{cases} T^{(1)} = T^{(2)} = \cdots = T^{(\pi)} \\ p^{(1)} = p^{(2)} = \cdots = p^{(\pi)} \\ \mu_1^\alpha = \mu_1^\beta = \cdots = \mu_1^\pi \\ \vdots \quad\quad \vdots \quad\quad\quad \vdots \\ \mu_N^\alpha = \mu_N^\beta = \cdots = \mu_N^\pi \end{cases} \tag{3.83}$$

为了便于计算，用更直观的组分逸度系数来代替化学位，有

$$d\mu_i = RTd\ln(f_i) \tag{3.84}$$

对式（3.84）积分，选择 π 相为标准态，

$$\begin{cases} \mu_i^{(1)} - \mu_i^{(\pi)} = RT\ln\left[\dfrac{f_i^{(1)}}{f_i^{(\pi)}}\right] \\ \mu_i^{(2)} - \mu_i^{(\pi)} = RT\ln\left[\dfrac{f_i^{(2)}}{f_i^{(\pi)}}\right] \\ \vdots \quad \vdots \quad \vdots \\ \mu_i^{(\pi-1)} - \mu_i^{(\pi)} = RT\ln\left[\dfrac{f_i^{(\pi-1)}}{f_i^{(\pi)}}\right] \end{cases} \tag{3.85}$$

对比（3.83）和（3.85）可得

$$f_i^{(1)} = f_i^{(2)} = \cdots = f_i^{(\pi)} \ (i=1,2,\cdots,N) \tag{3.86}$$

式（3.86）要求处于平衡状态的多相平衡体系中每个组分在各相中的逸度必须相等。这是解决相平衡问题的最实用的公式。因此，任一组分 i 的相平衡常用判据为

$$\begin{cases} T^{(1)} = T^{(2)} = \cdots = T^{(\pi)} \\ p^{(1)} = p^{(2)} = \cdots = p^{(\pi)} \\ f_i^{(1)} = f_i^{(2)} = \cdots = f_i^{(\pi)} \\ (i=1,2,\cdots,N) \end{cases} \tag{3.87}$$

式中，上标为相数；下标为组分；N 为体系总的组分数。

2. 逸度和逸度系数

1）逸度定义

（1）纯组分：

$$dG = RTd\ln f(\text{等温}) \tag{3.88}$$

$$\lim_{p \to 0} \frac{f}{p} = 1 \tag{3.89}$$

（2）混合物中的组分 i：

$$d\overline{G}_i = RTd\ln f_i(\text{等温}) \tag{3.90}$$

$$\lim_{p \to 0} \frac{f_i}{py_i} = 1 \tag{3.91}$$

式中，G 为偏离吉氏函数，$\overline{G}_i$ 为偏摩尔吉氏函数。

2）逸度系数定义

（1）纯组分：

$$\phi = \frac{f}{p} \tag{3.92}$$

（2）混合物中的组分 i：

$$\phi_i = \frac{f_i}{p} \tag{3.93}$$

（3）混合物中组分 i 的逸度系数。为了得到混合物中逸度的数值，必须运用状态方程。众所周知，p-V-T-N 的关系既可以用以 V、T 为独立变量的状态方程表达，也可用以 p、T

为独立变量的状态方程表达，但形式不一样。从热力学原理推导得

以 V、T 为独立变量的表达式：

$$RT \ln(\phi_i) = \int_V^\infty \left[\left(\frac{\partial p}{\partial n_i} \right)_{V,T,n_j} - \frac{RT}{V_t} \right] dV_t - RT \ln Z_m \qquad (3.94)$$

以 p、T 为独立变量的表达式：

$$RT \ln(\phi_i) = \int_0^p \left[\left(\frac{\partial V_t}{\partial n_i} \right)_{p,T,n_j} - \frac{RT}{p} \right] dp \qquad (3.95)$$

式中，V_t 为气（液）相混合物的总体积；Z_m 为气（液）相混合物的压缩因子。

由于所开发的状态方程以 V、T 为独立变量者居多，故式（3.94）在油气藏烃类流体中应用更为普遍。

3.3.1.1　气液相平衡计算物料平衡方程组

假设，流体中不含有 S 组分，但是富含 H_2S。流体在达到相平衡时，混合物各组成必定同时满足物质平衡方程组和热力学平衡方程组。

物质平衡参数有：

p、T——体系所处的压力、温度；

F_i——气液相逸度相等平衡条件目标函数（$i=1, \cdots, n$ 为组分数）；

F_{n+1}——气液相组成归一化平衡条件目标函数 [$\sum(y_i-x_i)=0$]；

y_i、x_i——气液相中 i 组分的摩尔组成；

z_i——体系总组成；

K_i——平衡常数（$K_i=y_i/x_i$）；

n_g、n_l——气、液相摩尔分数；

Z_g、Z_l——平衡气液相偏差因子（可由状态方程计算）。

假设混合物由 n 个组分构成，分析单元的总物质量为 1mol，当各组分达到气液相平衡时，应满足如下关系：

（1）平衡气液相的摩尔分量 n_g 和 n_l 在 0 和 1 之间变化，且恒满足质量数归一化条件

$$n_g + n_l = 1 \qquad (3.96)$$

（2）平衡气、液相的组成 $y_1, y_2, \cdots, y_i, \cdots, y_n$ 及 $x_1, x_2, \cdots, x_i, \cdots, x_n$ 应分别满足组成归一化条件：$\sum y_i=1$，$\sum x_i=1$，$\sum(y_i-x_i)=0$；

（3）平衡气、液相各组分的摩尔分量应满足物质平衡条件：

$$y_i n_g + x_i n_l = z_i \qquad (3.97)$$

（4）任一组分在平衡气、液相中的分配比例可用平衡常数来描述，即 $K_i=y_i/x_i$。

以上特性经数学处理，即可得到由平衡气、液相组成方程和物料守恒方程所构成的物料平衡方程组。

平衡组成分配比：

$$K_i = \frac{y_i}{x_i} \qquad (3.98)$$

平衡气、液相质量守恒方程:

$$y_i n_g + x_i n_l = z_i \tag{3.99}$$

气相组成方程:

$$y_i = \frac{z_i K_i}{1 + (K_i - 1)n_g} \tag{3.100}$$

气相物料平衡方程组:

$$\sum y_i = \sum \frac{z_i K_i}{1 + (K_i - 1)n_g} = 1 \tag{3.101}$$

液相组成方程:

$$x_i = \frac{z_i}{1 + (K_i - 1)n_g} \tag{3.102}$$

液相物料平衡方程组:

$$\sum x_i = \sum \frac{z_i}{1 + (K_i - 1)n_g} = 1 \tag{3.103}$$

气液两相总物料平衡方程组:

$$\sum (y_i - x_i) = \sum \frac{z_i (K_i - 1)}{1 + (K_i - 1)n_g} = 0 \tag{3.104}$$

这里方程(3.102),(3.103)和(3.104)所表示的相平衡条件的热力学含义是等价的,当作为求解相平衡问题的目标函数时,三式都是温度、压力、组成和气相摩尔分量的函数,并具有高度的非线性方程特征,需要试差法循环迭代求解。

仅建立相态计算所需的物质平衡条件方程组,尚不能完全实现相平衡计算,分析物质平衡方程中变量间关系可知,计算的关键在于能否准确确定气液两相达到相平衡后各组分的分配比例常数 K_i,K_i 通常是温度、压力和组成的函数,用状态方程和热力学平衡理论求解相平衡问题,则是把 K_i 的求解转化为热力学平衡条件的计算。

根据流体热力学平衡理论,当油气体系达到气液相平衡时,体系中各组分在气液相中的逸度 f_{ig} 和 f_{il} 应相等。

已知逸度的表达式为

$$气相: f_{ig} = y_i \phi_{ig} p \tag{3.105}$$

$$液相: f_{il} = x_i \phi_{il} p \tag{3.106}$$

代入式(3.98)有

$$K_i = \frac{y_i}{x_i} = \frac{\phi_{il}}{\phi_{ig}} = \frac{f_{il}/x_i}{f_{ig}/y_i} \tag{3.107}$$

式(3.107)即为热力学平衡理论求解相平衡问题的出发点。式中的 f_{ig}、f_{il} 分别是平衡气液相中各组分的逸度系数,它与体系所处的温度、压力以及组分的热力学性质有关,根据热力学原理求解 f_{ig}、f_{il} 的严格积分方程为

$$RT\ln\left(\frac{f_{ig}}{y_i p}\right) = \int_{V_g}^{\infty}\left[\left(\frac{\partial p}{\partial n_{ig}}\right)_{V_g,T,n_{ig}} - \frac{RT}{V_g}\right]\mathrm{d}V_g - RT\ln Z_g \qquad (3.108)$$

$$RT\ln\left(\frac{f_{il}}{x_i p}\right) = \int_{V_l}^{\infty}\left[\left(\frac{\partial p}{\partial n_{il}}\right)_{V_l,T,n_{il}} - \frac{RT}{V_l}\right]\mathrm{d}V_l - RT\ln Z_l \qquad (3.109)$$

依据范德瓦耳斯（van der Waals）状态方程理论，任何多组分体系，只要能建立可同时精确描述平衡气、液相 PVT 相态特性状态方程，即可由式（3.108）和式（3.109）导出平衡气、液相逸度系数的计算公式。这里要说明的是，式（3.108）和式（3.109）中的 Z_g、Z_l 应理解为平衡气相和液相的偏差系数，n_{ig}、n_{il} 分别为气、液相中 i 组分的摩尔组成。

定义以下相态计算的热力学平衡条件目标方程组：

$$\begin{cases} F_1(x_i,y_i,p,T) = f_{1l} - f_{1g} = 0 \\ F_2(x_i,y_i,p,T) = f_{2l} - f_{2g} = 0 \\ \qquad\qquad \cdots \\ F_i(x_i,y_i,p,T) = f_{il} - f_{ig} = 0 \\ \qquad\qquad \cdots \\ F_n(x_i,y_i,p,T) = f_{nl} - f_{ng} = 0 \end{cases} \qquad (3.110)$$

则相平衡计算中满足方程组（3.110）的 f_{ig} 和 f_{il} 可用于精确求解式（3.107）中气液相的平衡常数 K_i。

3.3.1.2　相平衡计算数学模型

当高含硫混合物体系处于任意比例的部分汽化和部分液化的平衡状态时，将物质平衡方程式和热力学平衡方程组组合在一起，就可构造出气液相平衡闪蒸计算的相平衡条件方程组：

$$\begin{cases} F_1(x_i,y_i,p,T) = f_{1l} - f_{1g} = 0 \\ \qquad\qquad \cdots \\ F_n(x_i,y_i,p,T) = f_{nl} - f_{ng} = 0 \\ F_{n+1}(x_i,y_i,p,T) = \sum \dfrac{z_i(K_i-1)}{1+(K_i-1)n_g} = 0 \end{cases} \qquad (3.111)$$

因此，编程中仅用（3.111）式作为相态计算的数学模型。并根据该式一般化平衡条件目标函数的意义，将高含硫混合物体系的相平衡计算更一般地归结为等温闪蒸计算，即归结为给定变量 T 和 p，求解变量 n_g、x_i 和 y_i。

高含硫混合物气液两相相平衡计算步骤如下：

（1）根据初始条件输入原始数据，包括体系组成和非硫组分的热力学参数；

（2）输入计算的温度和压力；

（3）利用 Wilson 方程给非硫组分赋初值 K_i（i=1, 2, 3, $\cdots$, n−1，第 n 个组分为硫），且令 K_s=0.0001；

（4）进行气液两相闪蒸计算；

（5）判断各相逸度是否相等，若不等则替换 K_i（i=1, 2, 3, ···, n–1, n），回到前一步；若相等则进行下一步；

（6）输出有关参数，如气相中 H_2S 组分的摩尔分数；

（7）完成计算，程序结束。

气-液两相中组分的平衡常数 K_i（i=1, 2, 3, ···, n）的初值采用 Wilson 公式计算确定：

$$K_i = \exp\left[5.37(1+\omega_i)\left(1-\frac{1}{T_{ri}}\right)/p_{ri}\right] \tag{3.112}$$

式中，ω 为偏心因子；T_{ri} 为对比温度；p_{ri} 为对比压力，MPa；下标 i 为组分。

3.3.1.3　实例分析

利用所建立的相平衡热力学模型，计算了 7 组 H_2S-CH_4 体系的 p-T 相图。各组气样的组成如表 3.13 所示，各组气样 p-T 相图如图 3.8～图 3.15 所示。

表 3.13　各组气样组成

组成	各组成含量/%						
	气样 1	气样 2	气样 3	气样 4	气样 5	气样 6	气样 7
H_2S	5	10	20	45	70	90	100
C_1	90	85	75	50	35	5	0
C_2	5	5	5	5	5	5	0

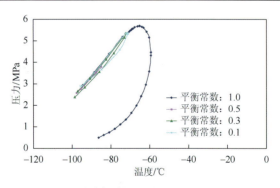

图 3.8　气样 1 的 p-T 相图（H_2S=5%）

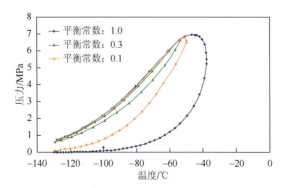

图 3.9　气样 2 的 p-T 相图（H_2S=10%）

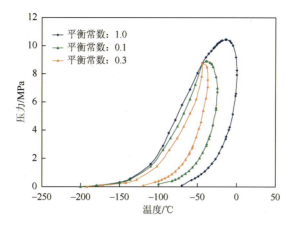

图 3.10 气样 3 的 p-T 相图（H_2S=25%）

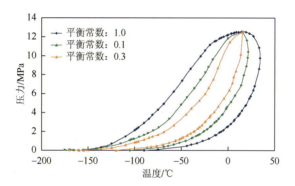

图 3.11 气样 4 的 p-T 相图（H_2S=40%）

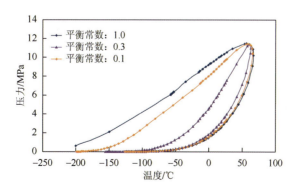

图 3.12 气样 5 的 p-T 相图（H_2S=70%）

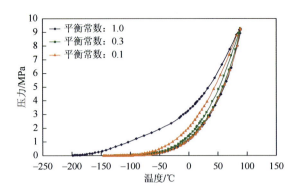

图 3.13　气样 6 的 p-T 相图（H_2S=90%）

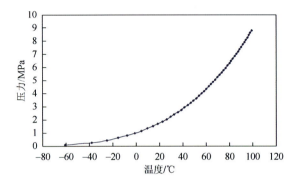

图 3.14　气样 7 的 p-T 相图（H_2S=100%）

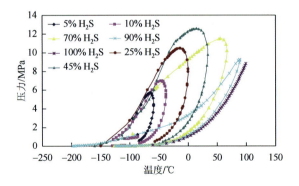

图 3.15　不同 H_2S 含量的 p-T 相图比较图

从图 3.8～图 3.15，很明显可以看到：

（1）当 H_2S 与 CH_4 的比例相近时，相包络线两相区最宽；H_2S-CH_4 体系中任一种组成摩尔含量比例比较大的话，则相图就越靠近该单组分的相图；

（2）当 H_2S 含量比较小的时候，其露点右侧的气相区很大，而当 H_2S 含量达到 90% 的时候，在地面温度或井筒温度条件下，H_2S-CH_4 体系可能出现液态。如果是单一的 H_2S 组成，由 H_2S 的相图可知，在临界点附近则更容易形成液相。

（3）H_2S 含量越高，泡点、露点压力越低，即在较高的温度、较低的压力下就会出现液相。

3.3.2 硫与含 H_2S 混合气体气-液-固相平衡热力学研究

目前研究硫与酸性气体气-液-固相平衡的方法求解很复杂,既有通过单质硫在含硫天然气中的溶解度测定实验,并结合热力学理论推导出的半经验半理论方程,也有基于严格热力学理论推导出的富含 H_2S 天然气气-固相平衡及气-液-固相平衡模型,本部分内容将在第 4 章进行详细的讨论。

3.4 硫沉积对储层伤害实验研究

3.4.1 衰竭过程中硫沉积对储层伤害的实验

目前,对高含硫气井在生产过程中硫沉积规律的研究及防治技术尚不成熟,对硫沉积的微观动力学、硫颗粒的运移规律和造成储层堵塞的机制尚不明确,以致在高含硫气藏开发方案编制中往往忽略硫沉积对产能的影响,从而导致高含硫气藏开发方案与开发动态经常出现巨大差异,这对高含硫气藏的安全高效开发、工程管理、环境保护等造成不利影响。

因此,开展高含硫气藏硫沉积储层伤害物理模拟实验不仅可以认识高含硫气藏在气体开采过程中硫沉积机理、硫颗粒的运移沉积规律,而且可以认识硫沉积对地层造成的伤害程度,从而为高含硫气藏开发方案设计提供重要依据,并对指导高含硫气藏安全高效开发也具有重要的意义。

3.4.1.1 实验设计

方案一:将压力减至常压后直接实验[6]

该实验方法是将气源压力经不同量程的减压阀减至常压后进入岩样中。通过岩样后的气体用气体流量计计量,随后经脱硫处理后排放。

该实验方案主要模拟压力梯度和温度对实验结果的影响,其优点是气体流量较稳定且实验相对较简单、安全。研究表明,元素硫在高压下的沉积速度大于低压下的。换言之,在生产初期的高压阶段,元素硫的沉积速度大,对气井产量的影响也最为明显。由于整个实验过程的压力降主要是在进入岩心前,并不能模拟高含硫气藏整个衰竭过程中岩心孔隙度和渗透率等的变化过程,因此该实验方案只能用于定性研究岩心中是否存在硫沉积,而不能进行岩心硫沉积的定量评价。

方案二:模拟衰竭式开发过程

该方案主要用于模拟初始条件下元素硫的沉积情况,定量评价一定温度、不同初始压力和气体组成下元素硫沉积对岩石物性造成的伤害。

实验方法是利用双缸计量泵控制配样器中高含硫气体的压力,并利用恒温箱保证整个实验过程中温度恒定不变。直接将配样器内的高含硫气体通过岩心,采用回压控制系统控制实验压差和气体流量，其余过程与方案一相同。

虽然该方案能模拟气藏压力衰竭过程中元素硫在岩心中的沉积情况，但由于高压气体流量存在不稳定情况，可能会出现气流量瞬间过大而导致爆管的安全隐患。

3.4.1.2 实验流程和实验步骤

1. 实验样品准备

（1）在同一口井的同一井段，选取岩样直径一致、端面平整、溶孔小且不明显、无裂缝的一段岩心。

（2）在每组样品中选取一块进行扫描电镜、能谱分析和 X 衍射矿物成分分析。

（3）其余样品测定孔隙度并称取质量后，待用。

2. 实验流程准备

（1）连接实验流程。实验用岩心夹持器根据需要进行替换。

（2）试围压。在岩心夹持器中装入岩心，以 10MPa、15MPa、20MPa……的间隔逐步施加围压，每一压力点稳定 5min，直至达到 45MPa，稳压 30min 无泄漏即为合格。

（3）将岩样装入岩心夹持器，施加一定的围压和回压，在设定的实验温度和压力下，用氮气进行全流程试漏。如无泄漏，则稳压 10min 后进行岩样渗透率测定。

3. 实验步骤

（1）保持实验温度不变，通入高含硫气体置换流程中的氮气。

（2）逐步降低回压，开始衰竭实验。在设定的压力点（如 38MPa、35MPa、33MPa、30MPa、25MPa、20MPa、15MPa、10MPa 等）进行渗透率测定，直至出口压力降至废弃压力，此时测定岩样渗透率。整个衰竭实验过程中，要保持相同的实验压差和密封压差。

（3）保持实验温度不变，通入与废弃压力相同压力的氮气，稳定 10min 后进行渗透率测定。

（4）停止加温，待岩心夹持器冷却后，取出岩样称取质量并在气体渗透率仪上进行渗透率测定。

（5）将岩样进行扫描电镜和能谱分析。

以天东 5-1 井井口气样作为研究对象，让气体通过飞仙关组龙岗 2 井岩心进行衰竭实验，观察岩心中元素硫的沉积情况，从而研究元素硫在岩心中的沉积对岩心的伤害程度。

根据元素硫岩心沉积实验测定方法，在取得天东 5-1 井井口样后，选取龙岗 2 井的第 25 号岩样，首先进行烘干，并称量烘干后的岩心质量和测定渗透率。然后将该岩样装入岩心夹持器中，在实验温度 26℃ 和初始压力 19MPa 下，保持驱替压力在 2MPa 下进行衰竭。实验过程中保持环压为 12MPa 不变。由于驱替压力给定的过小，使得初始流速较慢。为了提高气体流动速度，将驱替压力增到 12.8MPa。由于整个实验都处于衰竭过程，则驱替压力从 12.8MPa 不断降低到 10MPa，一直衰竭 15 天后停止衰竭。然后取出岩心进行烘干，再测量烘干后的岩心质量和岩心渗透率，并与实验前获得的岩心质量和渗透率进行对比，其对比结果如表 3.14 所示。

表 3.14　硫岩心沉积实验前后岩心渗透率对比

	岩心质量/g	渗透率/mD	孔隙度	岩石压缩系数/MPa^{-1}
实验前	48.372	0.726	0.085	8.9×10^{-4}
实验后	48.386	0.608	0.078	7.2×10^{-4}
增量	0.0139	0.118	0.007	1.7×10^{-4}
变化幅度/%	0.0287	16.253	8.235	19.1

在实验前后，岩心质量由 48.372g 增加到 48.386g，而岩心渗透率从实验前的 0.726mD 降低到 0.608mD，可见在实验衰竭过程中存在外来物质沉淀，引起岩心质量增加及岩心堵塞，降低了岩心渗透率。

为了准确确定高含硫气体通过岩心后岩心中的沉积物，对该岩样进行能谱和电镜扫描分析。由于对 25 号岩样已经进行了高含硫气体的衰竭过程，只能选取与 25 号岩样物性相似的没有进行过高含硫气体衰竭过的第 37 号岩样进行对比分析，如表 3.15 所示。

表 3.15　硫岩心沉积实验前后能谱分析结果对比

岩心编号	元素	元素浓度/%	强度校正/无量纲	重量百分比/%	重量百分比 sigma/%	原子百分比/%
37	O、K	31.98	0.551	58.53	0.35	74.26
	Mg、K	9.60	0.6663	14.53	0.18	12.13
	S、K	0.80	0.9021	0.90	0.06	0.57
	Ca、K	25.01	1.0082	25.03	0.24	12.68
	Fe、K	0.81	0.8097	1.01	0.10	0.37
	总量			100		
25	O、K	1.13	0.3727	13.50	1.29	23.82
	S、K	21.55	1.1046	86.50	1.29	76.18
	总量			100		

从对比结果可知，氧元素组成降低，重量百分数由 58.53%降为 13.5%。而硫元素组成升高，重量百分数由 0.9%增长到 86.5%。因此，通过能谱分析确定岩心中的沉积物包含硫元素，至于该物质是单质硫还是有机硫化物还需进一步研究。

为了研究包含硫元素的固体物质在岩心孔隙中的微观分布特征，对 25 号岩样进行了能谱图识别，其能谱图如图 3.16。

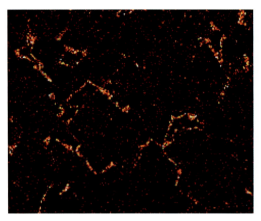

图 3.16　Z2 井 25 号岩心高含硫衰竭实验后的能谱图

　　从能谱分析图谱可以看出，包含硫元素的物质主要沉积在岩石孔隙壁上，且越靠近壁面，沉积得越多，而在孔隙中间，其沉积的比例较小。为了深入研究元素硫沉积后的具体形态，随后又对该块岩样薄片进行了电子显微镜扫描，分别进行了 180 倍和 400 倍放大后观察。从图 3.17 还可以看出，溶孔内沉积的硫元素在孔隙壁上呈膜状分布。当沉积在多孔介质中的硫的量累计达到一定程度时，部分小孔道可能会被完全堵塞，致使渗透率大幅降低，从而导致气井产量在进入递减期后递减速度加快，或在短期内停产[7]。由于包含硫元素的固体物质在岩石孔隙表面是以膜状分布的，其形态与沥青的形态较为相似。为了进一步弄清该物质的具体成分，专门对单质硫粉在不加任何物质的情况下进行电镜扫描，如图 3.18。由以上分析可得出，沉积在孔隙内部的物质主要以硫元素为主，而孔隙内部物质几乎不含碳元素。

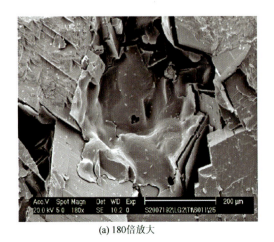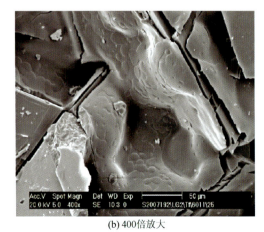

(a) 180倍放大　　　　　　　　　　　　　　(b) 400倍放大

图 3.17　高含硫衰竭实验前后岩心的电镜分析图

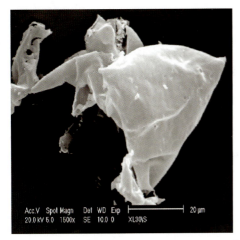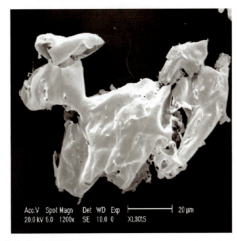

图 3.18　元素硫的电镜分析图

3.4.2　硫沉积影响因素实验分析

3.4.2.1　渗流规律实验研究

为弄清高含硫气体在衰竭式开采过程中的渗流规律，本节采用同组中的两块岩样，在相同温度和压力下，分别采用氮气和高含硫气体进行衰竭式开采模拟实验，实验结果如图 3.19。

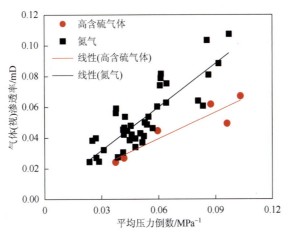

图 3.19　模拟衰竭式开发实验得到的渗流曲线（实验温度：100℃）

从图 3.19 中可以看出，采用两种气体开展实验得到的视渗透率随压力倒数的变化曲线形态一致，都表现为岩心（视）渗透率与平均压力倒数呈线性相关，即随着压力倒数的减小，岩心（视）渗透率降低，且随着平均压力倒数的降低，两条直线之间的距离不断缩小，这正是气体分子滑脱效应造成的。通过氮气和高含硫气体的渗流曲线，也验证了滑脱效应不受气质影响的经典理论。

从图 3.19 中还可以看出，在相同平均压力下，采用高含硫气体测定得到的（视）渗透率较低。这是由于，相对于高含硫气体来说，氮气更为活跃，气体分子热运动剧烈，从而导致滑脱效应更显著[8]。

3.4.2.2 单质硫对储层岩石伤害的影响

取同组岩样中的一块，用氮气在设定的温度、初始压力条件下进行衰竭式开采模拟实验，实验前后在常温、常压下测定岩样渗透率；再取同组的另一块岩样，用饱和硫的酸气在相同温度、初始压力下用氮气做相同的实验，结果如表 3.16。

表 3.16 衰竭实验前后岩样物性对比表（新兴 1 井）

样号	实验条件			孔隙度/%			渗透率/mD		
	介质	温度/℃	初始压力/MPa	实验前	实验后	绝对差值	实验前	实验后	相对差值/%
67	氮气	90	38.8	8.31	8.18	0.13	0.531	0.393	26.0
66	高含硫气体	90	39.0	7.54	7.59	−0.05	0.582	0.372	36.1
63	氮气	100	38.75	7.18	/	/	0.408	0.333	18.4
62	高含硫气体	100	41.0	7.33	/	/	0.275	0.206	25.1

表 3.16 中的孔隙度绝对差值、渗透率相对差值是以实验前岩样的孔隙度、渗透率为基础得到的。从表 3.16 中可以看出，两种气体在不同温度、初始压力下进行衰竭实验后，储层岩样孔隙度变化非常小，说明实验后储层岩石孔隙度基本没有受到伤害。虽然元素硫以膜状形式沉积在孔隙壁上，但不会对孔隙造成明显影响。

对于岩样渗透率来说，情况则有所不同。从表 3.16 中可以看出，在不同温度、压力下，氮气对渗透率的影响比高含硫气体相对要小，这说明采用高含硫气体对岩样渗透率伤害更大。

通过对同组岩样氮气和饱和硫的酸气进行衰竭实验对比可知，采用氮气实验前后，样品中硫含量几乎不变；而采用高含硫气体样品中的硫含量有较大变化，从衰竭前的 7.85%增加到衰竭后的 49.91%。利用不同气体进行的衰竭实验，也进一步说明了高含硫气藏在衰竭式开采过程中，随着压力的下降，存在着元素硫的沉积现象[9]。

3.4.2.3 初始压力对储层岩石伤害的影响

为了研究高含硫气藏储层初始地层压力对元素硫在岩心中沉积情况的影响，分别选用三块岩样研究 100℃条件下不同初始压力下元素硫沉积对碳酸盐岩心的伤害程度。

利用直径 25~80mm 岩心夹持器，让高含硫气体饱和元素硫后通过岩心夹持器。实验过程中保持岩心夹持器和气体温度为 100℃不变，通过岩心进出口压力差使元素硫在岩心中沉积下来，并每隔一定时间测定岩心渗透率。

对于同一地层温度，在 31MPa 和 41.25MPa 下，对黄金 1 井的 27 号岩样和新兴 1 井的 62 号岩样进行岩心沉积实验，得到了不同平均压力倒数与岩心（视）渗透率的对比结果，如图 3.20。

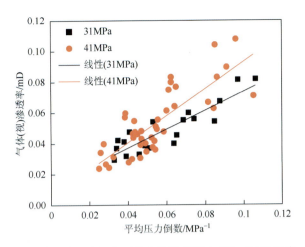

图 3.20 不同初始压力下硫沉积对岩心渗透率影响对比（实验温度：100℃）

从图 3.20 中可以看出，随着平均压力倒数的降低，即平均压力的增加，碳酸盐岩心的（视）渗透率慢慢降低，且初始压力越大，（视）渗透率降低得越明显，而到了废弃压力附近，（视）渗透率差别最大。这主要是因为初始压力越大，饱和溶解的元素硫质量越大。当压力降到同一废弃压力时，酸气沉积出的硫质量最多，从而对地层的伤害也最明显[10]。

不同初始压力下的元素硫沉积，对储层岩石孔隙度基本无影响；而对储层岩石渗透性影响较大，且随着实验初始压力增大，渗透率损害率增大。

3.5 高含硫混合物气液和气液固相平衡热力学研究

3.5.1 高含硫混合物气液相平衡

当温度较高时，元素硫和高含硫混合物只能以气液两相共存。在达到相平衡时，高含硫混合物各组分必定同时满足物质平衡方程组和热力学平衡方程组。

物质平衡参数有：

p、T——压力、温度；

F_i——气液相逸度相等平衡条件目标函数（$i=1, \cdots, n$ 为组分数）；

F_{n+1}——气液相组分归一化平衡条件目标函数（$\sum(y_i-x_i)=0$）；

y_i、x_i——气液相中 i 组分的摩尔分数；

z_i——体系总组成中 i 组分的摩尔分数；

K_i——平衡常数（$K_i=y_i/x_i$）；

n_g、n_l——气、液相的摩尔分数；

Z_g、Z_l——平衡气液相偏差因子（可由状态方程计算）。

3.5.1.1 相平衡时的物质平衡方程

设高含硫混合物（包含元素硫）由 n 个组分构成，取 1mol 的量作为分析单元，则高含硫混合物中各组分达到气液相平衡时应满足下列特征：

（1）平衡气液相的摩尔分量 n_g 和 n_l 均在 0 和 1 之间变化，且恒满足 $n_g+n_l=1$；

（2）平衡气、液相的组成 $y_1, y_2, \cdots, y_i, \cdots, y_n$ 及 $x_1, x_2, \cdots, x_i, \cdots, x_n$ 应分别满足组成归一化条件：$\sum y_i=1$，$\sum x_i=1$，$\sum(y_i-x_i)=0$；

（3）平衡气、液相各组分的摩尔分数应满足物质平衡条件

$$y_i n_g + x_i n_l = z_i \tag{3.113}$$

（4）任一组分在平衡气、液相中的分配比例可用平衡常数来描述，即 $K_i=y_i/x_i$。

以上特性经数学处理，即可得到由平衡气、液相组成方程和物料守恒方程所构成的物料平衡方程组。其中，

平衡组成分配比：

$$K_i = \frac{y_i}{x_i} \tag{3.114}$$

平衡气、液相质量守恒方程：

$$y_i n_g + x_i n_l = z_i \tag{3.115}$$

气相组成方程：

$$y_i = \frac{z_i K_i}{1 + (K_i - 1)n_g} \tag{3.116}$$

气相物质平衡方程：

$$\sum y_i = \sum \frac{z_i K_i}{1 + (K_i - 1)n_g} = 1 \tag{3.117}$$

液相组成方程：

$$x_i = \frac{z_i}{1 + (K_i - 1)n_g} \tag{3.118}$$

液相物质平衡方程：

$$\sum x_i = \sum \frac{z_i}{1 + (K_i - 1)n_g} = 1 \tag{3.119}$$

气液两相总物质平衡方程组：

$$\sum (y_i - x_i) = \sum \frac{z_i(K_i - 1)}{1 + (K_i - 1)n_g} = 0 \tag{3.120}$$

这里方程（3.117）、方程（3.119）和方程（3.120）所表示的相平衡条件的热力学含义是等价的，当作为求解相平衡问题的目标函数时三式都是温度、压力、组成和气相摩尔分数的函数，并具有高度的非线性方程特征，需要用试差法循环迭代求解。

3.5.1.2　相平衡时热力学平衡方程组

仅建立相态计算所需的物质平衡方程组，尚不能完全实现相平衡计算，分析物质平衡方程中变量间的关系可知，计算的关键在于能否准确确定气液两相达到相平衡时各组分的分配比例常数 K_i。K_i 通常是温度、压力和组成的函数，当用状态方程和热力学平衡理论

求解相平衡问题时，则把 K_i 的求解转化为热力学平衡条件的计算。

根据流体热力学平衡理论，当油气体系达到气液相平衡时，体系中各组分在气液相中的逸度（f_{ig} 和 f_{il}）应相等。

已知逸度的表达式为

$$气相：f_{ig} = y_i \phi_{ig} p \tag{3.121}$$

$$液相：f_{il} = x_i \phi_{il} p \tag{3.122}$$

代入式（3.114）有

$$K_i = \frac{y_i}{x_i} = \frac{\phi_{il}}{\phi_{ig}} = \frac{f_{il}/x_i}{f_{ig}/y_i} \tag{3.123}$$

式（3.123）即为热力学平衡理论求解相平衡问题的出发点。式中的 f_{ig} 和 f_{il} 分别是平衡气液相中各组分的逸度系数（fugacity coefficient），它与体系所处的温度、压力以及组分的热力学性质有关。根据热力学原理求解 f_{ig} 和 f_{il} 的严格积分方程为

$$RT \ln\left(\frac{f_{ig}}{y_i p}\right) = \int_{V_g}^{\infty} \left[\left(\frac{\partial p}{\partial n_{ig}}\right)_{V_g, T, n_{jg}} - \frac{RT}{V_g} \right] dV_g - RT \ln Z_g \tag{3.124}$$

$$RT \ln\left(\frac{f_{il}}{x_i p}\right) = \int_{V_l}^{\infty} \left[\left(\frac{\partial p}{\partial n_{il}}\right)_{V_l, T, n_{ji}} - \frac{RT}{V_l} \right] dV_l - RT \ln Z_l \tag{3.125}$$

依据范德瓦耳斯（van der Waals）状态方程理论，任何多组分体系，只要能建立可同时精确描述平衡气、液相相态特性的状态方程，即可由（3.124）和（3.125）两式导出平衡气、液相逸度系数的计算公式。这里要说明的是，以上两式中的 Z_g、Z_l 分别为平衡气相和液相的偏差系数，n_{ig}、n_{il} 分别为气、液相中 i 组分的摩尔组成。

定义以下相态计算中热力学平衡条件的目标方程组：

$$\begin{cases} F_1(x_i, y_i, p, T) = f_{1l} - f_{1g} = 0 \\ F_2(x_i, y_i, p, T) = f_{2l} - f_{2g} = 0 \\ \cdots \\ F_i(x_i, y_i, p, T) = f_{il} - f_{ig} = 0 \\ \cdots \\ F_n(x_i, y_i, p, T) = f_{nl} - f_{ng} = 0 \end{cases} \tag{3.126}$$

则满足以上方程组的 f_{ig} 和 f_{il} 就可用于精确求解式（3.123）中的气液相平衡常数 K_i。

3.5.1.3　相平衡计算的数学模型

当高含硫混合物体系处于任意比例的部分气态和液态的平衡状态时，将物质平衡方程式（3.120）和热力学平衡方程组（3.126）组合在一起，就可构造出气液相平衡闪蒸计算中的相平衡条件方程组：

$$\begin{cases} F_1(x_i, y_i, p, T) = f_{1l} - f_{1g} = 0 \\ \quad\quad\quad \cdots \\ F_n(x_i, y_i, p, T) = f_{nl} - f_{ng} = 0 \\ F_{n+1}(x_i, y_i, p, T) = \sum \dfrac{z_i(K_i - 1)}{1 + (K_i - 1)n_g} = 0 \end{cases} \quad (3.127)$$

计算时仅用式（3.127）作为相态计算的数学模型，并根据该式一般化平衡条件目标函数的意义，将高含硫混合物体系的相平衡计算，更一般地归结为等温闪蒸计算，即归结为给定变量 T 和 p，求解变量 n_g、x_i 和 y_i 的问题。

3.5.2　高含硫混合物气液固相平衡

在高含硫混合物中，当压力和温度满足一定条件时会出现气液固三相平衡共存的情况。在这种平衡条件下，固相中只有元素硫存在，而气液两相中会同时出现混合物中的各组分。在达到相平衡时，高含硫混合物各组成必定同时满足物质平衡方程组和热力学平衡方程组。

3.5.2.1　相平衡时物质平衡方程

设高含硫混合物是一个由 n 个组分构成的复杂体系，且第 n 个组分为硫组分，其他组分为非硫组分。取 1mol 该混合物为分析单元，则体系处于气-液-固三相相平衡时，应满足以下物质平衡条件：

$$V + L + S = 1 \quad\quad\quad (3.128)$$

$$Vx_i^v + Lx_i^l = z_i（前 n-1 个组分） \quad\quad\quad (3.129)$$

$$Vx_s^v + Lx_s^l + S = z_s \quad\quad\quad (3.130)$$

$$\sum_{i=1}^{n} x_i^v = \sum_{i=1}^{n} x_i^l = x_s^s = \sum_{i=1}^{n} z_i = 1 \quad\quad\quad (3.131)$$

式中，V、L、S——平衡时气相、液相和固相的摩尔分数；

x_i^v、x_i^l——平衡时气相、液相中第 i 个组分的摩尔分数；

x_s^v、x_s^l、x_s^s——平衡时气相、液相、固相中硫组分的摩尔分数；

z_i——油气体系中第 i 个组分的总摩尔分数。

结合在平衡时各组分气相、液相和固相中的平衡分配比，即平衡常数的定义，可以导出下述的气-液-固三相平衡的数值模型方程组（三相闪蒸模型）：

$$\sum_{i=1}^{n} x_i^l = \sum_{i=1}^{n-1} \frac{z_i}{V(K_i^{vl} - 1) + 1 - S} + \frac{z_s - S}{V(K_s^{vl} - 1) + 1 - S} = 1 \quad\quad (3.132)$$

$$\sum_{i=1}^{n} x_i^v = \sum_{i=1}^{n-1} \frac{z_i K_i^{vl}}{V(K_i^{vl} - 1) + 1 - S} + \frac{(z_s - S)K_s^{vl}}{V(K_s^{vl} - 1) + 1 - S} = 1 \quad\quad (3.133)$$

$$\frac{z_s - S}{V(K_s^{vl} - 1) + 1 - S} = \frac{1}{K_s^{sl}} \quad\quad\quad (3.134)$$

式（3.132）～式（3.134）是一个高度非线性方程组。根据平衡时各相中各组分的平衡常数，联立求解式（3.132）～式（3.134）构成的方程组，就可算出气、液、固各相的平衡摩尔分数 V、L、S 和各相中的摩尔分数 x_i^v、x_i^l、x_i^s。

3.5.2.2 相平衡时热力学平衡方程组

根据前面的研究，当温度、压力满足一定的条件时，含硫体系将会出现气-液-固三相共存的情形。在建立气-液-固三相相平衡热力学模型前，首先假设：

（1）混合体系处于静态，不考虑其热动力学情况；

（2）温度、压力等热力学条件的变化，表现为体系的相态变化，同时，热力学平衡在体系各处瞬时完成；

（3）忽略重力的作用，表面润湿性、毛管力、吸附作用也忽略不计。

根据热力学相平衡原理，体系内各组分 i 在气、液、固三相中的逸度分别表示为

$$f_i^v = x_i^v \phi_i^v p \tag{3.135}$$

$$f_i^l = x_i^l \phi_i^l p \tag{3.136}$$

$$f_i^s = x_i^s \gamma_i^s f_i^{os} \tag{3.137}$$

式中，f_i^v、f_i^l、f_i^s 分别为组分 i 在气、液、固三相中的逸度，MPa；ϕ_i^v、ϕ_i^l、ϕ_i^s 分别为组分 i 在气、液、固三相中的逸度系数；x_i^v、x_i^l、x_i^s 分别为组分 i 在气、液、固三相中的摩尔组成；γ_i^s 为组分 i 在固相中的活度系数；f_i^{os} 为组分 i 在固相标准态的逸度，MPa。

为了研究方便，本节令第 1 个组分为硫组分，显然，$x_1^s = 1$。根据多相平衡热力学判据，在某一条件下，当气、液、固三相处于热力学相平衡时，体系中每一组分在各相中的逸度应相等，有

$$f_1^v = f_1^l = f_1^s \tag{3.138}$$

$$f_i^v = f_i^l \ (i = 2,3,\cdots,N) \tag{3.139}$$

式（3.138）、式（3.139）等价为以下二式：

$$f_i^v = f_i^l \ (i = 1,2,\cdots,N) \tag{3.140}$$

$$f_1^l = f_1^s \tag{3.141}$$

联立式（3.135）～式（3.141），可得气-液平衡常数 K_i^{vl} 的表达式为

$$K_1^{vl} = \frac{x_1^l}{x_1^l} \tag{3.142}$$

$$K_i^{vl} = \frac{x_i^v}{x_i^l} = \frac{\phi_i^v}{\phi_i^l} \ (i = 2,3,\cdots,N) \tag{3.143}$$

及液-固平衡常数的表达式为

$$K_1^{sl} = \frac{x_1^s}{x_1^l} = \frac{1}{x_1^l} \tag{3.144}$$

$$K_i^{sl} = 0 \ (i = 2,3,\cdots,N) \tag{3.145}$$

其中，组分 i 在气相和液相中的逸度系数 ϕ_i^v、ϕ_i^l 可分别采用状态方程计算获得。而固相参数、标准态逸度 f_i^{os} 和活度系数 γ_i^s 可查阅有关相平衡方面的文献。

3.5.2.3 相平衡计算的数学模型

利用气液固三相相平衡时建立的物质守恒方程式,联立平衡时必须满足的热力学平衡方程组就可以计算高含硫混合物的三相相平衡,从而得到一定温度和压力条件下各相中各组分的摩尔分数。

方程组可以采用 Newton-Raphson 迭代法求解，具体求解步骤如下。

将式（3.132）、式（3.133）作以下变换：

$$\sum x_i^v - \sum x_i^l = 0 \tag{3.146}$$

$$\sum_{i=1}^{n-1} \frac{z_i(K_i^{vl}-1)}{V(K_i^{vl}-1)+1-S} + \frac{(z_s-S)(K_s^{vl}-1)}{V(K_i^{vl}-1)+1-S} = 0 \tag{3.147}$$

将式（3.134）代入式（3.147）中，并联立式（3.134），得

$$\begin{cases} \sum_{i=1}^{n-1} \dfrac{z_i(K_i^{vl}-1)}{V(K_i^{vl}-1)+1-S} + \dfrac{K_s^{vl}-1}{K_s^{sl}} = 0 \\[4mm] \dfrac{z_s-S}{V(K_s^{vl}-1)+1-S} = \dfrac{1}{K_s^{sl}} \end{cases} \tag{3.148}$$

按 Newton-Raphson 迭代法的中心思想，设：

$$\begin{cases} f_1(V,S) = 0 \\ f_2(V,S) = 0 \end{cases} \tag{3.149}$$

将 f_1 和 f_2 在（$V°$，$S°$）泰勒展开：

$$f_1(V,S) = f_1^o(V^o,S^o) + \frac{\partial f_1^o}{\partial V}\Delta V + \frac{\partial f_1^o}{\partial S}\Delta S + \cdots = 0 \tag{3.150}$$

$$f_2(V,S) = f_2^o(V^o,S^o) + \frac{\partial f_2^o}{\partial V}\Delta V + \frac{\partial f_2^o}{\partial S}\Delta S + \cdots = 0 \tag{3.151}$$

写成：

$$\begin{bmatrix} \dfrac{\partial f_1^o}{\partial V} & \dfrac{\partial f_1^o}{\partial S} \\[4mm] \dfrac{\partial f_2^o}{\partial V} & \dfrac{\partial f_2^o}{\partial S} \end{bmatrix} \begin{bmatrix} \Delta V \\[4mm] \Delta S \end{bmatrix} = \begin{bmatrix} -f_1^o(V^o,S^o) \\[4mm] -f_2^o(V^o,S^o) \end{bmatrix} \tag{3.152}$$

其中，$\Delta V=V-V°$；$\Delta S=S-S°$。

若用简单消元法求解，有

$$\Delta S = \left[-f_2^o(V^o,S^o) + f_1^o(V^o,S^o) \times \frac{\partial f_2^o}{\partial V} \middle/ \frac{\partial f_1^o}{\partial V} \right] \middle/ \left[\frac{\partial f_2^o}{\partial S} - \frac{\partial f_1^o}{\partial S} \times \left[\frac{\partial f_2^o}{\partial V} \middle/ \frac{\partial f_1^o}{\partial V} \right] \right] \tag{3.153}$$

$$\Delta V = \left[-f_1^o(V^o,S^o) - \frac{\partial f_1^o}{\partial S} \times \Delta S \right] \middle/ \frac{\partial f_1^o}{\partial V} \tag{3.154}$$

具体实现步骤如下：

设：

$$f_1 = \sum_{i=1}^{n-1} \frac{z_i(K_i^{vl}-1)}{V(K_i^{vl}-1)+1-S} + \frac{K_s^{vl}-1}{K_s^{sl}} = 0 \quad (3.155)$$

$$f_2 = \frac{z_s - S}{V(K_s^{vl}-1)+1-S} - \frac{1}{K_s^{sl}} = 0 \quad (3.156)$$

$$D_i^o = V^o(K_i^{vl}-1)+1-S^o \quad (3.157)$$

$$D_s^o = V^o(K_s^{vl}-1)+1-S^o \quad (3.158)$$

则有

$$f_1^o = \sum_{i=1}^{n-1} \frac{z_i(K_i^{vl}-1)}{D_i^o} + \frac{K_s^{vl}-1}{K_s^{sl}} = 0 \quad (3.159)$$

$$f_2^o = \frac{z_s - S}{D_s^o} - \frac{1}{K_s^{sl}} = 0 \quad (3.160)$$

$$\frac{\partial f_1^o}{\partial V} = -\sum_{i=1}^{n-1} z_i\left(\frac{K_i^{vl}-1}{D_i^o}\right)^2 \quad (3.161)$$

$$\frac{\partial f_1^o}{\partial S} = \sum_{i=1}^{n-1} \frac{z_i(K_i^{vl}-1)}{(D_i^o)^2} \quad (3.162)$$

$$\frac{\partial f_2^o}{\partial V} = -\frac{(z_s-S)(K_s^{vl}-1)}{(D_s^o)^2} \quad (3.163)$$

$$\frac{\partial f_2^o}{\partial S} = \frac{z_s - S - D_s^o}{(D_s^o)^2} \quad (3.164)$$

根据化简后的结果，则有下列迭代方程组：

$$\begin{bmatrix} -\sum_{i=1}^{n-1} z_i\left(\frac{K_i^{vl}-1}{D_i^o}\right)^2 & \sum_{i=1}^{n-1}\frac{z_i(K_i^{vl}-1)}{(D_i^o)^2} \\ -\frac{(z_s-S)(K_s^{vl}-1)}{(D_s^o)^2} & \frac{z_s-S-D_s^o}{(D_s^o)^2} \end{bmatrix}\begin{bmatrix} V-V^o \\ S-S^o \end{bmatrix} = \begin{bmatrix} -\left(\sum_{i=1}^{n-1}\frac{z_i(K_i^{vl}-1)}{D_i^o}+\frac{K_s^{vl}-1}{K_s^{sl}}\right) \\ -\left(\frac{z_s-S}{D_s^o}-\frac{1}{K_s^{sl}}\right) \end{bmatrix} \quad (3.165)$$

其中，$V=V+\Delta V$；$S=S+\Delta S$。

若本次迭代获得的 ΔV、ΔS 能满足精度要求，则迭代过程停止，否则将 $V\rightarrow V^o$，$S\rightarrow S^o$，重复迭代计算过程。

3.5.3　高含硫混合物气液和气液固相平衡计算方法

3.5.3.1　相平衡时组分硫的计算

高含硫混合物达到相平衡时，气液相中各组分的逸度都可采用状态方程进行求解，而固相硫的逸度则要采用关联式进行求解。对于非硫相，可以采用各组分的临界性质计算确定各状态方程参数。但对于元素硫，由于元素硫会因不同的硫原子结合，从而具有不同的化学结构，导致有不同的临界参数，因此若直接采用临界性质计算状态方程参数和逸度会产生较大的误差，因此下面提出一种新方法确定硫的状态方程参数。

1. 液相和气相硫的计算

借鉴 Panagiotopoulos 和 Kumar 提出的相关理论，液相和气相中纯组分硫的状态方程参数可通过调整状态方程中引力参数 a 和斥力系数 b 来拟合元素硫的饱和蒸汽压和液相密度来获得。由于两个参数的调整有很大的随机性，可以将斥力系数 b 考虑为一个与温度无关的常数，而不断调整不同温度下的引力系数 a，来得到能计算液相和气相中硫组分的状态方程参数。

2. 固相硫的计算

对于固相纯组分硫，不采用状态方程法计算偏差系数和逸度，而是直接采用对低压下纯组分硫的升华压进行高压校正得到。设：

$$\ln f_s = \frac{A}{T} + B + \frac{pV_s}{RT} \tag{3.166}$$

式（3.166）中右边的前两项可以认为是采用 Antoine 方程计算的元素硫的升华压，最后一项是对低压升华压进行的 Poynting 修正，A、B 为常数。

取固相硫的密度为 2070kg/m^3，则式（3.166）中的 V_s 可以由下式计算得到。

$$V_s = \frac{M_{S_8}}{\rho_s^s} = \frac{8 \times 32.064}{2050} = 0.12513\text{m}^3/\text{kmol} \tag{3.167}$$

所以，回归后得到的固相硫的逸度表达式为

$$\ln f_s = -\frac{13846.797}{T} + 22.83572 + \frac{0.12513p}{RT} \tag{3.168}$$

式中，f_s——固相硫逸度，MPa；

$\quad\quad T$——温度，K；

$\quad\quad p$——压力，MPa；

$\quad\quad R$——普适气体常数，这里取 $0.08206\,\text{kmol/(m}^3\cdot\text{K)}$。

3.5.3.2 三相相平衡稳定性判断

在多相相平衡计算过程中，要想获得完整而精确的计算结果，就必须事先预测相态计算的稳定性，即进行相态稳定性检验或相态稳定性判断。多相相平衡稳定性检验的目的在于，计算进入收敛区域之前能准确地确定体系相态的稳定性，即确定出在给定温度、压力及组成等热力学条件下，体系所处的相态是单相、两相，还是三相，这样不仅能够快速满足多相相平衡的收敛要求，而且还可以节省计算时间和计算工作量。

相态稳定性检验方法，即检验多相存在的方法，已有许多研究者提出。1982 年 Michelsen 提出了吉布斯自由能最小化技术，1987 年 Nelson 等提出了以平衡常数 K 值为基础的多相相态稳定性检验方法，本节即在 K 值相态稳定性检验方法的基础上，推导出气-液-固三相稳定性判断准则。

1. 气液两相平衡稳定性判断

先以两相系统的气液平衡为例来推导以平衡常数 K 值为基础的相态稳定性检验方法。

以液相为参考相，定义平衡参数为

$$K_i^{(1)} = x_i/x_i \qquad K_i^{(2)} = y_i/x_i \qquad\qquad (3.169)$$

其中，上标表示相，显然 $K_i^{(1)}=1$；

由式（3.169）可得

$$x_i = \frac{K_i^{(1)} z_i}{1 + V(K_i^{(2)} - 1)} \qquad\qquad (3.170)$$

$$y_i = \frac{K_i^{(2)} z_i}{1 + V(K_i^{(2)} - 1)} \qquad\qquad (3.171)$$

式中，L 和 V 分别为液相和气相的摩尔分数；x、y、z 分别为气相、液相和体系中组分的摩尔分数；K 为平衡常数，上标 1 和 2 为参考相；下标 i 为组分。

定义 $\phi(V) = \sum x_i - \sum y_i$，将式（3.170）和式（3.171）代入得

$$\phi(V) = \sum \frac{(1 - K_i^{(2)}) z_i}{1 + (K_i^{(2)} - 1)V} \qquad\qquad (3.172)$$

对 $\phi(V)$ 求导数有

$$\frac{\partial \phi(V)}{\partial V} = \sum \frac{(1 - K_i^{(2)})^2 z_i}{[1 + (K_i^{(2)} - 1)V]^2} > 0 \qquad\qquad (3.173)$$

由于 $\phi(V)$ 对 V 的导数大于 0，因此 $\phi(V)$ 是 V 的单调增函数。又 V 取 0～1 具有物理意义，故由 $\phi(V)$ 的单调性有

$$\phi(0) < \phi(V) < \phi(1) \qquad\qquad (3.174)$$

由于式（3.174）可通过求解 $\phi(V) = \sum x_i - \sum y_i = 0$ 得到满足，所以只有当 $\phi(V) = 0$，且 $0 < V < 1$ 时，才有两相存在（$V=0$ 对应泡点，$V=1$ 对应露点）。所以有

$$\phi(0) = 1 - \sum (K_i^{(2)} z_i) < 0 \qquad\qquad (3.175)$$

$$\phi(1) = \sum (z_i / K_i^{(2)}) - 1 > 0 \qquad\qquad (3.176)$$

即若有气液两相存在，则必须同时满足：

$$\sum (K_i^{(2)} z_i) > 1 \qquad\qquad (3.177)$$

$$\sum (z_i / K_i^{(2)}) > 1 \qquad\qquad (3.178)$$

这就是气液两相平衡的相稳定性判断条件。另外，如果 $\phi(V) > 0$，那么 $\phi(V) = 0$ 的解 V 一定是负数，这意味着不存在气相，只有液相存在（过冷）。由组分物料守恒计算有 $x_i = z_i$，推出 $y_i = x_i K_i^{(2)} = z_i K_i^{(2)}$。由 $1 - \sum (K_i^{(2)} z_i) > 0$，有 $\sum y_i < 1$，可见，不存在的气相的总摩尔分数小于 1。类似地，可得 $\phi(V) < 0$ 对应的只有气相存在（过热）。不存在的液相的总摩尔分数也小于 1。这正是 Michelsen（1982）提出的切平面检验判据的一个等价形式：即被考察相的总摩尔分数如果小于 1，则该相不存在；反之，如果被考察相在平衡中不存在，它的总摩尔分数必然小于 1。

由式（3.170）和式（3.171）可以得到更一般的表达式：

$$\sum x_i = \sum \frac{K_i^{(1)} z_i}{L K_i^{(1)} + V K_i^{(2)}} \qquad\qquad (3.179)$$

$$\sum y_i = \sum \frac{K_i^{(2)} z_i}{L K_i^{(1)} + V K_i^{(2)}} \tag{3.180}$$

由此我们可以定义三相共存时，气液固三相中任一相的组成求和表达式：

$$p_m(y) = \sum_{i=1}^{n} \frac{z_i K_i^m}{\sum_{j=1}^{3} y^j K_i^j} \tag{3.181}$$

式中，m 为某一相；y^j 为 j 相的摩尔分数（j=1, 2, 3）。

为了研究三相平衡的稳定性，我们先根据定义推出两相稳定性判断的一般表达式。由上述两相系统，可以推导出一个独立函数：

$$\phi_{21}(y) = p_2 - p_1 = \sum_{i=1}^{n} \frac{z_i (K_i^{(2)} - K_i^{(1)})}{\sum_{j=1}^{2} y^j K_i^j} \tag{3.182}$$

要使两相系统达到稳定，必有：

$$\phi_{21}(1,0) = \phi_{21}(y_1 = 1, y_2 = 0) > 0 \tag{3.183}$$

$$\phi_{21}(0,1) = \phi_{21}(y_1 = 0, y_2 = 1) < 0 \tag{3.184}$$

联立式（3.182）～式（3.184）有

$$\sum_{i=1}^{n} z_i K_i^{(2)} > 1 \tag{3.185}$$

$$\sum_{i=1}^{n} \frac{z_i}{K_i^{(2)}} > 1 \tag{3.186}$$

式（3.185）和式（3.186）即为我们所熟知的气-液两相平衡中相态判断的基本关系式，上标 j=2 代表气相。两相闪蒸的稳定性分析可以定性地判断，见图3.21。

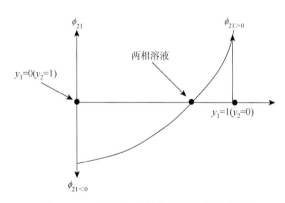

图3.21 两相闪蒸计算的相态稳定性判断

2. 气液固三相平衡稳定性判断

针对多相相平衡的基于 K 值的多相相平衡稳定性检验，定义相平衡常数的通式为

$$K_i^j = \frac{x_i^j}{x_i^r} = \frac{\phi_i^r}{\phi_i^j} \qquad (j=1, 2, 3, \cdots) \tag{3.187}$$

式中，x_i^j——组分 i 在第 j 相中的摩尔组成；

x_i^r——组分 i 在参考相 r 相中的摩尔组成；

ϕ_i^r——组分 i 在参考相 r 相中的逸度系数；

ϕ_i^j——组分 i 在第 j 相中的逸度系数；

K_i^j——组分 i 在第 j 相与参考相 r 相中的平衡常数。

对于一个三相平衡体系的闪蒸计算，也可以类似地推导出相态的稳定性检验方法。由式（3.182）可得出：

$$\phi_{31}(y) = p_3 - p_1 = \sum_{i=1}^{n} \frac{z_i(K_i^{(3)} - K_i^{(1)})}{\sum_{j=1}^{3} y^j K_i^j} \tag{3.188}$$

由式（3.182）和式（3.188）有

$$\phi_{21-31}(y) = \phi_{21} - \phi_{31} = (p_2 - p_1) - (p_3 - p_1) = p_2 - p_3 = \sum_{i=1}^{n} \frac{z_i(K_i^{(2)} - K_i^{(3)})}{\sum_{j=1}^{3} y^j K_i^j} \tag{3.189}$$

选液相为参考相（$r=1$），$j=1$ 表示液相，$j=2$ 表示气相，$j=3$ 表示固相，则液相的平衡常数 $K_i^1 = 1$。三相闪蒸计算的稳定性判断由图 3.22 定性表示。具体判断过程举例分析如下。

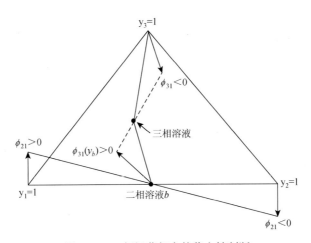

图 3.22　三相闪蒸相态的稳定性判断

若在 $y_1 = 1$ 处有

$$\phi_{21}(y) = \phi_{21}(y_1 = 1, y_2 = 0, y_3 = 0) = \sum_{i=1}^{n} z_i K_i^{(2)} - 1 > 0 \tag{3.190}$$

并且在 $y_2 = 1$ 处有

$$\phi_{21}(y) = \phi_{21}(y_1 = 0, y_2 = 1, y_3 = 0) = 1 - \sum_{i=1}^{n} \frac{z_i}{K_i^{(2)}} < 0 \tag{3.191}$$

那么对 $\phi_{21}(y)$ 必有一个根 b 在沿 y_2 轴线上某处使 $\phi_{21}(y) = 0$ 成立，即 1 和 2 两相达到相平衡，处于稳定状态。

如果 ϕ_{31}（y）在 $y_3=1$ 处有

$$\phi_{31}(y_1=0, y_2=0, y_3=1) = 1 - \sum_{i=1}^{n} \frac{z_i}{K_i^{(3)}} < 0 \qquad (3.192)$$

同时在 b 点处有

$$\phi_{31}(y_b) > 0 \qquad (3.193)$$

那么此时体系就有形成第三相的趋势，这将把两相平衡点 b 向三相区域内移动。

因此，可以认为，如果 $\phi_{21}(y_b)=0$，那么 1、2 两相在 $0<y_2<1$ 且 $y_3=0$ 的区域内形成两相；如果 $\phi_{31}(y_b)>0$ 且 $\phi_{31}(y_3=1)<0$，那么体系可以有三相共存。在以上条件下，如 $\phi_{31}(y_b)<0$，那么只有 1、2 两相共存，即气-液平衡。

类似的分析可以在其他轴上进行并可以确定相的存在。

通过以上的推证，就可以获得 ϕ_{21}、ϕ_{31} 在图 3.22 中三个顶点处的值，并可以计算出相应顶点处 ϕ_{21-31} 的值。对于高含硫气藏而言，具体判断气液固三相相平衡稳定性分析如下。

1）气-液平衡判断（气相-2，液相-1）

当体系中只存在 1、2 两相且平衡时，应同时满足以下条件：

$$\sum_{i=1}^{n} \frac{z_i}{K_i^{(2)}} > 1 \qquad (3.194)$$

$$\sum_{i=1}^{n} z_i K_i^{(2)} > 1 \qquad (3.195)$$

$$\phi_{31}(y_1, y_2, 0) < 0, \phi_{21}(y_1, y_2, 0) = 0 \qquad (3.196)$$

2）气-液-固平衡判断（气相-2，液相-1，固相-3）

当体系中存在 1、2 和 3 三相且平衡时，应同时满足以下条件：

$$\sum_{i=1}^{n} \frac{z_i}{K_i^{(2)}} > 1 \qquad (3.197)$$

$$\sum_{i=1}^{n} z_i K_i^{(2)} > 1 \qquad (3.198)$$

$$\phi_{31}(y_1, y_2, 0) > 0, \phi_{21}(y_1, y_2, 0) = 0, \phi_{31}(y_3=1) < 0 \qquad (3.199)$$

3.5.3.3 高含硫混合物相平衡计算步骤

1. 气液两相相平衡计算

气液两相相平衡计算步骤如下：

（1）根据初始条件输入原始数据，包括体系组成和非硫组分的热力学参数；

（2）输入计算的温度和压力；

（3）利用 Wilson 方程给非硫组分赋初值 K_i（$i=1, 2, 3, \cdots, n-1$，第 n 个组分为硫），且令 $Ks=0.0001$；

（4）进行气液两相闪蒸计算；

（5）判断各相逸度是否相等，若不等则替换 K_i（$i=1, 2, 3, \cdots, n-1, n$），回到前一步；

若相等则进行下一步;

（6）输出有关参数,如气相中硫组分的摩尔分数;

（7）完成计算,程序结束。

气-液两相中非硫组分的平衡常数 $K_i(i=1,2,3,\cdots,n)$ 的初值用 Wilson 公式计算确定:

$$K_i = \exp\left[5.37(1+\omega_i)\left(1-\frac{1}{T_{ri}}\right)/p_{ri}\right] \tag{3.200}$$

式中,　ω——偏心因子;

　　　T_r——对比温度;

　　　p_r——对比压力;

　　　下标 i——组分。

2. 气液固三相相平衡计算

气液固三相相平衡计算步骤如下:

（1）根据初始条件输入原始数据,包括体系组成和非硫组分的热力学参数;

（2）输入计算的温度和压力;

（3）利用 Wilson 方程给非硫组分赋初值 K_{vli}（$i=1,2,3,\cdots,n-1$,第 n 个组分为硫）,且令 $Ks_{sl}=0.00001$,$Ks_{vl}=0.01$;

（4）进行气液固三相闪蒸计算;

（5）判断各相的逸度是否相等,若不等则替换 K_{vli}（$i=1,2,3,\cdots,n-1,n$）和 Ks_{sl},回到前一步;若相等则进行下一步;

（6）输出有关参数,如气相中硫组分的摩尔分数;

（7）完成计算,程序结束。

3.6　高含硫气藏气固耦合渗流综合数学模型

3.6.1　气固耦合综合数学模型建立

3.6.1.1　综合数学模型基本假设条件

高含硫气藏的渗流特征和相态变化特征具有较大的复杂性,很多领域(硫微粒的运移、沉积等)在实验中也很难研究,为了简化研究的复杂性,对研究对象作一定的假设。

（1）假设地层温度恒定,即高含硫气藏的开发是一个恒温过程;

（2）含硫天然气初始饱和溶解元素硫,包括物理溶解和化学溶解两类;

（3）忽略由化学溶解析出的硫所引起的硫化氢含量的增加;

（4）元素硫在天然气中的溶解主要受压力和温度影响;

（5）气相中除含有烃类组分外,还有较高含量的硫化氢组分和元素硫组分;

（6）假设地层温度低于元素硫的凝固点,即析出的元素硫为固态微粒;

（7）只考虑高含硫气体和固态硫微粒两相,不考虑水相的影响;

（8）气流流动符合达西定律；

（9）忽略重力和毛管力的影响；

（10）岩石微可压缩；

（11）气流中析出的颗粒较小，小于孔喉，能在孔隙中流动；

（12）析出并悬浮在气流中的硫微粒满足连续介质假设；

（13）忽略硫微粒间的碰撞和聚集；

（14）忽略硫微粒与孔隙壁面的碰撞，假设微粒与壁面的吸附瞬间即达到平衡；

（15）硫微粒密度不发生变化。

3.6.1.2　基本微分方程组

根据连续性方程、状态方程、运动方程，以及气-固动力学原理和空气动力学、气固运移沉积理论，建立了高含硫气藏气固耦合综合数学模型，其基本微分方程组如下。

裂缝系统：

$$\begin{cases} \nabla \cdot \left(\dfrac{\rho_g k_f}{\mu_g} \nabla p \right) + \Gamma_{gmf} = \dfrac{\partial (\varphi S_{gf} \rho_g)}{\partial t} + q_{gf} \\[3mm] \nabla \cdot \left(\dfrac{k_f}{\mu_g} \nabla p \right) + \nabla \cdot (u_s) + \dfrac{\Gamma_{smf}}{\rho_s} = \dfrac{\partial}{\partial t}(S_{gf} C_s + C_s' S_{gf} + S_{sf})\varphi_f + \dfrac{q_{sf}}{\rho_s} \\[3mm] \nabla \left[\dfrac{k_f \rho_g Z_{gf}^m}{\mu_g} \nabla p \right] + \Gamma_{gmf} Z_{gf}^m = \dfrac{\partial [\varphi(S_g \rho_g Z_g^m)]}{\partial t} + q_{gf} Z_{gf}^m \quad (m = 1,2,3,\cdots) \end{cases} \quad （3.201）$$

基质系统：

$$\begin{cases} \nabla \left(\dfrac{\rho_g k_m}{\mu_g} \nabla p \right) - \Gamma_{gmf} = \dfrac{\partial (\varphi S_{gm} \rho_g)}{\partial t} \\[3mm] \nabla \left(\dfrac{k_m}{\mu_g} \nabla p \right) - \dfrac{\Gamma_{smf}}{\rho_s} = \dfrac{\partial}{\partial t}(S_{gm} C_s + C_s' S_{gm} + S_{sm})\varphi_m \\[3mm] \nabla \left[\dfrac{k_m \rho_g Z_{gm}^m}{\mu_g} \nabla p \right] - \Gamma_{gmf} Z_{gm}^m = \dfrac{\partial [\varphi(S_g \rho_g Z_{gm}^m)]}{\partial t} \quad (m = 1,2,3,\cdots) \end{cases} \quad （3.202）$$

式（3.201）和式（3.202）中第一个方程为气相的连续性方程，第二个方程为元素硫的连续性方程，第三个方程为非硫组分连续性方程。

3.6.1.3　模型辅助方程

设高含硫天然气中除元素硫以外有 n 个组分，则方程组（3.201）、（3.202）含有 $n+12$ 个未知数。若要求解这些未知数，则需要 $n+12$ 个方程。方程组（3.201）和（3.202）已经有了 $n+8$ 个方程，因此还需要 4 个辅助方程。这些辅助方程如下。

饱和度关系：

$$S_g + S_s = 1 \quad （3.203）$$

气相组成关系：

$$\sum_{m=1}^{n} Z_g^m = 1 \qquad (3.204)$$

天然气密度：

$$\rho_g = \rho_g [p, T, Z_i (i=1, \cdots, n+1)] \qquad (3.205)$$

天然气黏度：

$$\mu_g = \mu_g [p, T, Z_i (i=1, \cdots, n+1)] \qquad (3.206)$$

3.6.1.4　边界条件和初始条件

模型建立后，要求得模型的唯一解，还需要一定的定解条件，即模型的边界条件和初始条件。油气藏数学模型的边界条件分为：外边界条件和内边界条件两种。

1. 外边界条件

常见的外边界条件有：定压边界、定流量边界和封闭边界等。

1）定压边界

定压边界是指在边界（G）处的压力为一定值，其数学表达式为

$$p\big|_G = \text{const} \qquad (3.207)$$

2）定流量边界

定流量边界是指在边界（G）处保持有一恒定的流量通过，数学表达式为

$$\frac{\partial p}{\partial n}\Big|_G = q_{\text{const}} \qquad (3.208)$$

3）封闭边界

封闭边界是指在边界（G）处的流量为 0，其数学表达式为

$$\frac{\partial p}{\partial n}\Big|_G = 0 \qquad (3.209)$$

2. 内边界条件

内边界条件从井的工作制度出发，主要分为定流量和定压力两类。

1）定流量条件

定流量条件是指生产井在模拟过程中的产量是已知的定量。其数学表达式为

$$q\big|_{\text{well}} = q \qquad (3.210)$$

2）定压力条件

定压力条件是指生产井在模拟过程中井底压力是已知的定值。其数学表达式为

$$p\big|_{\text{well}} = p_{wf} \qquad (3.211)$$

3. 初始条件

在边界条件确定后,还要从时间上确定油气藏在模拟初始时刻的压力和流体分布等状态。对于研究的高含硫气藏，假设模型在初始时刻处于静平衡状态，即各处的压力均相等，

其表达式为

$$p(X,Y,Z)\big|_{t=0} = p_i \tag{3.212}$$

流体主要以气相为主，初始时刻没有硫沉积产生，即

$$S_s = 0, S_g = 1 \tag{3.213}$$

3.6.1.5　元素硫析出及硫微粒运移沉积模型

1. 元素硫析出模型

元素硫的析出过程是元素硫在酸性气体中过饱和溶解的过程，即当元素硫的含量超过了一定温度和压力下硫在酸气的溶解度后将析出。因此元素硫的析出可以用硫在酸气中的溶解度变化来表示。假设元素硫在初始状态下已饱和溶解在高含硫气体中，那么一定温度和压力下元素硫的溶解度可表示如下：

$$R_s = \rho^k \mathrm{e}^{\frac{A}{T}+B} \tag{3.214}$$

对气体，式（3.214）中的密度与压力的变化关系比较密切，因此密度变化能反映压力对元素硫在气体中溶解能力的影响。

设单元体内天然气在 t_1 时刻的元素硫溶解度为 $R_{s,1}$，密度为 $\rho_{g,1}$；在 t_2 时刻元素硫的溶解度为 $R_{s,2}$，密度为 $\rho_{g,2}$，并假设从 t_1 到 t_2 时间段内单元体内温度不发生变化，则在该时间段内元素硫的析出量可表示为

$$\Delta M_{rs} = \Delta x \Delta y \Delta z \phi S_g (R_{s,1} - R_{s,2}) \tag{3.215}$$

将式（3.214）代入式（3.215）整理可得元素硫的析出模型为

$$\Delta M_{rs} = V_p \phi S_g (\rho_{g,1}^k - \rho_{g,2}^k) \mathrm{e}^{\frac{A}{T}+B} \tag{3.216}$$

式中：A、B——计算参数；

　　　V_p——单元体的体积；

　　　S_g——气体中的含硫量。

2. 硫微粒在气流中运移速度计算模型

由于忽略硫微粒在气流中可能发生的碰撞，因此可以假设在同一单元体中的硫微粒具有相同的速度。在这里采用颗粒动力学方法来计算颗粒在气流中的运移速度：

$$u_s = \sqrt{\frac{b}{a}} \left[\frac{1 + \mathrm{e}^{4t\sqrt{ab}}}{1 - \mathrm{e}^{4t\sqrt{ab}}} + 2\sqrt{\left(\frac{1 + \mathrm{e}^{4t\sqrt{ab}}}{1 - \mathrm{e}^{4t\sqrt{ab}}}\right)^2 - 1} \right] \tag{3.217}$$

3. 硫微粒沉降模型

硫微粒在气流中的沉降，采用气流携带微粒的临界速度来判断，气流携带颗粒的临界流速模型为

$$u_{g,s} = \sqrt[3]{\frac{mDu_{mg}}{\varphi(\lambda_g + \lambda_m m\varphi)}} \tag{3.218}$$

其沉降判断准则：当 $\mu_g \geqslant \mu_{g,s}$，颗粒悬浮运移；当 $\mu_g < \mu_{g,s}$，颗粒沉降在孔隙中。

4. 元素硫的吸附模型

元素硫的吸附模型采用 Ali-islam 根据表面剩余理论而建立，表达式如下：

$$n_s' = \frac{m_s x_s S}{S x_s + (m_s / m_g) x_g} \tag{3.219}$$

式中，$S = \dfrac{x_s' / x_g'}{x_s / x_g}$；

$\quad n_s'$——颗粒吸附量，mg/g；

$\quad x_s$——硫微粒在连续相中的质量分数；

$\quad x_g$——气相组分在连续相中的质量分数；

$\quad x_s'$——硫微粒在吸附相中的质量分数；

$\quad x_g'$——气相组分在吸附相中的质量分数；

$\quad m_s$——硫微粒在吸附单层中的量，mg/g；

$\quad m_g$——气体在吸附单层中的量，mg/g。

5. 地层伤害模型

硫沉积对地层的伤害可分为对孔隙度和渗透率影响两类。

1）孔隙度伤害模型

假设地层孔隙中沉积硫体积不随压力的变化而变化，孔隙度伤害模型为

$$\phi = \phi_0 - \Delta\phi = \phi_0 - \frac{V_s}{V} \times 100\% \tag{3.220}$$

式中，ϕ_0——岩石的初始孔隙度。

2）渗透率伤害模型

描述沉积对地层渗透率的伤害主要有实验公式法和机理模型法两种。模型的具体形式如下：

$$k = f_p K_{p0} \mathrm{e}^{-\alpha \varepsilon_p^{\eta_1}} + f_{np} K_{np_0} (1 + b\varepsilon_{np}) \tag{3.221}$$

3.6.2　数值模型

3.6.2.1　差分方程的建立

用气固动力学的连续性方程描述硫微粒在天然气中的运移，其基本微分方程组为式（3.201）～式（3.202），对连续性方程差分得到

裂缝系统气相的差分方程：

$$F_{j+\frac{1}{2}}(\rho_g \lambda_{gf})_{j+\frac{1}{2}}(p_{j+1}^{n+1} - p_j^{n+1}) + F_{j-\frac{1}{2}}(\rho_g \lambda_{gf})_{j-\frac{1}{2}}(p_{j-1}^{n+1} - p_j^{n+1}) + F_{k+\frac{1}{2}}(\rho_g \lambda_{gf})_{k+\frac{1}{2}}(p_{k+1}^{n+1} - p_k^{n+1})$$

$$+F_{k-\frac{1}{2}}(\rho_g \lambda_{gf})_{k-\frac{1}{2}}(p_{k-1}^{n+1} - p_k^{n+1}) + V_b(\Gamma_{gmf})_{i,j,k} F_{i+\frac{1}{2}}(\rho_g \lambda_{gf})_{i+\frac{1}{2}}(p_{i+1}^{n+1} - p_i^{n+1}) \qquad (3.222)$$

$$+F_{i-\frac{1}{2}}(\rho_g \lambda_{gf})_{i-\frac{1}{2}}(P_{i-1}^{n+1} - P_i^{n+1}) = V_b \left[\frac{(\phi_f S_{gf} \rho_g)^{n+1} - (\phi_f S_{gf} \rho_g)^n}{\Delta t} + q_{gf} \right]$$

裂缝系统元素硫的差分方程:

$$F_{i+\frac{1}{2}}(\lambda_{gf})_{i+\frac{1}{2}}(p_{i+1}^{n+1} - p_i^{n+1}) + F_{i-\frac{1}{2}}(\lambda_{gf})_{i-\frac{1}{2}}(p_{i-1}^{n+1} - p_i^{n+1}) + F_{j+\frac{1}{2}}(\lambda_{gf})_{j+\frac{1}{2}}(p_{j+1}^{n+1} - p_j^{n+1})$$

$$+F_{j-\frac{1}{2}}(\lambda_{gf})_{j-\frac{1}{2}}(p_{j-1}^{n+1} - p_j^{n+1}) + F_{k+\frac{1}{2}}(\lambda_{gf})_{k+\frac{1}{2}}(p_{k+1}^{n+1} - p_k^{n+1}) + F_{k-\frac{1}{2}}(\lambda_{gf})_{k-\frac{1}{2}}(p_{k-1}^{n+1} - p_k^{n+1})$$

$$+f_i(u_{s,i+1}^{n+1} - u_{s,i}^{n+1}) + f_j(u_{s,j+1}^{n+1} - u_{s,j}^{n+1}) + f_k(u_{s,k+1}^{n+1} - u_{s,k}^{n+1}) + V_b \frac{(\Gamma_{smf})_{i,j,k}}{\rho_s} \qquad (3.223)$$

$$= V_b \left\{ \frac{[(S_{gf} C_s + C_s' S_{gf} + S_s)\phi_f]^{n+1} - [(S_{gf} C_s + C_s' S_{gf} + S_s)\phi_f]^n}{\Delta t} + \frac{q_{sf}}{\rho_s} \right\}$$

裂缝系统非硫组分差分方程:

$$F_{i+\frac{1}{2}}(\lambda_{gf} \rho_g Z_{gf}^m)_{i+\frac{1}{2}}(p_{i+1}^{n+1} - p_i^{n+1}) + F_{i-\frac{1}{2}}(\lambda_{gf} \rho_g Z_{gf}^m)_{i-\frac{1}{2}}(p_{i-1}^{n+1} - p_i^{n+1})$$

$$+F_{j+\frac{1}{2}}(\lambda_{gf} \rho_g Z_{gf}^m)_{j+\frac{1}{2}}(p_{j+1}^{n+1} - p_j^{n+1}) + F_{j-\frac{1}{2}}(\lambda_{gf} \rho_g Z_{gf}^m)_{j-\frac{1}{2}}(p_{j-1}^{n+1} - p_j^{n+1})$$

$$+F_{k+\frac{1}{2}}(\lambda_{gf} \rho_g Z_{gf}^m)_{k+\frac{1}{2}}(p_{k+1}^{n+1} - p_k^{n+1}) + F_{k-\frac{1}{2}}(\lambda_{gf} \rho_g Z_{gf}^m)_{k-\frac{1}{2}}(p_{k-1}^{n+1} - p_k^{n+1}) + V_b(\Gamma_{gmf})_{i,j,k} Z_{gf}^m \qquad (3.224)$$

$$= V_b \left[\frac{(\phi_f S_{gf} \rho_g Z_g^m)^{n+1} - (\phi_f S_{gf} \rho_g Z_g^m)^n}{\Delta t} + q_{gf} Z_g^m \right]$$

其中,几何因子为

$$F_{i+\frac{1}{2}} = \frac{\Delta y_j \Delta z_k}{\Delta x_{i+\frac{1}{2}}}; F_{i-\frac{1}{2}} = \frac{\Delta y_j \Delta z_k}{\Delta x_{i-\frac{1}{2}}}; F_{j+\frac{1}{2}} = \frac{\Delta x_i \Delta z_k}{\Delta y_{j+\frac{1}{2}}}; F_{j-\frac{1}{2}} = \frac{\Delta x_i \Delta z_k}{\Delta y_{j-\frac{1}{2}}}; F_{k+\frac{1}{2}} = \frac{\Delta x_i \Delta y_j}{\Delta z_{k+\frac{1}{2}}};$$

$$F_{k-\frac{1}{2}} = \frac{\Delta x_i \Delta y_j}{\Delta z_{k-\frac{1}{2}}}; f_i = \Delta y_j \Delta z_k; f_j = \Delta x_i \Delta z_k; f_k = \Delta x_i \Delta y_j$$

流度系数为: $\lambda_g = \dfrac{k}{\mu_g}$。

同理,基质系统气相的差分方程:

$$F_{i+\frac{1}{2}}(\rho_g \lambda_{gm})_{i+\frac{1}{2}}(p_{i+1}^{n+1} - p_i^{n+1}) + F_{i-\frac{1}{2}}(\rho_g \lambda_{gm})_{i-\frac{1}{2}}(p_{i-1}^{n+1} - p_i^{n+1})$$

$$+F_{j+\frac{1}{2}}(\rho_g \lambda_{gm})_{j+\frac{1}{2}}(p_{j+1}^{n+1} - p_j^{n+1}) + F_{j-\frac{1}{2}}(\rho_g \lambda_{gm})_{j-\frac{1}{2}}(p_{j-1}^{n+1} - p_j^{n+1})$$

$$+F_{k+\frac{1}{2}}(\rho_g \lambda_{gm})_{k+\frac{1}{2}}(p_{k+1}^{n+1} - p_k^{n+1}) + F_{k-\frac{1}{2}}(\rho_g \lambda_{gm})_{k-\frac{1}{2}}(p_{k-1}^{n+1} - p_k^{n+1}) - V_b(\Gamma_{gmf})_{i,j,k} \qquad (3.225)$$

$$= V_b \frac{(\phi_m S_{gm} \rho_g)^{n+1} - (\phi_m S_{gm} \rho_g)^n}{\Delta t}$$

基质系统元素硫的差分方程：

$$F_{i+\frac{1}{2}}(\lambda_{gm})_{i+\frac{1}{2}}(p_{i+1}^{n+1}-p_i^{n+1})+F_{i-\frac{1}{2}}(\lambda_{gm})_{i-\frac{1}{2}}(p_{i-1}^{n+1}-p_i^{n+1})+F_{j+\frac{1}{2}}(\lambda_{gm})_{j+\frac{1}{2}}(p_{j+1}^{n+1}-p_j^{n+1})$$

$$+F_{j-\frac{1}{2}}(\lambda_{gm})_{j-\frac{1}{2}}(p_{j-1}^{n+1}-p_j^{n+1})+F_{k+\frac{1}{2}}(\lambda_{gm})_{k+\frac{1}{2}}(p_{k+1}^{n+1}-p_k^{n+1})+F_{k-\frac{1}{2}}(\lambda_{gm})_{k-\frac{1}{2}}(p_{k-1}^{n+1}-p_k^{n+1})$$

$$+f_i(u_{s,i+1}^{n+1}-u_{s,i}^{n+1})+f_j(u_{s,j+1}^{n+1}-u_{s,j}^{n+1})+f_k(u_{s,k+1}^{n+1}-u_{s,k}^{n+1})-V_b\frac{(\Gamma_{smf})_{i,j,k}}{\rho_s}$$

$$=\frac{V_b}{\Delta t}\left\{[(S_{gm}C_s+C_s'S_{gm}+S_s)\phi_m]^{n+1}-[(S_{gm}C_s+C_s'S_{gm}+S_s)\phi_m]^n\right\} \tag{3.226}$$

基质系统非硫组分差分方程为

$$F_{i+\frac{1}{2}}(\lambda_{gm}\rho_g Z_{gm}^m)_{i+\frac{1}{2}}(p_{i+1}^{n+1}-p_i^{n+1})+F_{i-\frac{1}{2}}(\lambda_{gm}\rho_g Z_{gm}^m)_{i-\frac{1}{2}}(p_{i-1}^{n+1}-p_i^{n+1})$$

$$+F_{j+\frac{1}{2}}(\lambda_{gm}\rho_g Z_{gm}^m)_{j+\frac{1}{2}}(p_{j+1}^{n+1}-p_j^{n+1})+F_{j-\frac{1}{2}}(\lambda_{gm}\rho_g Z_{gm}^m)_{j-\frac{1}{2}}(p_{j-1}^{n+1}-p_j^{n+1})$$

$$+F_{k+\frac{1}{2}}(\lambda_{gm}\rho_g Z_{gm}^m)_{k+\frac{1}{2}}(p_{k+1}^{n+1}-p_k^{n+1})+F_{k-\frac{1}{2}}(\lambda_{gm}\rho_g Z_{gm}^m)_{k-\frac{1}{2}}(p_{k-1}^{n+1}-p_k^{n+1}) \tag{3.227}$$

$$-V_b(\Gamma_{gmf})_{i,j,k}Z_{gm}^m$$

$$=V_b\frac{(\phi_m S_{gm}\rho_g Z_{gm}^m)^{n+1}-(\phi_m S_{gm}\rho_g Z_{gm}^m)^n}{\Delta t}$$

3.6.2.2　差分方程的线性化处理

在实际的求解中，并不直接求 $n+1$ 时间的变量（如 p^{n+1}、S_g^{n+1} 等），而是求解从 n 时刻到 $n+1$ 时刻变量的增量。设：

$$p^{n+1}=p^n+\delta p \tag{3.228}$$

$$S_g^{n+1}=S_g^n+\delta S_g \tag{3.229}$$

$$S_s^{n+1}=S_s^n+\delta S_s \tag{3.230}$$

其中，δp、δS_g、δS_s 是变量从 n 时刻到 $n+1$ 时刻的增量。

经推导整理可得裂缝系统气相差分方程的线性方程为

$$T_{gf,\,i+\frac{1}{2}}\delta p_{i+1}+T_{gf,\,i-\frac{1}{2}}\delta p_{i-1}+T_{gf,\,j+\frac{1}{2}}\delta p_{j+1}+T_{gf,\,j-\frac{1}{2}}\delta p_{j-1}+T_{gf,\,k+\frac{1}{2}}\delta p_{k+1}+T_{gf,\,k-\frac{1}{2}}\delta p_{k-1}$$

$$-\left[\left(T_{gf,i+\frac{1}{2}}+T_{gf,i-\frac{1}{2}}\right)\delta p_i+\left(T_{gf,j+\frac{1}{2}}+T_{gf,j-\frac{1}{2}}\right)\delta p_j+\left(T_{gf,k+\frac{1}{2}}+T_{gf,k-\frac{1}{2}}\right)\delta p_k\right]+A_{gf}+V_b(\Gamma_{gmf})_{i,j,k} \tag{3.231}$$

$$=\frac{V_b}{\Delta t}\left(\phi_f\rho_g^n\delta S_{gf}+S_{gf}^n\phi_f\frac{\partial\rho_g}{\partial p}\delta p\right)+V_b q_{gf}$$

式中，$T_{gf,i+\frac{1}{2}} = F_{i+\frac{1}{2}}(\rho_g \lambda_g)_{i+\frac{1}{2}}$；$T_{gf,i-\frac{1}{2}} = F_{i-\frac{1}{2}}(\rho_g \lambda_g)_{i-\frac{1}{2}}$；

$\qquad T_{gf,j-\frac{1}{2}} = F_{j-\frac{1}{2}}(\rho_g \lambda_g)_{j-\frac{1}{2}}$；$T_{gf,j+\frac{1}{2}} = F_{j+\frac{1}{2}}(\rho_g \lambda_g)_{j+\frac{1}{2}}$；

$\qquad T_{gf,k+\frac{1}{2}} = F_{k+\frac{1}{2}}(\rho_g \lambda_g)_{k+\frac{1}{2}}$；$T_{gf,k-\frac{1}{2}} = F_{k-\frac{1}{2}}(\rho_g \lambda_g)_{k-\frac{1}{2}}$；

$\qquad A_{gf} = T_{gf,i+\frac{1}{2}}(p_{i+1}^n - p_i^n) + T_{gf,i-\frac{1}{2}}(p_{i-1}^n - p_i^n) + T_{gf,j+\frac{1}{2}}(p_{j+1}^n - p_j^n) + T_{gf,j-\frac{1}{2}}(p_{j-1}^n - p_j^n)$

$\qquad\qquad + T_{gf,k+\frac{1}{2}}(p_{k+1}^n - p_k^n) + T_{gf,k-\frac{1}{2}}(p_{k-1}^n - p_k^n)$

裂缝系统元素硫差分方程的线性方程为

$$\left[T_{sf,i+\frac{1}{2}}\delta p_{i+1} + T_{sf,i-\frac{1}{2}}\delta p_{i-1} + T_{sf,j+\frac{1}{2}}\delta p_{j+1} + T_{sf,j-\frac{1}{2}}\delta p_{j-1} + T_{sf,k+\frac{1}{2}}\delta p_{k+1} + T_{sf,k-\frac{1}{2}}\delta p_{k-1} \right]$$

$$-\left[\left(T_{sf,i+\frac{1}{2}} + T_{sf,i-\frac{1}{2}}\right)\delta p_i + \left(T_{sf,j+\frac{1}{2}} + T_{sf,j-\frac{1}{2}}\right)\delta p_j + \left(T_{sf,k+\frac{1}{2}} + T_{sf,k-\frac{1}{2}}\right)\delta p_k \right] + A_{sf}$$

$$+ f_i(u_{s,i+1}^n - u_{s,i}^n) + f_j(u_{s,j+1}^n - u_{s,j}^n) + f_k(u_{s,k+1}^n - u_{s,k}^n) + V_b\frac{(\Gamma_{smf})_{i,j,k}}{\rho_s} \qquad (3.232)$$

$$= \frac{V_b}{\Delta t}\left(\phi_f S_{gf}^n \frac{\partial C_s}{\partial p}\delta p + \phi_f C_s^n \delta S_{gf} + \phi_f S_{gf}^n \frac{\partial C_s'}{\partial p}\delta p + \phi_f C_s'^n \delta S_{gf} + \phi_f \delta S_{sf} \right) + \frac{V_b q_{sf}}{\rho_s}$$

式中，$T_{sf,i+\frac{1}{2}} = F_{i+\frac{1}{2}}(\rho_s \lambda_g)_{i+\frac{1}{2}}$；$T_{sf,i-\frac{1}{2}} = F_{i-\frac{1}{2}}(\rho_s \lambda_g)_{i-\frac{1}{2}}$；$T_{sf,j+\frac{1}{2}} = F_{j+\frac{1}{2}}(\rho_s \lambda_g)_{j+\frac{1}{2}}$；

$\qquad T_{sf,j-\frac{1}{2}} = F_{j-\frac{1}{2}}(\rho_s \lambda_g)_{j-\frac{1}{2}}$；$T_{sf,k+\frac{1}{2}} = F_{k+\frac{1}{2}}(\rho_s \lambda_g)_{k+\frac{1}{2}}$；$T_{sf,k-\frac{1}{2}} = F_{k-\frac{1}{2}}(\rho_s \lambda_g)_{k-\frac{1}{2}}$；

$\qquad A_{sf} = \big[T_{sf,i+\frac{1}{2}}(p_{i+1}^n - p_i^n) + T_{sf,i-\frac{1}{2}}(p_{i-1}^n - p_i^n) + T_{sf,j+\frac{1}{2}}(p_{j+1}^n - p_j^n)$

$\qquad\qquad + T_{sf,j-\frac{1}{2}}(p_{j-1}^n - p_j^n) + T_{sf,k+\frac{1}{2}}(p_{k+1}^n - p_k^n) + T_{sf,k-\frac{1}{2}}(p_{k-1}^n - p_k^n) \big]$

裂缝系统非硫组分差分方程的线性方程为

$$T_{mf,i+\frac{1}{2}}\delta p_{i+1} + T_{mf,i-\frac{1}{2}}\delta p_{i-1} + T_{mf,j+\frac{1}{2}}\delta p_{j+1} + T_{mf,j-\frac{1}{2}}\delta p_{j-1} + T_{mf,k+\frac{1}{2}}\delta p_{k+1} + T_{mf,k-\frac{1}{2}}\delta p_{k-1}$$

$$-\left[\left(T_{mf,i+\frac{1}{2}} + T_{mf,i-\frac{1}{2}}\right)\delta p_i + \left(T_{mf,j+\frac{1}{2}} + T_{mf,j-\frac{1}{2}}\right)\delta p_j + \left(T_{mf,k+\frac{1}{2}} + T_{mf,k-\frac{1}{2}}\right)\delta p_k \right] + A_{mf} \qquad (3.233)$$

$$= V_b\left\{ \frac{1}{\Delta t}\left[\phi_f \rho_g^n (Z_{gf}^m)^n \delta S_{gf} + \phi_f S_{gf}^n \rho_g^n \delta(Z_{gf}^m) + \phi_f S_{gf}^n (Z_{gf}^m)^n \frac{\partial \rho_g}{\partial P}\delta P \right] + q_{gf}Z_{gf}^m \right\}$$

式中，$T_{mf,i+\frac{1}{2}} = F_{i+\frac{1}{2}}(\rho_g \lambda_g Z_{gf}^m)_{i+\frac{1}{2}}$；$T_{mf,i-\frac{1}{2}} = F_{i-\frac{1}{2}}(\rho_g \lambda_g Z_{gf}^m)_{i-\frac{1}{2}}$；

$\qquad T_{mf,j+\frac{1}{2}} = F_{j+\frac{1}{2}}(\rho_g \lambda_g Z_{gf}^m)_{j+\frac{1}{2}}$；$T_{mf,j-\frac{1}{2}} = F_{j-\frac{1}{2}}(\rho_g \lambda_g Z_{gf}^m)_{j-\frac{1}{2}}$；

$\qquad T_{mf,k+\frac{1}{2}} = F_{k+\frac{1}{2}}(\rho_g \lambda_g Z_{gf}^m)_{k+\frac{1}{2}}$；$T_{mf,k-\frac{1}{2}} = F_{k-\frac{1}{2}}(\rho_g \lambda_g Z_{gf}^m)_{k-\frac{1}{2}}$；

$\qquad A_{mf} = T_{mf,i+\frac{1}{2}}(p_{i+1}^n - p_i^n) + T_{mf,i-\frac{1}{2}}(p_{i-1}^n - p_i^n) + T_{mf,j+\frac{1}{2}}(p_{j+1}^n - p_j^n)$

$\qquad\qquad + T_{mf,j-\frac{1}{2}}(p_{j-1}^n - p_j^n) + T_{mf,k+\frac{1}{2}}(p_{k+1}^n - p_k^n) + T_{mf,k-\frac{1}{2}}(p_{k-1}^n - p_k^n)$

同理，基质系统气相差分方程的线性方程为

$$T_{gm,\,i+\frac{1}{2}}\delta p_{i+1} + T_{gm,\,i-\frac{1}{2}}\delta p_{i-1} + T_{gm,\,j+\frac{1}{2}}\delta p_{j+1} + T_{gm,\,j-\frac{1}{2}}\delta p_{j-1} + T_{gm,\,k+\frac{1}{2}}\delta p_{k+1} + T_{gm,\,k-\frac{1}{2}}\delta p_{k-1}$$

$$-\left[\left(T_{gm,i+\frac{1}{2}} + T_{gm,i-\frac{1}{2}}\right)\delta p_i + \left(T_{gm,j+\frac{1}{2}} + T_{gm,j-\frac{1}{2}}\right)\delta p_j + \left(T_{gm,k+\frac{1}{2}} + T_{gm,k-\frac{1}{2}}\right)\delta p_k\right] + A_{gm} - V_b(\Gamma_{gmf})$$

$$= \frac{V_b}{\Delta t}\left(\phi_m \rho_g^n \delta S_{gm} + S_{gm}^n \phi_m \frac{\partial \rho_g}{\partial p}\delta p\right)$$

$$(3.234)$$

式中，$T_{gm,\,i+\frac{1}{2}} = F_{i+\frac{1}{2}}(\rho_g \lambda_{gm})_{i+\frac{1}{2}}$；　$T_{gm,\,i-\frac{1}{2}} = F_{i-\frac{1}{2}}(\rho_g \lambda_{gm})_{i-\frac{1}{2}}$；　$T_{gm,\,j+\frac{1}{2}} = F_{j+\frac{1}{2}}(\rho_g \lambda_{gm})_{j+\frac{1}{2}}$；

$T_{gm,\,j-\frac{1}{2}} = F_{j-\frac{1}{2}}(\rho_g \lambda_{gm})_{j-\frac{1}{2}}$；　$T_{gm,\,k+\frac{1}{2}} = F_{k+\frac{1}{2}}(\rho_g \lambda_{gm})_{k+\frac{1}{2}}$；　$T_{gm,\,k-\frac{1}{2}} = F_{k-\frac{1}{2}}(\rho_g \lambda_{gm})_{k-\frac{1}{2}}$；

$A_{gm} = T_{gm,i+\frac{1}{2}}(p_{i+1}^n - p_i^n) + T_{gm,i-\frac{1}{2}}(p_{i-1}^n - p_i^n) + T_{gm,j+\frac{1}{2}}(p_{j+1}^n - p_j^n) + T_{gm,j-\frac{1}{2}}(p_{j-1}^n - p_j^n)$

$+ T_{gm,k+\frac{1}{2}}(p_{k+1}^n - p_k^n) + T_{gm,k-\frac{1}{2}}(p_{k-1}^n - p_k^n)$

基质系统元素硫差分方程的线性方程为

$$\left[T_{sm,\,i+\frac{1}{2}}\delta p_{i+1} + T_{sm,\,i-\frac{1}{2}}\delta p_{i-1} + T_{sm,\,j+\frac{1}{2}}\delta p_{j+1} + T_{sm,\,j-\frac{1}{2}}\delta p_{j-1} + T_{sm,\,k+\frac{1}{2}}\delta p_{k+1} + T_{sm,\,k-\frac{1}{2}}\delta p_{k-1}\right]$$

$$-\left[\left(T_{sm,i+\frac{1}{2}} + T_{sm,i-\frac{1}{2}}\right)\delta p_i + \left(T_{sm,j+\frac{1}{2}} + T_{sm,j-\frac{1}{2}}\right)\delta p_j + \left(T_{sm,k+\frac{1}{2}} + T_{sm,k-\frac{1}{2}}\right)\delta p_k\right] + A_{sm}$$

$$+ f_i(u_{s,i+1}^n - u_{s,i}^n) + f_j(u_{s,j+1}^n - u_{s,j}^n) + f_k(u_{s,k+1}^n - u_{s,k}^n) - V_b\frac{(\Gamma_{smf})_{i,j,k}}{\rho_s}$$

$$= \frac{V_b}{\Delta t}\left(\phi_m S_{gm}^n \frac{\partial C_s}{\partial p}\delta p + \phi_m C_s^n \delta S_{gm} + \phi_m S_{gm}^n \frac{\partial C_s'}{\partial p}\delta p + \phi_m C_s''^n \delta S_{gm} + \phi_m \delta S_{sm}\right)$$

$$(3.235)$$

式中，$T_{sm,\,i+\frac{1}{2}} = F_{i+\frac{1}{2}}(\lambda_{gm})_{i+\frac{1}{2}}$；　$T_{sm,\,i-\frac{1}{2}} = F_{i-\frac{1}{2}}(\lambda_{gm})_{i-\frac{1}{2}}$；　$T_{sm,\,j+\frac{1}{2}} = F_{j+\frac{1}{2}}(\lambda_{gm})_{j+\frac{1}{2}}$；

$T_{sm,\,j-\frac{1}{2}} = F_{j-\frac{1}{2}}(\lambda_{gm})_{j-\frac{1}{2}}$；　$T_{sm,\,k+\frac{1}{2}} = F_{k+\frac{1}{2}}(\lambda_{gm})_{k+\frac{1}{2}}$；　$T_{sm,\,k-\frac{1}{2}} = F_{k-\frac{1}{2}}(\lambda_{gm})_{k-\frac{1}{2}}$；

$A_{sm} = \left[T_{sm,i+\frac{1}{2}}(p_{i+1}^n - p_i^n) + T_{sm,i-\frac{1}{2}}(p_{i-1}^n - p_i^n) + T_{sm,j+\frac{1}{2}}(p_{j+1}^n - p_j^n)\right.$

$\left. + T_{sm,j-\frac{1}{2}}(p_{j-1}^n - p_j^n) + T_{sm,k+\frac{1}{2}}(p_{k+1}^n - p_k^n) + T_{sm,k-\frac{1}{2}}(p_{k-1}^n - p_k^n)\right]$

基质系统非硫组分差分方程的线性方程为

$$T_{mm,i+\frac{1}{2}}\delta p_{i+1} + T_{mm,i-\frac{1}{2}}\delta p_{i-1} + T_{mm,j+\frac{1}{2}}\delta p_{j+1} + T_{mm,j-\frac{1}{2}}\delta p_{j-1} + T_{mm,k+\frac{1}{2}}\delta p_{k+1} + T_{mm,k-\frac{1}{2}}\delta p_{k-1}$$

$$-\left[\left(T_{mm,i+\frac{1}{2}} + T_{mf,i-\frac{1}{2}}\right)\delta p_i + \left(T_{mm,j+\frac{1}{2}} + T_{mm,j-\frac{1}{2}}\right)\delta p_j + \left(T_{mm,k+\frac{1}{2}} + T_{mm,k-\frac{1}{2}}\right)\delta p_k\right] + A_{mm}$$

$$= \frac{V_b}{\Delta t}\left[\phi_m \rho_g^n (Z_{gm}^m)^n \delta S_{gm} + \phi_m S_{gm}^n \rho_g^n \delta(Z_{gm}^m) + \phi_m S_{gm}^n (Z_{gm}^m)^n \frac{\partial \rho_g}{\partial p}\delta p\right]$$

$$(3.236)$$

式中，$T_{mm,i+\frac{1}{2}} = F_{i+\frac{1}{2}}(\rho_g \lambda_{gm} Z_{gm}^m)_{i+\frac{1}{2}}$；　$T_{mm,i-\frac{1}{2}} = F_{i-\frac{1}{2}}(\rho_g \lambda_{gm} Z_{gm}^m)_{i-\frac{1}{2}}$；

$$T_{mm,j+\frac{1}{2}} = F_{j+\frac{1}{2}}(\rho_g \lambda_{gm} Z_{gm}^m)_{j+\frac{1}{2}}; \quad T_{mm,j-\frac{1}{2}} = F_{j-\frac{1}{2}}(\rho_g \lambda_{gm} Z_{gm}^m)_{j-\frac{1}{2}};$$

$$T_{mm,k+\frac{1}{2}} = F_{k+\frac{1}{2}}(\rho_g \lambda_{gm} Z_{gm}^m)_{k+\frac{1}{2}}; \quad T_{mm,k-\frac{1}{2}} = F_{k-\frac{1}{2}}(\rho_g \lambda_{gm} Z_{gm}^m)_{k-\frac{1}{2}};$$

$$A_{mm} = T_{mm,i+\frac{1}{2}}(p_{i+1}^n - p_i^n) + T_{mm,i-\frac{1}{2}}(p_{i-1}^n - p_i^n) + T_{mm,j+\frac{1}{2}}(p_{j+1}^n - p_j^n)$$
$$+ T_{mm,j-\frac{1}{2}}(p_{j-1}^n - p_j^n) + T_{mm,k+\frac{1}{2}}(p_{k+1}^n - p_k^n) + T_{mm,k-\frac{1}{2}}(p_{k-1}^n - p_k^n)$$

3.6.2.3　差分方程的求解

裂缝系统元素硫差分方程两端同乘以 $\dfrac{\rho_g^n}{1 - C_s^n - C_s'^n}$ 加上气相差分方程得到：

$$\left(BT_{sf,i+\frac{1}{2}} + T_{gf,i+\frac{1}{2}}\right)\delta p_{i+1} + \left(BT_{sf,i-\frac{1}{2}} + T_{gf,i-\frac{1}{2}}\right)\delta p_{i-1} + \left(BT_{sf,j+\frac{1}{2}} + T_{gf,j+\frac{1}{2}}\right)\delta p_{j+1}$$

$$+ \left(BT_{sf,j-\frac{1}{2}} + T_{gf,j-\frac{1}{2}}\right)\delta p_{j-1} + \left(BT_{sf,k+\frac{1}{2}} + T_{gf,k+\frac{1}{2}}\right)\delta p_{k+1} + \left(BT_{sf,k-\frac{1}{2}} + T_{gf,k-\frac{1}{2}}\right)\delta p_{k-1}$$

$$- \left[\left(BT_{sf,i+\frac{1}{2}} + T_{gf,i+\frac{1}{2}}\right) + \left(BT_{sf,i-\frac{1}{2}} + T_{gf,i-\frac{1}{2}}\right) + \left(BT_{sf,j+\frac{1}{2}} + T_{gf,j+\frac{1}{2}}\right) + \left(BT_{sf,j-\frac{1}{2}} + T_{gf,j-\frac{1}{2}}\right)\right.$$

$$\left. + \left(BT_{sf,k+\frac{1}{2}} + T_{gf,k+\frac{1}{2}}\right) + \left(BT_{sf,k-\frac{1}{2}} + T_{gf,k-\frac{1}{2}}\right) + V_b\left[B\frac{(\Gamma_{smf})_{i,j,k}}{\rho_s} + (\Gamma_{gmf})_{i,j,k}\right]\right. \quad (3.237)$$

$$+ B[f_i(u_{s,i+1}^n - u_{s,i}^n) + f_j(u_{s,j+1}^n - u_{s,j}^n) + f_k(u_{s,k+1}^n - u_{s,k}^n)] + BA_{sf} + A_{gf}$$

$$= \frac{V_b \phi_f}{\Delta t}\left[B\left(S_{gf}^n \frac{\partial C_s}{\partial p} + S_{gf}^n \frac{\partial C_s'}{\partial p}\right) + S_{gf}^n \frac{\partial \rho_g}{\partial p}\right]\delta p + V_b\left[(q_{gf})_{i,j,k} + \frac{q_{sf}}{\rho_s}B\right]$$

基质系统元素硫差分方程两端同乘以 $\dfrac{\rho_g^n}{1 - C_s^n - C_s'^n}$ 加上气相差分方程得到：

$$\left[T_{sm,i+\frac{1}{2}}\delta p_{i+1} + T_{sm,i-\frac{1}{2}}\delta p_{i-1} + T_{sm,j+\frac{1}{2}}\delta p_{j+1} + T_{sm,j-\frac{1}{2}}\delta p_{j-1} + T_{sm,k+\frac{1}{2}}\delta p_{k+1} + T_{sm,k-\frac{1}{2}}\delta p_{k-1}\right]$$

$$\left(BT_{sm,j-\frac{1}{2}} + T_{gm,j-\frac{1}{2}}\right)\delta p_{j-1} + \left(BT_{sm,k+\frac{1}{2}} + T_{gm,k+\frac{1}{2}}\right)\delta p_{k+1} + \left(BT_{sm,k-\frac{1}{2}} + T_{gm,k-\frac{1}{2}}\right)\delta p_{k-1}$$

$$- \left[\left(BT_{sm,i+\frac{1}{2}} + T_{gm,i+\frac{1}{2}}\right) + \left(BT_{sm,i-\frac{1}{2}} + T_{gm,i-\frac{1}{2}}\right) + \left(BT_{sm,j+\frac{1}{2}} + T_{gm,j+\frac{1}{2}}\right) + \left(BT_{sm,j-\frac{1}{2}} + T_{gm,j-\frac{1}{2}}\right)\right.$$

$$\left. + \left(BT_{sm,k+\frac{1}{2}} + T_{gm,k+\frac{1}{2}}\right) + \left(BT_{sm,k-\frac{1}{2}} + T_{gm,k-\frac{1}{2}}\right) - V_b\left(B\frac{(\Gamma_{smf})_{i,j,k}}{\rho_s} + (\Gamma_{gmf})_{i,j,k}\right)\right. \quad (3.238)$$

$$+ B[f_i(u_{s,i+1}^n - u_{s,i}^n) + f_j(u_{s,j+1}^n - u_{s,j}^n) + f_k(u_{s,k+1}^n - u_{s,k}^n)] + BA_{sm} + A_{gm}$$

$$= \frac{V_b \phi_m}{\Delta t}\left[B\left(S_{gm}^n \frac{\partial C_s}{\partial p} + S_{gm}^n \frac{\partial C_s'}{\partial p}\right) + S_{gm}^n \frac{\partial \rho_g}{\partial p}\right]\delta p$$

式中，$B = \dfrac{\rho_g^n}{1 - C_s^n - C_s'^n}$。

由（3.238）可计算出压力增量 δp。

整理（3.237）、（3.238）可得显式求解含气饱和度和组分组成的计算式：

$$S_{gf}^{n+1} = S_{gf}^{n} + \delta S_{gf}$$

$$
\begin{aligned}
= S_{gf}^{n} + \frac{\Delta t}{V_b \varphi [C_s^n + C_s'^n - 1]} & \left\{ \left[T_{sf,i+\frac{1}{2}} \delta p_{i+1} + T_{sf,i-\frac{1}{2}} \delta p_{i-1} + T_{sf,j+\frac{1}{2}} \delta p_{j+1} + T_{sf,j-\frac{1}{2}} \delta p_{j-1} \right. \right. \\
& + T_{sf,k+\frac{1}{2}} \delta p_{k+1} + T_{sf,k-\frac{1}{2}} \delta p_{k-1} \Big] - \left[\left(T_{sf,i+\frac{1}{2}} + T_{sf,i-\frac{1}{2}} \right) \delta p_i + \left(T_{sf,j+\frac{1}{2}} + T_{sf,j-\frac{1}{2}} \right) \delta p_j \right. \\
& + \left(T_{sf,k+\frac{1}{2}} + T_{sf,k-\frac{1}{2}} \right) \delta p_k \Big] + A_{sf} + f_i(u_{s,i+1}^n - u_{s,i}^n) + f_j(u_{s,j+1}^n - u_{s,j}^n) + f_k(u_{s,k+1}^n - u_{s,k}^n) \\
& - \left[\frac{V_b}{\Delta t} \left(\phi_f S_{gf}^n \frac{\partial C_s}{\partial p} \delta p + \phi_f S_{gf}^n \frac{\partial C_s'}{\partial p} \delta p \right) + V_b \frac{q_{sf}}{\rho_s} + V_b \frac{(\Gamma_{smf})_{i,j,k}}{\rho_s} \right] \bigg\}
\end{aligned}
\tag{3.239}
$$

$$S_{gm}^{n+1} = S_{gm}^{n} + \delta S_{gm}$$

$$
\begin{aligned}
= S_{gm}^{n} + \frac{\Delta t}{V_b \varphi [C_s^n + C_s'^n - 1]} & \left\{ \left[T_{sm,i+\frac{1}{2}} \delta p_{i+1} + T_{sm,i-\frac{1}{2}} \delta p_{i-1} + T_{sm,j+\frac{1}{2}} \delta p_{j+1} + T_{sm,j-\frac{1}{2}} \delta p_{j-1} \right. \right. \\
& + T_{sm,k+\frac{1}{2}} \delta p_{k+1} + T_{sm,k-\frac{1}{2}} \delta p_{k-1} \Big] - \left[\left(T_{sm,i+\frac{1}{2}} + T_{sm,i-\frac{1}{2}} \right) \delta p_i + \left(T_{sm,j+\frac{1}{2}} + T_{sm,j-\frac{1}{2}} \right) \delta p_j \right. \\
& + \left(T_{sm,k+\frac{1}{2}} + T_{sm,k-\frac{1}{2}} \right) \delta p_k \Big] + A_{sm} + f_i(u_{s,i+1}^n - u_{s,i}^n) + f_j(u_{s,j+1}^n - u_{s,j}^n) \\
& + f_k(u_{s,k+1}^n - u_{s,k}^n) - \left\{ \left[\frac{V_b}{\Delta t} \left(\phi_m S_{gm}^n \frac{\partial C_s}{\partial p} \delta p + \phi_m S_{gm}^n \frac{\partial C_s'}{\partial p} \delta p \right) \right] - V_b \frac{(\Gamma_{smf})_{i,j,k}}{\rho_s} \right\} \bigg\}
\end{aligned}
\tag{3.240}
$$

$$(Z_{gf}^m)^{n+1} = (Z_{gf}^m)^n + \delta(Z_{gf}^m)$$

$$
\begin{aligned}
= (Z_{gf}^m)^n + \frac{\Delta t}{V_p \varphi S_{gf}^n \rho_g^n} & \left\{ T_{mf,i+\frac{1}{2}} \delta p_{i+1} + T_{mf,i-\frac{1}{2}} \delta p_{i-1} + T_{mf,j+\frac{1}{2}} \delta p_{j+1} + T_{mf,j-\frac{1}{2}} \delta p_{j-1} \right. \\
& + T_{mf,k+\frac{1}{2}} \delta p_{k+1} + T_{mf,k+\frac{1}{2}} \delta p_{k+1} + T_{mf,k-\frac{1}{2}} \delta p_{k-1} - \left[\left(T_{mf,i+\frac{1}{2}} + T_{mf,i-\frac{1}{2}} \right) \delta p_i + \left(T_{mf,j+\frac{1}{2}} + T_{mf,j-\frac{1}{2}} \right) \delta p_j \right. \\
& + \left(T_{mf,k+\frac{1}{2}} + T_{mf,k-\frac{1}{2}} \right) \delta p_k \Big] + A_{mf} - \frac{V_p}{\Delta t} \left[\phi \rho_g^n (Z_{gf}^m)^n \delta S_{gf} + \phi S_{gf}^n (Z_{gf}^m)^n \frac{\partial \rho_g}{\partial p} \delta p \right] \\
& - V_p q_g (Z_{gf}^m)^n \bigg\}
\end{aligned}
$$

$$\tag{3.241}$$

$$(Z_{gm}^m)^{n+1} = (Z_{gm}^m)^n + \delta(Z_{gm}^m)$$

$$
\begin{aligned}
= (Z_{gm}^m)^n + \frac{\Delta t}{V_p \varphi S_{gm}^n \rho_g^n} & \left\{ T_{mm,i+\frac{1}{2}} \delta p_{i+1} + T_{mm,i-\frac{1}{2}} \delta p_{i-1} + T_{mm,j+\frac{1}{2}} \delta p_{j+1} \right. \\
& + T_{mm,j-\frac{1}{2}} \delta p_{j-1} + T_{mm,k+\frac{1}{2}} \delta p_{k+1} + T_{mm,k-\frac{1}{2}} \delta p_{k-1} - \left[\left(T_{mm,i+\frac{1}{2}} + T_{mm,i-\frac{1}{2}} \right) \delta p_i \right. \\
& + \left(T_{mm,j+\frac{1}{2}} + T_{mm,j-\frac{1}{2}} \right) \delta p_j + \left(T_{mm,k+\frac{1}{2}} + T_{mm,k-\frac{1}{2}} \right) \delta p_k \Big] + A_{mm} \\
& - \frac{V_p}{\Delta t} \left[\phi \rho_g^n (Z_{gm}^m)^n \delta S_{gm} + \phi S_{gm}^n (Z_{gm}^m)^n \frac{\partial \rho_g}{\partial p} \delta p \right] \bigg\}
\end{aligned}
\tag{3.242}
$$

3.6.3 实例应用

选川东北高含硫气井 L7 井为例评价硫沉积对气井产能的影响。该气井的相关（解释）资料：原始地层压力为 41.7MPa，地层温度为 90℃，储集层有效厚度 h 为 10.7m，孔隙度 φ 为 9%，绝对渗透率 k 为 10mD，原始含水饱合度为 10%。地层流体组成见表 3.17。

表 3.17　L7 井气体井流物组成

组分	摩尔含量/%	组分	摩尔含量/%
H_2S	8.364	C_2	0.07
N_2	0.3	C_3	0.01
CO_2	6.28	He	0.02
C_1	84.97	H_2	0.004

为了研究硫沉积对气藏投产的影响，选择该气藏包括 L7 井在内的一部分含气区域进行模拟研究，并假设生产井在该含气区域的中部（图 3.23 和表 3.18）。模拟计算结果如图 3.24～3.29 所示[11]。

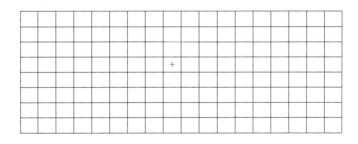

图 3.23　罗家寨气田 L7 井区域模拟网格平面分布

表 3.18　罗家寨气田 L7 井区域模拟网格参数

网格总数	网格维数	网格步长/m		模拟面积/km²
		I 方向	J 方向	
441	18×8×1	119.5	120.4	2.05

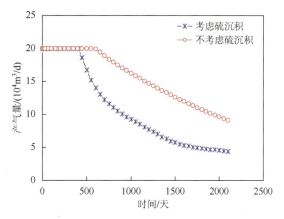

图 3.24　定压生产模拟日产气量对比曲线

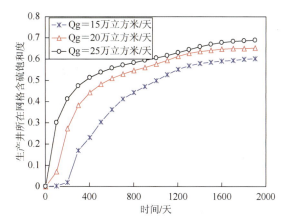

图 3.25　产气量对硫沉积速度影响的对比曲线

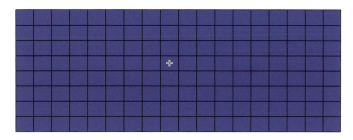

图 3.26　初始时刻网格中硫微粒的沉积量（单位：克）

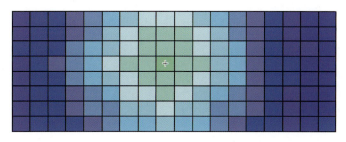

图 3.27　100 天时网格中硫微粒的沉积量（单位：克）

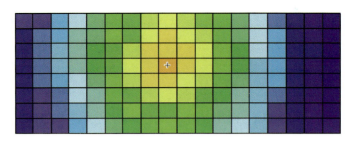

图 3.28　300 天时网格中硫微粒的沉积量（单位：克）

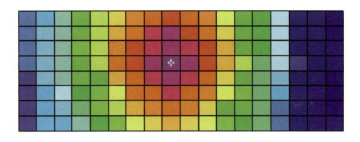

图 3.29　600 天时网格中硫微粒的沉积量（单位：克）

硫沉积对气井生产造成的影响表现如下：

（1）由于假设气藏在初始时刻饱和溶解元素硫，因此当存在压降时，元素硫就会析出。

（2）在远井区域，由于压降较小，气体流动速度不大，其气流速度往往不能携带硫微粒运移，因此在这些区域也存在元素硫的析出，以及硫微粒的沉积。

（3）硫微粒主要在近井区域沉积。这主要有两方面的原因：一是在近井区域压降较大，析出的硫微粒较多，另外气流远处携带的硫微粒运移至该区域，使得硫微粒的浓度增加；另一方面，虽然近井区域气流的流速较大，但由于硫微粒浓度较大，而且高速的气流加剧了微粒与孔隙壁的碰撞，因此硫微粒在孔隙中的吸附较强，即因吸附而引起的硫沉积加重。

（4）硫沉积导致气井的稳产时间缩短，在递减期内的量递减速度加快，并且气井产量越大，地层的压降也越大，硫沉积速度也就越快。

因此，合理配产对预防和控制硫沉积都具有重要意义，同时也是科学、高效开发高含硫气藏的关键。

参 考 文 献

[1]　杨学锋. 高含硫气藏特殊流体相态及硫沉积对气藏储层伤害研究[D]. 成都：西南石油大学，2006.

[2]　杜志敏. 高含硫气藏流体相态实验和硫沉积数值模拟[J]. 天然气工业，2008，28（4）：78-81.

[3]　乔海波，欧成华，刘晓旭. 含硫气体元素硫溶解度预测模型研究[J].钻采工艺，2006，29（5）：91-93.

[4]　黄兰，孙雷，等. 高含硫气藏元素硫沉积的发展现状[J]. 天然气技术，2007，1（6）：25-27.

[5]　翟广福. 含硫气井试井分析理论与方法研究[D]. 成都：西南石油大学，2005.

[6]　张勇. 高含硫气藏硫微粒运移沉积数值模拟研究[D]. 成都：西南石油大学，2006.

[7]　晏中平，等. 高含硫气藏双孔介质硫沉积试井模型解释[J]. 成都：新疆石油地质，2009，30（3）：355-357.

[8]　张文亮. 高含硫气藏硫沉积储层伤害实验及模拟研究[D]. 成都：西南石油大学，2010.

[9]　徐艳梅，郭平，黄伟岗. 高含硫气藏元素硫沉积研究[J]. 天然气勘探与开发，2004，27（4）：52-59

[10]　陈依伟，等. 高含硫气藏硫沉积预测研究[J]. 西南石油大学学报，2007，29：35-38.

[11]　付德奎. 高含硫裂缝性气藏储层综合伤害数学模型研究[D]. 成都：西南石油大学，2010.

第 4 章　高含 CO_2 气藏相态研究

4.1　含 CO_2 天然气相态特征及理论模拟方法

4.1.1　含 CO_2 天然气 PVT 相态实验测试

1. 实验方法

实验按照石油天然气行业标准《油气藏流体物性分析方法》（SY/T 5542—2009）执行。

2. 实验条件（设备）

实验采用加拿大 DBR 公司研制和生产的 JEFRI 全观测无汞高温高压地层流体分析仪。该设备带有 150mL 整体可视室，温度为–30～200℃，测试精度为 0.1℃，压力为 0.1～68.94MPa，测试精度为 0.01MPa。JEFRI 地层流体分析仪的 PVT 筒中安装有一个磁力搅拌器，有利于流体充分混合均匀；PVT 筒中还安装有一个与底部紧紧配合的锥体柱塞，使得可视的 PVT 筒内壁与活塞之间形成一个很小的环形容积空间。通过外部测高仪可以准确测试样品的体积变化和相态变化，如图 4.1 所示。

图 4.1　JEFRI 全观测无汞高温高压地层流体分析仪

地层流体组成分析是在美国 HP-6890 和日本岛津 GC-14A 色谱仪上进行的，如图 4.2 所示。该设备控温范围为 0～399.0℃，最低能检度为 $3×10^{-2}$g/s，最高灵敏度为 $1×10^{-12}$A/mv（满刻度）。气相色谱仪由五个主要部分组成：载气系统、进样系统、分离系统、检测系统和记录系统。钢瓶中的气体经减压、净化、计量，到达进样系统，在进样系统中与试样混合，携带试样进入分离系统进行分离，分离后的组分依次流出、由载气系统带入检测器，检测器将组分的浓度（或质量）转变为电信号，由记录仪记录，得到气相色谱图。气相色谱法实质是一种高效分离技术。分离后的组分先后进入检测器，根据响应时间进行定性，根据响应值大小进行定量。

其中，日本岛津 GC-14A 色谱仪主要用于测试天然气中烃组分含量，HP-6890 色谱仪主要用于测定 CO_2、N_2 等非烃组分含量。

图 4.2　HP-6890 和日本岛津 GC-14A 色谱仪

3. 技术指标

各部分技术指标如下：

（1）注入系统：Ruska 全自动泵

　　工作压力：0～68.94MPa

　　工作温度：室温～40.0℃

　　分辨率：±0.001mL

（2）PVT 筒：包括一个带观察窗的主泵室和一个活塞式配样器

　　工作压力：0～68.94MPa

　　工作温度：0～200.0℃

　　容积：主泵室 0～400mL

　　配样器：0～600.0mL

（3）闪蒸分离器：Ruska 气量计

　　工作压力：环境压力

　　工作温度：环境温度

　　体积计量精度：1mL

（4）地面分离器：Ruska 地面分离器

　　工作压力：0～3.5MPa

　　　　工作温度：0～95.0℃

　　　　刻度分辨率：0.1mL

（5）温控系统

　　　　工作温度：室温～200.0℃

　　　　控温精度：0.1℃

（6）气相色谱仪：美国 HP-6890 和日本岛津 GC-14A

　　　　控温范围：室温～399.0℃

　　　　最低能检度：3×10^{-2}g/s

　　　　最高灵敏度：1×10^{-12}A/mv（满刻度）

（7）电子天平：日本 TG-328A 电子天平

　　　　最大称重：200g

　　　　感量：±0.1mg

（8）气体增压泵：美国 Haskel 气体增压泵

　　　　入口压力：0～25.00MPa

　　　　出口压力：0～80.00MPa

　　　　气源压力：>0.20MPa

　　　　工作温度：室温。

4. 实验样品数

　　实验所用地层流体样品共 5 组：2 组直接取自长岭气田长深 1 井和长深平 7（P7）井分离器气样；其余 3 组是以 P7 井天然气样为基础按比例添加干气或工业纯 CO_2（纯度 99.99%）配制而成。5 组样品的组分组成如表 4.1。由表 4.1 可知，该气藏流体不含 C_{7+} 组分，属于典型的高含 CO_2 干气藏，5 组样品均属于高含 CO_2 天然气。为便于研究，以下实验中直接以井名或 CO_2 含量为样品号，如长深 1 井或 10.74% CO_2。

表 4.1　不同比例 CO_2 天然气组分组成/mol%

组分	10.74% CO_2	长深 1 井（20.74% CO_2）	P7 井（26.66% CO_2）	50.33% CO_2	70.42% CO_2
CO_2	10.74	20.74	26.66	50.33	70.42
N_2	1.47	3.79	3.47	2.45	1.17
C_1	84.21	74.33	68.84	46.49	28.33
C_2	2.97	1.03	0.94	0.64	0.00
C_3	0.43	0.05	0.04	0.03	0.02
IC_4	0.06	0.00	0.00	0.00	0.00
NC_4	0.05	0.02	0.01	0.01	0.01
IC_5	0.02	0.00	0.00	0.00	0.03
NC_5	0.00	0.01	0.01	0.01	0.00
C_6	0.05	0.03	0.03	0.04	0.02

注：10.74% CO_2 气样为在 P7 井 1 号天然气中加入干气配制而成；50.33% 和 70.42% 气样为 P7 井中添加工业纯 CO_2 气体（纯度 99.99%）配制而成。

5. 实验过程及其结果

实验流体为高含 CO_2 天然气藏地层流体，气藏的基本参数如表 4.2 所示。

表 4.2   取样井地层温度压力表

井号	原始地层压力/MPa	原始地层温度/℃
长深 1	42.34	134.1
P7	42.34	127.5

在不考虑地层水的影响时，直接将 70.42% CO_2 气样转入加拿大 JEFRI 仪 PVT 筒中进行相态变化实验。实验测试三个温度 34℃、75℃ 和 127.5℃ 下压力从 44MPa（略高于气藏原始地层压力）下降到 5MPa 过程中，观察样品的相态变化。结果如图 4.3 所示。

由图 4.3 可知，在生产过程中，70.42% CO_2 天然气从地下、井筒一直到井口均不会出现液相。对于 CO_2 含量低于 70.42% 的天然气，更不可能出现液相。

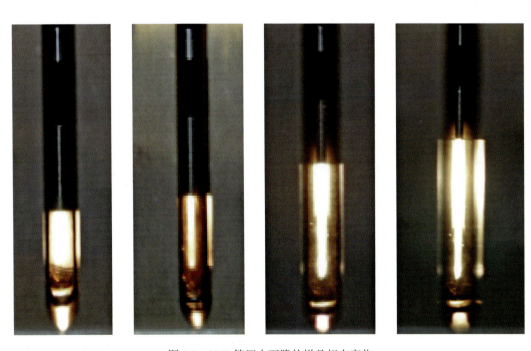

图 4.3   PVT 筒压力下降的样品相态变化

4.1.2   含 CO₂ 天然气物化参数测试

1. 实验流程

实验流程如图 4.4 所示。该流程主要由注入泵系统、PVT 筒、闪蒸分离器、气量计、温控系统、油/气相色谱仪、水分析仪、电子天平和气体增压泵等组成。

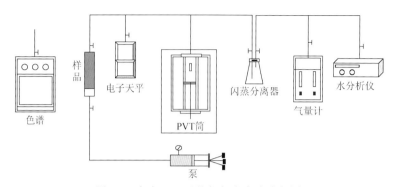

图 4.4　高含 CO_2 天然气相态实验流程图

2. 单次闪蒸实验

单次闪蒸实验目的是为了获取天然气组分组成、体积系数和地层压力下天然气偏差系数等参数。实验前，保证测试仪器和测高垂直水平，测试过程中确保测试仪固定不动。

1）**不考虑地层水的影响**

对于不含地层水的高含 CO_2 天然气，直接将现场取得的高含 CO_2 天然气样或复配的气样在室温下转入到 PVT 筒中，转入量根据 PVT 筒容积和项目要求而定，然后逐渐升温至地层温度，并在恒压下先后进行单次闪蒸。实验流程如图 4.4 所示，实验步骤如下：

（1）将 PVT 筒及管线清洗干净并吹干，对仪器进行试温试压；

（2）准备气样（长深 1 井和 P7 井直接用现场取样天然气）；

（3）将气样约 80mL 转到 PVT 筒中；

（4）将其恒温、恒压到实验所要求的值，并静置 1 小时，读取 PVT 筒中气样体积；

（5）缓慢打开 PVT 筒的排气阀，同时在地层温度下进泵恒压保持在地层压力下，排出气体，并用气量计计量排出气体体积，关闭排气阀。排气结束后，记录 PVT 筒内的气样体积（每次实验尽可能多地排放气体，从而减小实验误差、提高实验精度），并将排出的气样进行色谱分析，获得其组成；

（6）重复（3）～（5）步，进行多次天然气偏差系数的测试，至少有三次测试值相近，其相对误差不得超过 2%。

根据上述实验步骤，对 5 组高含 CO_2 天然气样在地层条件下的 PVT 高压物性进行测试，结果如表 4.3。闪蒸时，除长深 1 井测试温度为 134.1℃外，其余均为 127.5℃，测试压力均为 42.34MPa。

表 4.3　不同 CO_2 含量天然气单脱测试数据

测试项目	10.74% CO_2	长深 1 井（20.74% CO_2）	P7 井（26.66% CO_2）	50.33% CO_2	70.42% CO_2
体积系数 Bg	0.003496	0.003481	0.003468	0.003257	0.003091
偏差系数 Z	1.0691	1.0663	1.0606	0.9927	0.9388
密度 ρ/（kg/m³）	236.00	263.02	288.67	391.13	486.25
平均摩尔质量 M/（g/mol）	19.85	22.49	24.09	30.55	35.92
相对密度 γ_g	0.6853	0.7763	0.8315	1.0545	1.2398
热膨胀系数/℃	-	0.0420	0.05116	-	-

表 4.3 中各参数计算公式如下：

$$B_{gi} = 3.4582 \times 10^{-4} \cdot \frac{(V_1 - V_2)T_a}{p_a V_a} \qquad (4.1)$$

$$Z_f = \frac{p_f(V_1 - V_2)T_a}{p_a V_a T_f} \qquad (4.2)$$

$$\gamma_g = \frac{M}{M_{air}} \qquad (4.3)$$

$$\rho = \frac{p_f M}{Z_f R T_f} \qquad (4.4)$$

式中，B_{gi}——天然气在地层条件下的体积系数，f；

　　　V_1——地层条件下天然气闪蒸前的体积，cm^3；

　　　V_2——地层条件下天然气闪蒸后的体积，cm^3；

　　　T_a——闪蒸时室内温度，K；

　　　p_a——闪蒸时室内大气压力，MPa；

　　　V_a——闪蒸气在压力 p_a、温度 T_a 下的体积，cm^3；

　　　p_f——地层压力（绝对），MPa；

　　　T_f——地层温度，K；

　　　Z_f——地层条件（p_f、T_f）下天然气偏差系数，f；

　　　γ_g——天然气相对密度，f；

　　　M——气样平均摩尔质量，g/mol；

　　　M_{air}——空气摩尔质量，28.96g/mol；

　　　R——通用气体常数，取 8.3147MPa·cm^3/（mol·K）。

2）考虑地层水的影响

实验配制的地层水样物性分析结果见表 4.4。

表 4.4　实验配制地层水样物性汇总　　　　　　（单位：mg/L）

HCO$_3^-$	Cl$^-$	SO$_4^{2-}$	Ca^{2+}	Mg^{2+}	K$^+$+Na$^+$	矿化度	水型	pH
12332.2	2603.3	325.3	26.3	17.3	6427.5	21531.8	NaHCO$_3$	7.7

对考虑地层水的高含 CO$_2$ 天然气，将过量气和地层水样品转入 PVT 筒，进行搅拌，形成饱和地层水的天然气样品，再进行饱和水蒸汽的高含 CO$_2$ 天然气单次闪蒸实验。

实验流程同样如图 4.4 所示，实验步骤如下：

（1）将 PVT 筒及管线清洗干净并吹干，对仪器进行试温试压；

（2）将室温下长深 1 井（或 P7 井）气样约 60mL 转到 PVT 筒中；

（3）将配制好的过量地层水转入 PVT 筒中；

（4）将其恒温、恒压到实验所要求的值，充分搅拌，并静置 1 小时，读取 PVT 筒中气样体积；

（5）缓慢打开 PVT 筒的排气阀，同时进泵保持压力恒定在地层压力，排出气体，并用气量计计量排出气体体积，关闭排气阀。排气结束后，记录 PVT 筒内的气样体积（同理，每次实验尽可能多地排出气体，从而减小实验误差、提高实验精度），并将排出的气样进行色谱分析，获得其组成；

（6）重复（2）～（5）步，进行多次天然气偏差系数的测试，至少有三次测试值相近，其相对误差不得超过 2%。闪蒸测试结果见表 4.5。

表 4.5 考虑地层水的不同 CO_2 含量天然气单脱测试结果

测试项目	长深 1 井（20.74% CO_2）	P7 井（26.66% CO_2）
体积系数 Bg	0.003513	0.003435
偏差系数 Z	1.0569	1.0505
密度 ρ/（kg/m³）	264.29	283.62
平均摩尔质量 M/（g/mol）	21.98	23.44
相对密度 γ_g	0.7590	0.8094

3. 等组成膨胀（CCE）实验

等组成膨胀（CCE）实验获得天然气压缩系数和分级压力下的偏差系数、体积系数和密度等参数，不考虑地层水时实验步骤如下：

（1）连接好高压泵和 PVT 筒；

（2）将单次脱气所剩余气量（适量）稳定在地层条件下，测量剩余气的体积；

（3）在地层温度下逐级降压，每级降压 3MPa，一直到 PVT 筒中活塞运行上限为止。每级降压充分搅拌，稳定后用测高仪记录其体积；

（4）改变温度，重复上述步骤。每个温度下进行三次 p-V 关系测试，取其平均值。

当考虑地层水含量的影响时，将过量气和地层水样品转移至 PVT 筒，充分搅拌，形成饱和地层水的天然气样品，再进行饱和水蒸汽的高含 CO_2 天然气 CCE 实验。实验流程如图 4.4 所示。实验步骤如下：

（1）连接好高压泵和 PVT 筒；

（2）将含地层水的 PVT 筒，在地层温度下逐级降压，每级降压 3MPa，一直到 PVT 筒中活塞运行上限为止。每级降压稳定后，用测高仪记下其体积；

（3）改变温度，重复上述步骤，进行三次 p-V 关系测试，取其平均值。

分级压力下天然气偏差系数和压缩系数公式分别为

$$Z_i = Z_f \cdot \frac{p_i V_i}{p_f V_f} \tag{4.5}$$

$$C_{gi} = \frac{1}{p_i} - \frac{1}{Z_i} \frac{\Delta Z_i}{\Delta p_i} \tag{4.6}$$

式中，Z_i——i 级压力下天然气偏差系数，f；

C_{gi}——i 级压力下天然气压缩系数，MPa^{-1}；

p_i——分级压力，MPa；

V_i——i 级压力下样品的体积，cm^3；

V_f——地层条件下气体样品体积，cm^3；

Z_f——原始温度、压力下气样的偏差系数，f。

4. 不同 CO_2 含量的物化参数测试

1）不考虑地层水影响

不同 CO_2 含量对物化参数影响实验共取样品数 5 个，测试温度为地层温度 127.5℃。

实验流程如图 4.4 所示，根据上述实验步骤，在 127.5℃时对不同 CO_2 含量天然气样进行 CCE 实验，测试结果如图 4.5～图 4.9 所示。

随着压力的增加，气体的膨胀能力逐渐减小（图 4.5），气体的偏差系数先逐渐减小后逐渐增加（偏差系数的最小值出现在 15MPa 左右，图 4.6），气体的体积系数逐渐减小（低压下减小的幅度大于高压下减小的幅度，图 4.7），气体的密度逐渐增加（图 4.8），压缩系数逐渐减小（低压下减小的幅度大于高压下减小的幅度，图 4.9）；随着 CO_2 含量的增加，相同压力下，气体的相对体积、体积系数以及压缩系数变化均不明显（图 4.5，图 4.7 和图 4.9），气体的偏差系数逐渐减小（CO_2 含量越高，减小的幅度越大，图 4.6），而气体的密度逐渐增加且高压下增加的幅度较低压下明显（图 4.8）。

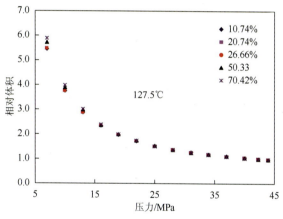

图 4.5　不同 CO_2 含量天然气 p-V 关系

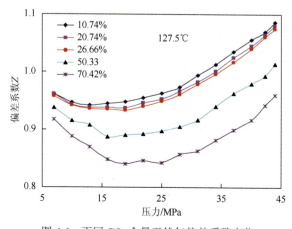

图 4.6　不同 CO_2 含量天然气偏差系数变化

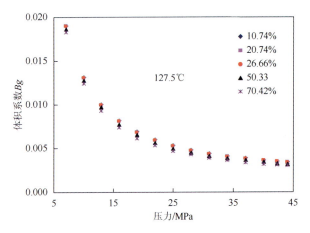

图 4.7　不同 CO_2 含量天然气体积系数变化

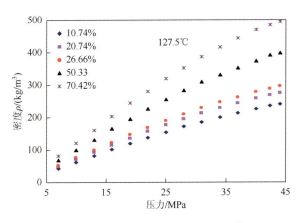

图 4.8　不同 CO_2 含量天然气密度变化

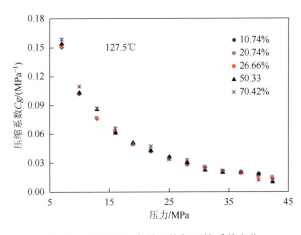

图 4.9　不同 CO_2 含量天然气压缩系数变化

2）考虑地层水的影响

实验时，在 PVT 筒中根据地层原始含水饱和度加入地层水，形成气-水两相，从而研

究地层水对高含 CO_2 天然气物性参数的影响。实验样品是 CO_2 含量为 20.74%和 26.66%的天然气，测试温度为地层温度 127.5℃。测试过程与不考虑地层水相同。

根据实验步骤，对地层温度下含地层水的不同 CO_2 含量天然气样进行 CCE 实验，测试结果如图 4.10～图 4.14 所示。

随着压力的增加，含水天然气样的膨胀能力逐渐减小（低压下膨胀能力减小的幅度明显高于高压，图 4.10），偏差系数先逐渐减小后逐渐增加（最小偏差系数在 15MPa 左右，图 4.11），体积系数、压缩系数均逐渐减小（低压下减小的程度比高压下明显，图 4.12、图 4.14），密度逐渐增加（图 4.13）；随着 CO_2 含量的增加，相同压力下，含水天然气样的偏差系数逐渐减小（图 4.11），而密度逐渐增加且高压下增加的幅度较低压下明显（图 4.13），而相对体积、体积系数和压缩系数变化均不明显（图 4.10、图 4.12 和图 4.14）。

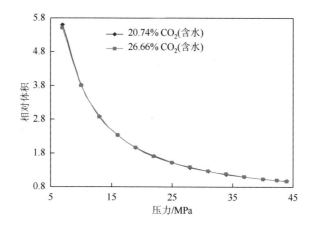

图 4.10 地层温度下含地层水的不同 CO_2 含量天然气 p-V 关系

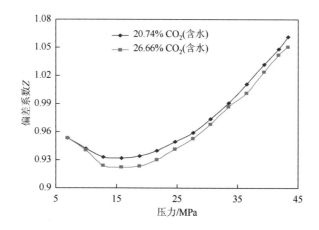

图 4.11 地层温度下含地层水的不同 CO_2 含量天然气偏差系数变化

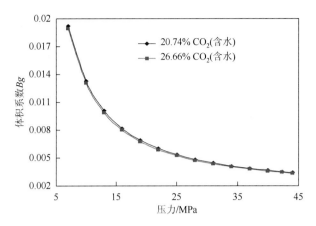

图 4.12 地层温度下含地层水的不同 CO_2 含量天然气体积系数变化

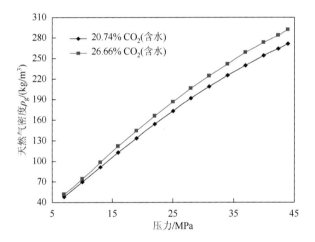

图 4.13 地层温度下含地层水的不同 CO_2 含量天然气密度变化

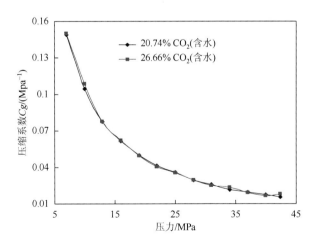

图 4.14 地层温度下含地层水的不同 CO_2 含量天然气压缩系数变化

3）考虑含水和不考虑含水实验对比

将不含地层水和含地层水的不同 CO_2 含量天然气在相同温度不同压力下的相对体积、偏差系数、体积系数、密度和压缩系数变化进行对比分析，可以得出地层水对含 CO_2 天然气体系相态行为的影响，结果如图 4.15～图 4.19 所示。

由图 4.15～图 4.19 可知：随着天然气中 CO_2 含量的增加，含水与不含水气样的各物性参数变化趋势是一致的。即相对体积、体积系数、压缩系数均随压力的增加而减小，密度随压力的增加而增大，偏差系数随压力增加先减小后增大（最小偏差系数在 15MPa 左右）。另外，含地层水天然气的偏差系数和密度均比不含地层水天然气偏差系数和密度值大（变化幅度相对不大）；与不含地层水天然气的物性相比，含地层水的相对体积、体积系数和压缩系数变化很小，即可以忽略含水对这些性质的影响。

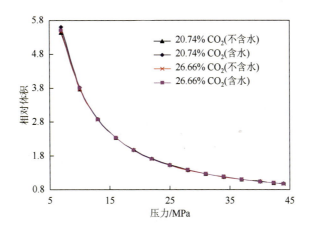

图 4.15　不含地层水和含地层水的不同 CO_2 含量天然气 p-V 关系

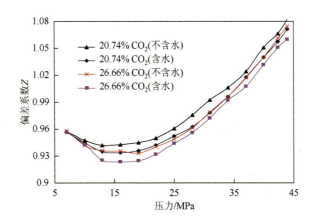

图 4.16　不含地层水和含地层水的不同 CO_2 含量天然气偏差系数变化

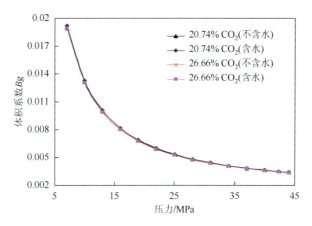

图 4.17 不含地层水和含地层水的不同 CO_2 含量天然气体积系数变化

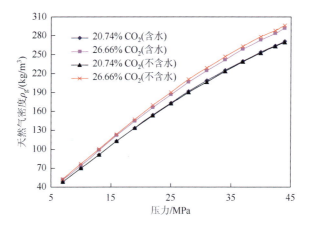

图 4.18 不含地层水和含地层水的不同 CO_2 含量天然气密度变化

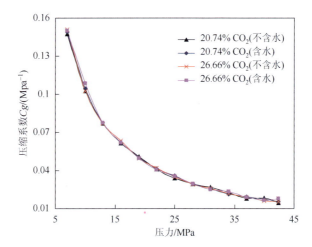

图 4.19 不含地层水和含地层水的不同 CO_2 含量天然气压缩系数变化

5. 不同温度下含 CO_2 天然气的物化参数测试

实验测试样品 2 个，为长深 1 井和长深平 7 井，实验温度分别是 127.5℃（地层温度）、75℃（井筒中部温度）和 28℃（或 34.1℃）（地面温度）。

1）长深 1 井

图 4.20～图 4.24 分别是 127.5℃、75℃以及 28℃三个温度点下长深 1 井 10.74mol% CO_2 天然气体系 p-V 关系物性参数对比曲线。由图 4.20 和图 4.22 可知，在测试压力范围内，即压力小于 45MPa 时，随着温度的增加，含 CO_2 天然气体系的相对体积、体积系数均增大，且低压下增大的幅度比高压下明显；随温度增加，偏差系数增大，且在 15MPa 左右变化幅度最大图 4.21；随温度增加，密度降低，高压下降低的幅度比低压下明显（图 4.23）；温度对气体的压缩系数影响较小，可以忽略温度的影响（图 4.24）。以上表明：温度升高促使气体分子更加活跃，布朗运动更加显著，气体膨胀能力增大，体系的体积有增大的趋势。

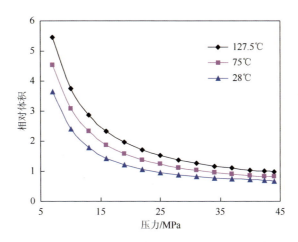

图 4.20　温度对长深 1 井高含 CO_2 天然气 p-V 关系影响

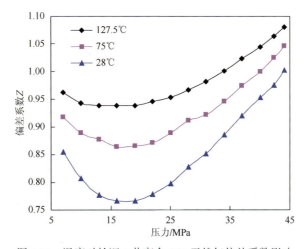

图 4.21　温度对长深 1 井高含 CO_2 天然气偏差系数影响

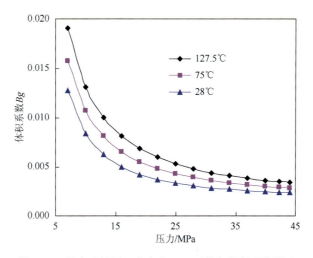

图 4.22 温度对长深 1 井高含 CO_2 天然气体积系数影响

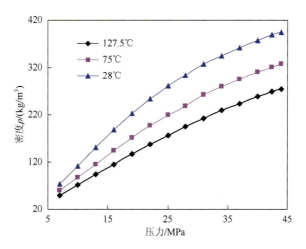

图 4.23 温度对长深 1 井高含 CO_2 天然气密度影响

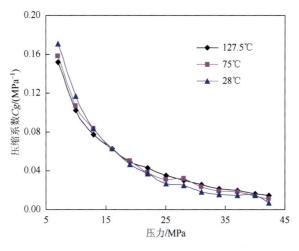

图 4.24 温度对长深 1 井高含 CO_2 天然气压缩系数影响

2）长深平 7 井

图 4.25～图 4.29 分别是 127.5℃、75℃以及 34.1℃三个温度点下长深平 7 井 26.66mol% CO$_2$ 天然气体系 p-V 关系物性参数对比曲线。此 CO$_2$ 含量下，温度变化对体系 p-V 关系的影响与长深 1 井一致。

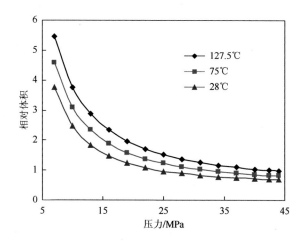

图 4.25　温度对 26.66mol% CO$_2$ 天然气 p-V 关系影响

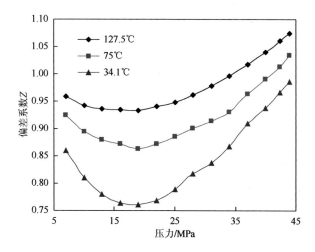

图 4.26　温度对 26.66mol% CO$_2$ 天然气偏差系数影响

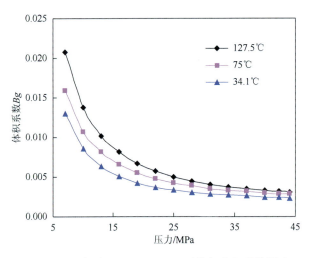

图 4.27　温度对 26.66mol% CO_2 天然气体积系数影响

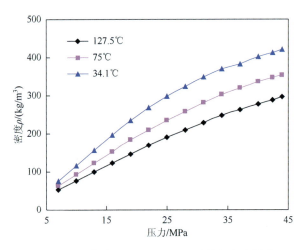

图 4.28　温度对 26.66mol% CO_2 天然气密度影响

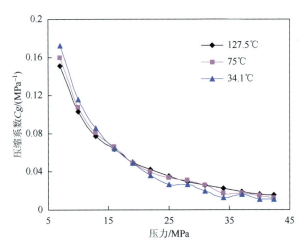

图 4.29　温度对 26.66mol% CO_2 天然气压缩系数影响

4.1.3　含 CO_2 天然气 PVT 相态理论

4.1.3.1　偏差系数计算模型及优选

1. 常用经验模型

计算天然气偏差系数常用的经验模型有 BB 法、DAK 法、DPR 法、HY 法等,具体公式如下。

1)BB 模型

Beggs 和 Brill 于 1973 年提出了计算偏差系数的经验公式为

$$Z = A + \frac{1-A}{\mathrm{e}^B} + Cp_r^D \tag{4.7}$$

$$A = 1.39(T_{pr} - 0.92)^{0.5} - 0.36T_{pr} - 0.101 \tag{4.8}$$

$$B = (0.62 - 0.23T_{pr})p_{pr} + \left(\frac{0.066}{T_{pr} - 0.86} - 0.037\right)p_{pr}^2 + \frac{0.32}{10^{9(T_{pr}-1)}}p_{pr}^6 \tag{4.9}$$

$$C = (0.132 - 0.321\mathrm{g}T_{pr}) \tag{4.10}$$

$$D = 10^{(0.3106 - 0.497T_{pr} + 0.1824T_{pr}^2)} \tag{4.11}$$

式中,T_{pr}——体系拟对比温度,$T_{pr}=T/T_{pc}$;

　　　p_{pr}——体系拟对比压力,$p_{pr}=p/p_{pc}$;

　　　T_{pc}——体系拟临界温度,K;

　　　p_{pc}——体系拟临界压力,MPa;

　　　T——体系温度,K;

　　　p——体系压力,MPa。

该方法的适用条件:$1.15 \leqslant T_{pr} \leqslant 2.4$;$0.2 \leqslant p_{pr} \leqslant 15.0$。

2)DAK 模型

1975 年,Dranchuk 和 Abou-Kassem 应用 Starling-Carnahan 状态方程拟合 Standing-Katz 图版得到如下关系式:

$$\begin{aligned}
Z = {} &1 + (A_1 + A_2/T_{pr} + A_3/T_{pr}^3 + A_4/T_{pr}^4 + A_5/T_{pr}^5 +)\rho_{pr} \\
&+ (A_6 + A_7/T_{pr} + A_8/T_{pr}^2)\rho_{pr}^2 - A_9(A_7/T_{pr} + A_8/T_{pr}^2)\rho_{pr}^5 \\
&+ A_{10}(1 + A_{11}\rho_{pr}^2)(\rho_{pr}^2/T_{pr}^3)\exp(-A_{11}\rho_{pr}^2)
\end{aligned} \tag{4.12}$$

式中,ρ_{pr} 为拟对比密度;

$$\rho_{pr} = 0.27p_{pr}/(ZT_{pr}) \tag{4.13}$$

因为式(4.12)中共有 11 个系数,所以又称 11 参数法。$A_1 \sim A_{11}$ 系数取值如表 4.6 所示。

表 4.6　DAK 模型参数表

系数	参数值	系数	参数值	系数	参数值
A_1	0.3265	A_5	−0.05165	A_9	0.1056
A_2	−1.0700	A_6	0.5475	A_{10}	0.6134
A_3	−0.5339	A_7	−0.7361	A_{11}	0.7210
A_4	0.01569	A_8	0.1844	-	-

DAK 法需要用 Newton-Raphson 迭代法求解，适用于 $1.0 \leqslant T_{pr} \leqslant 3$、$0.2 \leqslant p_{pr} \leqslant 30$ 或 $0.7 \leqslant T_{pr} \leqslant 1.0$、$p_{pr} < 1.0$，但不适用于 $1.05 \leqslant T_{pr} \leqslant 1.1$、$p_{pr} < 5$。

3）DPR 模型

1974 年，Dranchuk、Purvis 和 Robinsion 根据 Benedict-Webb-Rubin 状态方程，将偏差系数转换为拟对比压力和拟对比温度的函数，于 1974 年推导出了带 8 个常数的经验公式，其形式为

$$Z = 1 + \left(A_1 + \frac{A_2}{T_{pr}} + \frac{A_3}{T_{pr}^3} \right) \rho_{pr} + \left(A_4 + \frac{A_5}{T_{pr}} \right) \rho_{pr}^2 + \left(\frac{A_5 A_6}{T_{pr}} \right) \rho_{pr}^5$$
$$+ \frac{A_7}{T_{pr}^3} (1 + A_8 \rho_{pr}^2) \exp(-A_8 \rho_{pr}^2) \tag{4.14}$$

式中，

$$\rho_{pr} = 0.27 p_{pr} / (Z T_{pr}) \tag{4.15}$$

由于式（4.14）中共有 8 个系数，所以又称 8 参数法。$A_1 \sim A_8$ 系数取值如表 4.7 所示。

表 4.7　DPR 模型参数表

系数	参数值	系数	参数值
A_1	0.31506237	A_5	−0.61232032
A_2	−1.0467099	A_6	−0.10488813
A_3	−0.57832729	A_7	0.68157001
A_4	0.53530771	A_8	0.68446549

DPR 法也需要用 Newton-Raphson 迭代法解非线性问题得到偏差系。这种方法的适用范围：$1.05 \leqslant T_{pr} \leqslant 3$、$0.2 \leqslant p_{pr} \leqslant 30$。但不适用于 $1.05 \leqslant T_{pr} \leqslant 1.1$、$p_{pr} < 5$。

4）HY 模型

1974 年，Hall 和 Yarborough 利用 Starling-Carnahan 状态方程拟合 Standing-Katz 图版得到关系式：

$$Z = \frac{1 + \rho_r + \rho_r^2 - \rho_r^3}{(1 - \rho_r)^3} - \left(\frac{14.76}{T_{pr}} - \frac{9.76}{T_{pr}^2} + \frac{4.58}{T_{pr}^3} \right) \rho_r$$
$$+ \left(\frac{90.7}{T_{pr}} - \frac{242.2}{T_{pr}^2} + \frac{42.4}{T_{pr}^3} \right) \rho_r^{\left(1.18 + \frac{2.82}{T_{pr}} \right)} \tag{4.16}$$

式中，ρ_r——特别定义的对比密度（相对密度）。

$$\rho_r = 0.06125 \frac{p_{pr}}{ZT_{pr}} \exp\left[-1.2 \times \left(1 - \frac{1}{T_{pr}}\right)^2\right] \qquad (4.17)$$

Hall-Yarborough 法的适用范围：$1.2 \leqslant T_{pr} \leqslant 3.0$、$0.1 \leqslant p_{pr} \leqslant 24.0$；但不适用于 $1.05 \leqslant T_{pr} \leqslant 1.1$、$p_{pr} < 5$。该方法因其理论基础牢固，应用的对比压力范围比原始的 Standing-Katz 图版更宽，当拟对比压力高达 24 时该模型仍然有较高的精度。由于 H-Y 方程是一非线性隐式方程，通常需用 Newton-Raphson 迭代法求解。

5）经验模型的非烃校正

当天然气中含有非烃 CO_2、H_2S、N_2 和水蒸汽时，它们的存在必然会影响到天然气的拟临界温度和拟临界压力，从而引起其他物性参数计算出现偏差。因此，对高含 CO_2 天然气拟临界参数进行校正是非常有必要的。目前非烃气体拟临界参数校正主要有以下三种方法。

（1）C-K-B 校正。

该方法不仅考虑了 CO_2、H_2S 的校正，还考虑了 N_2 的校正：

$$T'_{pc} = T_{pc} - 44.4 y_{CO_2} + 72.2 y_{H_2S} - 138.9 y_{N_2} \qquad (4.18)$$

$$p'_{pc} = p_{pc} + 3.034 y_{CO_2} + 4.137 y_{H_2S} - 1.172 y_{N_2} \qquad (4.19)$$

$$T_{pc} = \sum_{i=1}^{n} (y_i T_{Ci}) \qquad (4.20)$$

$$p_{pc} = \sum_{i=1}^{n} (y_i p_{Ci}) \qquad (4.21)$$

式中，y_{CO_2}、y_{H_2S}、y_{N_2}——分别为体系中 CO_2、H_2S、N_2 的摩尔分数；

　　　T_{pc}——由 Kay 混合规则计算出的天然气拟临界温度，K；

　　　p_{pc}——由 Kay 规则计算出的天然气拟临界压力，MPa。

（2）W-A-J 校正。

1972 年，Wichert-Aziz 引入参数 ε，主要考虑了一些常见的酸性组分（H_2S、CO_2）的影响，希望用此参数来弥补常用计算方法的缺陷。参数 ε 的关系式如下：

$$\varepsilon = [120(A^{0.9} - A^{1.6}) + 15(B^{0.5} - B^4)]/1.8 \qquad (4.22)$$

式中，A——气体混合物中 H_2S 与 CO_2 的摩尔分数之和，小数；

　　　B——气体混合物中 H_2S 的摩尔分数，小数。

根据 Wichert-Aziz 的观点，体系的拟临界温度和拟临界压力都应与参数 ε 有关，拟临界参数的校正关系式如下：

$$T'_{pc} = T_{pc} - \varepsilon \qquad (4.23)$$

$$p'_{pc} = \frac{p_{pc} T'_{pc}}{T_{pc} + B(1 - B)\varepsilon} \qquad (4.24)$$

在 Wichert-Aziz 的基础上，John 提出了氮气和水蒸汽的校正，其校正项为

$$T_{pc,cor} = -136.72 y_{N_2} + 22.222 y_{H_2O} \qquad (4.25)$$

$$p_{pc,cor} = -1.117 y_{N_2} + 8.756 y_{H_2O} \qquad (4.26)$$

$$T_{pc}'' = \frac{T_{pc}' - 126.22 y_{N_2} - 647.22 y_{H_2O}}{1 - y_{N_2} - y_{H_2O}} + T_{pc,cor} \tag{4.27}$$

$$p_{pc}'' = \frac{p_{pc}' - 3.400 y_{N_2} - 22.063 y_{H_2O}}{1 - y_{N_2} - y_{H_2O}} + p_{pc,cor} \tag{4.28}$$

W-A-J 校正公式适用条件：$1.06 < p(\text{MPa}) < 48.46$，$277.6 < T(\text{K}) < 422.0$，$0 < CO_2(\text{mol\%}) < 54.56$，$0 < H_2S\,(\text{mol\%}) < 73.85$。

（3）郭绪强校正。

中国石油大学郭绪强教授等针对 HTP 和 DPR 模型运用于酸气条件下时，认为应该对拟临界参数进行校正，所采用的公式如下：

$$T_{pc}' = T_{pc} - C_{wa} \tag{4.29}$$

$$p_{pc}' = T_{pc}' p_{pc} / \left[T_{pc}' + y_{H_2S}(1 - y_{H_2S}) C_{wa} \right] \tag{4.30}$$

$$C_{wa} = \frac{1}{14.5038} \left\{ 120 \left[(y_{CO_2} + y_{H_2S})^{0.9} - (y_{CO_2} + y_{H_2S})^{1.6} \right] + 15(y_{H_2S}^{0.5} + y_{H_2S}^4) \right\} \tag{4.31}$$

式中，C_{wa}——临界参数校正系数，K；其余符号同前。

2. 状态方程计算理论模型

在理论模型方面，常用 PR 和 SRK 状态方程结合范德瓦耳斯混合规则计算天然气的物性。

SRK 方程用于天然气烃类混合体系的 Z 三次方程：

$$Z_m^3 - Z_m^2 + (A_m - B_m - B_m^2)Z_m - A_m B_m = 0 \tag{4.32}$$

$$A_m = \frac{a_m p}{(RT)^2} \tag{4.33}$$

$$B_m = \frac{b_m p}{RT} \tag{4.34}$$

$$a_m = \sum_{i=1}^n \sum_{j=1}^n y_i y_j \sqrt{a_i a_j}(1 - k_{ij}) \tag{4.35}$$

$$b_m = \sum_{i=1}^n y_i b_i \tag{4.36}$$

$$a_i = a_{ci} \cdot \alpha_i \tag{4.37}$$

$$\alpha_i = [1 + m_i(1 - T_{ri}^{0.5})]^2 \tag{4.38}$$

$$a_{ci} = 0.42748 \frac{R^2 T_{ci}^2}{p_{ci}} \tag{4.39}$$

$$m_i = 0.480 + 1.574\omega_i - 0.176\omega_i^2 \tag{4.40}$$

$$b_i = 0.08664 \frac{RT_{ci}}{p_{ci}} \tag{4.41}$$

式中，Z_m——气体混合物的偏差系数，f；

k_{ij}——二元相互作用系数，f；

a——引力系数，$MPa \cdot K^{0.5} \cdot cm^6 \cdot mol^{-2}$；

b——斥力系数，cm^3/mol；

R——通用气体常数，$8.3147MPa \cdot cm^3/（mol \cdot K）$；

n——体系总组分数；

ω——偏心因子，f；

Z_m——气体混合物偏差系数，f；

下标 c 为临界、m 为混合物、i 为混合物中组分 i。

PR 状态方程用于天然气烃类混合体系的 Z 三次方程形式为

$$Z_m^3 - (1 - B_m)Z_m^2 + (A_m - 2B_m - 3B_m^2)Z_m - (A_m B_m - B_m^2 - B_m^3) = 0 \quad (4.42)$$

$$a_{ci} = 0.45724 \frac{R^2 T_{ci}^2}{p_{ci}} \quad (4.43)$$

$$m_i = 0.37464 + 1.54226\omega_i - 0.26992\omega_i^2 \quad (4.44)$$

$$b_i = 0.07780 \frac{RT_{ci}}{p_{ci}} \quad (4.45)$$

3. 计算偏差系数经验模型优选

1）长深 1 井

采用 BB 法、DAK 法、DPR 法、HY 法以及对 CO_2 进行非烃校正的 C-K-B、W-A-J 和郭绪强方法计算长深 1 井高含 CO_2 天然气井井流物在地层温度（127.5℃）、不同压力下的偏差系数，并与实验值相比较。结果如表 4.8～表 4.11。根据计算结果做出相应的变化曲线，如图 4.30～图 4.32 所示。

综合表 4.8～表 4.11 和图 4.30～图 4.32 可知：

（1）从总体上看，采用校正方法计算的偏差系数值更为准确可靠，其精度都比未校正的经验公式有所提高，但 W-A-J 校正的 DPR 精度反而有所降低。

（2）对比三种校正方法，C-K-B 校正的 BB 法、DAK 法、DPR 法和 HY 法精度均高于其他校正方法，而郭绪强校正的精度提高不大。

（3）对比各经验公式法计算高含 CO_2 天然气偏差系数结果发现，所有方法的计算误差均低于 3%，都具有一定的适用性，其精度从高到低依次为：C-K-B 校正的 DAK 法、C-K-B 校正的 HY 法、C-K-B 校正的 DPR 法和 C-K-B 校正的 BB 法。

表 4.8　长深 1 井天然气偏差系数经验模型计算值与实验值对比（C-K-B 校正）

	压力/MPa	BB	DAK	DPR	HY	实测值
C-K-B 校正	44	1.0748	1.0874	1.0912	1.0858	1.0824
	42.34	1.0606	1.0742	1.0780	1.0725	1.0663
	40	1.0419	1.0562	1.0599	1.0543	1.0506
	37	1.0200	1.0344	1.0379	1.0324	1.0242

	压力/MPa	BB	DAK	DPR	HY	实测值
C-K-B 校正	34	1.0008	1.0141	1.0173	1.0121	1.0062
	31	0.9845	0.9957	0.9985	0.9938	0.9923
	28	0.9713	0.9795	0.9818	0.9781	0.9755
	25	0.9615	0.9659	0.9678	0.9652	0.9604
	22	0.9551	0.9555	0.9568	0.9556	0.9496
	19	0.9520	0.9486	0.9493	0.9497	0.9450
	16	0.9523	0.9456	0.9459	0.9478	0.9423
	13	0.9556	0.9469	0.9467	0.9498	0.9420
	10	0.9617	0.9525	0.9521	0.9558	0.9477
	7	0.9702	0.9623	0.9619	0.9654	0.9570

表 4.9　长深 1 井天然气偏差系数经验模型计算值与实验值对比（**W-A-J 校正**）

	压力/MPa	BB	DAK	DPR	HY	实测值
W-A-J 校正	44	1.0986	1.1058	1.1124	1.1071	1.0824
	42.34	1.0828	1.0942	1.0981	1.0926	1.0663
	40	1.0617	1.0747	1.0784	1.0729	1.0506
	37	1.0369	1.0507	1.0543	1.0487	1.0242
	34	1.0148	1.0282	1.0316	1.0262	1.0062
	31	0.9958	1.0076	1.0106	1.0057	0.9923
	28	0.9801	0.9892	0.9918	0.9876	0.9755
	25	0.9680	0.9735	0.9756	0.9725	0.9604
	22	0.9595	0.9610	0.9625	0.9608	0.9496
	19	0.9548	0.9522	0.9531	0.9530	0.9450
	16	0.9538	0.9475	0.9479	0.9494	0.9423
	13	0.9561	0.9474	0.9474	0.9503	0.9420
	10	0.9616	0.9521	0.9518	0.9554	0.9477
	7	0.9698	0.9616	0.9611	0.9647	0.957

表 4.10　长深 1 井天然气偏差系数经验模型计算值与实验值对比（**郭绪强校正**）

	压力/MPa	BB	DAK	DPR	HY	实测值
郭绪强校正	44	1.0528	1.0726	1.0764	1.072	1.0824
	42.34	1.0375	1.0582	1.0620	1.0573	1.0663
	40	1.0169	1.0386	1.0423	1.0373	1.0506
	37	0.9927	1.0147	1.0184	1.0130	1.0242
	34	0.9711	0.9926	0.9960	0.9905	1.0062
	31	0.9529	0.9726	0.9758	0.9704	0.9923

续表

	压力/MPa	BB	DAK	DPR	HY	实测值
郭绪强校正	28	0.9383	0.9552	0.9580	0.9532	0.9755
	25	0.9279	0.9410	0.9432	0.9394	0.9604
	22	0.9219	0.9306	0.9322	0.9297	0.9496
	19	0.9205	0.9245	0.9254	0.9246	0.9450
	16	0.9237	0.9232	0.9236	0.9244	0.9423
	13	0.9313	0.9272	0.9271	0.9292	0.9420
	10	0.9427	0.9364	0.9360	0.9389	0.9477
	7	0.9572	0.9506	0.9501	0.9530	0.9570

表 4.11　长深 1 井各经验公式计算偏差系数误差对比/%

方法	BB	DAK	DPR	HY
未校正	2.80	1.73	1.50	1.74
C-K-B 校正	0.79	0.55	0.74	0.56
W-A-J 校正	1.10	1.44	1.66	1.46
郭绪强校正	2.54	1.49	1.29	1.52

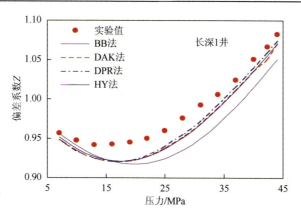

图 4.30　长深 1 井未校正的经验公式计算偏差系数值对比

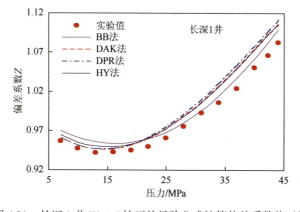

图 4.31　长深 1 井 W-A-J 校正的经验公式计算偏差系数值对比

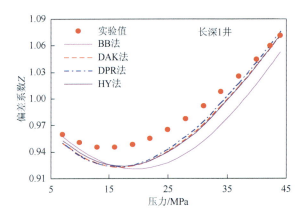

图 4.32　长深 1 井郭绪强校正的经验公式计算偏差系数值对比

2）长深平 7 井

此处，同样采用 BB 法、DAK 法、DPR 法、HY 法以及对 CO_2 进行非烃校正的 C-K-B、W-A-J 和郭绪强方法计算长深平 7 井高含 CO_2 天然气在地层温度（127.5℃）、不同压力下的偏差系数，并与实验值相比较。结果见表 4.12～表 4.15 和图 4.33～图 4.35 所示。

由表 4.12～表 4.15 和图 4.33～图 4.35 可知：

（1）对比三种校正方法，C-K-B 校正的 DAK 法、DPR 法和 HY 法计算精度均高于其他的校正方法，但采用 C-K-B 校正的 BB 法精度低于 W-A-J 校正的 BB 法。

（2）除郭绪强校正外，其余校正方法的计算误差均小于 2%，适用性较好。其精度从高到低依次为：C-K-B 校正的 DPR 法、DAK 法、HY 方法和 W-A-J 校正的 BB 法。

综上长深 1 井和长深平 7 井（P7）可知，C-K-B 校正的 DAK 法计算高含 CO_2 天然气偏差系数的精度最高。因此，在各种经验模型中，推荐 C-K-B 校正的 DAK 方法计算高含 CO_2 天然气的偏差系数。

表 4.12　P7 井天然气偏差系数经验模型计算值与实测值对比（C-K-B 校正）

	压力/MPa	BB	DAK	DPR	HY	实测值
C-K-B 校正	44	1.0486	1.0670	1.0709	1.0658	1.0745
	42.34	1.0347	1.0539	1.0577	1.0524	1.0606
	40	1.0162	1.0359	1.0397	1.0342	1.0397
	37	0.9947	1.0142	1.0178	1.0123	1.0170
	34	0.9759	0.9942	0.9975	0.9921	0.9960
	31	0.9601	0.9763	0.9792	0.9742	0.9789
	28	0.9478	0.9608	0.9632	0.9591	0.9612
	25	0.9391	0.9482	0.9501	0.9471	0.9486
	22	0.9343	0.9390	0.9403	0.9387	0.9403
	19	0.9333	0.9336	0.9344	0.9344	0.9331
	16	0.9360	0.9326	0.9328	0.9343	0.9355

	压力/MPa	BB	DAK	DPR	HY	实测值
C-K-B 校正	13	0.9423	0.9360	0.9359	0.9385	0.9359
	10	0.9516	0.9441	0.9437	0.9469	0.9417
	7	0.9636	0.9565	0.9560	0.9591	0.9581

表 4.13　P7 井天然气偏差系数经验模型计算值与实测值对比（W-A-J 校正）

	压力/MPa	BB	DAK	DPR	HY	实测值
W-A-J 校正	44	1.0747	1.0912	1.095	1.0903	1.0745
	42.34	1.0588	1.0766	1.0804	1.0755	1.0606
	40	1.0376	1.0566	1.0604	1.0552	1.0397
	37	1.0125	1.0322	1.0359	1.0304	1.017
	34	0.9902	1.0094	1.0129	1.0074	0.9960
	31	0.9711	0.9887	0.9919	0.9866	0.9789
	28	0.9556	0.9704	0.9732	0.9685	0.9612
	25	0.944	0.9552	0.9574	0.9537	0.9486
	22	0.9367	0.9434	0.945	0.9427	0.9403
	19	0.9337	0.9358	0.9368	0.9361	0.9331
	16	0.9351	0.9328	0.9333	0.9342	0.9355
	13	0.9406	0.9349	0.9349	0.9372	0.9359
	10	0.9497	0.9422	0.9418	0.945	0.9417
	7	0.9618	0.9545	0.954	0.9572	0.9581

表 4.14　P7 井天然气偏差系数经验模型计算值与实测值对比（郭绪强校正）

	压力/MPa	BB	DAK	DPR	HY	实测值
郭绪强校正	44	1.0274	1.0494	1.0529	1.0494	1.0745
	42.34	1.0119	1.0347	1.0382	1.0343	1.0606
	40	0.9910	1.0145	1.0182	1.0137	1.0397
	37	0.9662	0.9901	0.9937	0.9887	1.0170
	34	0.9441	0.9677	0.9711	0.9657	0.9960
	31	0.9254	0.9476	0.9508	0.9453	0.9789
	28	0.9107	0.9304	0.9332	0.9280	0.9612
	25	0.9005	0.9167	0.9190	0.9147	0.9486
	22	0.8954	0.9074	0.9090	0.906	0.9403
	19	0.8957	0.9029	0.9039	0.9025	0.9331
	16	0.9014	0.9040	0.9044	0.9046	0.9355
	13	0.9123	0.9110	0.9109	0.9124	0.9359
	10	0.9280	0.9237	0.9233	0.9256	0.9417
	7	0.9472	0.9418	0.9412	0.9435	0.9581

表 4.15　P7 井各经验公式计算偏差系数误差对比/%

方法	BB	DAK	DPR	HY
未校正	4.38	3.04	2.84	3.10
C-K-B 校正	1.33	0.25	0.15	0.37
W-A-J 校正	0.39	0.83	1.04	0.73
郭绪强校正	4.09	2.77	2.58	2.83

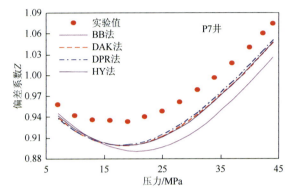

图 4.33　P7 井未校正的经验公式计算偏差系数值对比

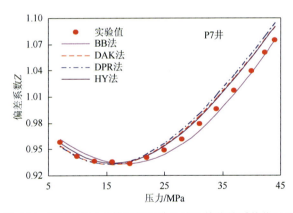

图 4.34　P7 井 W-A-J 校正的经验公式计算偏差系数值对比

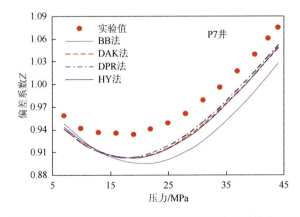

图 4.35　P7 井郭绪强校正的经验公式计算偏差系数值对比

4. 经验模型和状态方程模型对比

用 PR 和 SRK 状态方程分别对长深 1 井、P7 井高含 CO_2 天然气在地层温度、不同压力下的偏差系数进行了计算,并与经验模型和实验值进行比较,如表 4.16~表 4.17 和图 4.36~图 4.37 所示。

用平均绝对相对偏差来比较,定义偏差系数的平均绝对相对偏差为

$$AARD(\%) = \frac{100}{n} \sum_{i=1}^{n} \left| \frac{Z_{\mathrm{cal}} - Z_{\mathrm{exp}}}{Z_{\mathrm{exp}}} \right|_i \qquad (4.46)$$

式中,Z_{cal}——偏差系数计算值,f;

$\quad\quad Z_{\mathrm{exp}}$——偏差系数实验值,f;

$\quad\quad n$——实验点数。

从表 4.17 中可以看出,PR 方程计算精度明显高于 SRK 状态方程。虽然 SRK 方程在计算干气偏差系数以及非极性分子偏差系数方面适应性比较强,但是对于含有大量 CO_2 酸性组分的高含 CO_2 天然气体系相平衡的计算,PR 状态方程的计算精度明显优于 SRK 方程。

从图 4.36~图 4.37 可以看出,对于高含 CO_2 天然气藏,PR 状态方程计算曲线与实测值曲线吻合很好。而对于 CO_2 含量约为 26.66% 的 P7 井,压力低于 35MPa 时,曲线几乎完全重合,在压力高于 35MPa 以后预测略有偏差,计算值略低于实测值。因此,理论模型中,PR 状态方程能更好地适应高含 CO_2 天然气 pVT 高压物性的计算和预测。

综上分析,计算高含 CO_2 天然气偏差系数经验模型推荐 C-K-B 校正的 DAK 模型,理论模型推荐 PR 状态方程。

表 4.16　状态方程计算结果对比

压力/MPa	长深 1 井			P7 井		
	SRK	PR	实测值	SRK	PR	实测值
44	1.1181	1.0708	1.0824	1.1001	1.0578	1.0745
42.34	1.105	1.0595	1.0663	1.0866	1.0462	1.0606
40	1.0871	1.044	1.0506	1.0682	1.0303	1.0397
37	1.0651	1.0252	1.0242	1.0457	1.011	1.0170
34	1.0444	1.0075	1.0062	1.0246	0.993	0.9960
31	1.0254	0.9914	0.9923	1.0053	0.9766	0.9789
28	1.0082	0.977	0.9755	0.988	0.9622	0.9612
25	0.9933	0.9648	0.9604	0.9734	0.95	0.9486
22	0.9811	0.955	0.9496	0.9618	0.9406	0.9403
19	0.9719	0.9482	0.9450	0.9536	0.9345	0.9331
16	0.9661	0.9449	0.9423	0.9494	0.9322	0.9355
13	0.964	0.9454	0.9420	0.9495	0.9342	0.9359
10	0.9659	0.9502	0.9477	0.9541	0.9409	0.9417
7	0.9717	0.9596	0.9570	0.9632	0.9527	0.9581

表 4.17　状态方程计算气体的偏差系数误差对比

井名	平均绝对相对偏差 $AARD$/%	
	SRK	PR
长深 1 井	3.06	0.38
P7 井	2.19	0.47

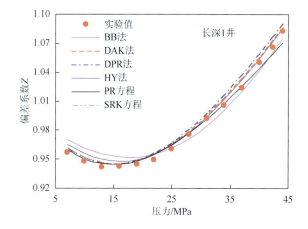

图 4.36　长深 1 井 C-K-B 校正的经验公式计算偏差系数值对比图

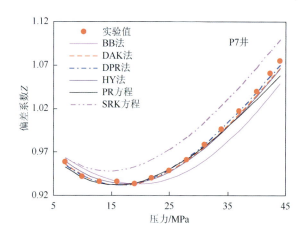

图 4.37　P7 井 C-K-B 校正的经验公式计算偏差系数值对比图

4.2　含 CO_2 天然气-地层水体系相态特征

4.2.1　地层水对相态的影响

实验样品：纯 CH_4、纯 CO_2 和不同 CO_2 含量天然气共 7 个样品。测试温度为地层温度（127.5℃）。地层水样品物性见表 4.18。实验测试装置如图 4.38。

实验过程：恒压下将配样器底部饱和有高含 CO_2 天然气的地层水进行闪蒸分离测试，以测定原始地层条件下的气水比和溶解气组成。具体步骤如下：

图 4.38 气体在地层水中溶解度示意图

（1）将适量的地层水样（约 500mL）装入配样器，并泵入过量的待测气体，恒温恒压至实验设定值，并进行充分摆动，平衡后静置 0.5h；

（2）缓慢打开配样器底部阀门，恒压排出配样器底部的平衡地层水到分离器中，记录排出地层水的体积；同时，用气量计记录排出的气体体积，并将其折算成标准状态（20℃、0.1013MPa）下的体积；

（3）收集分离后的气样，用气相色谱仪分析其组分组成；

（4）计算闪蒸气水比和溶解气组成，至少有三次测试气水比相近，相对误差小于 3%；

（5）改变压力，重复上述步骤。

实验结果：在地层温度（127.5℃）、不同压力下纯 CH_4、纯 CO_2 以及不同 CO_2 含量的天然气在地层水中的溶解度测试结果如表 4.18 和图 4.39 所示。

表 4.18 地层水闪蒸分离测试数据

压力/MPa	不同 CO_2 含量的天然气在地层水中的溶解度/（m³/m³）				
	10.74% CO_2	长深 1 井（20.74% CO_2）	P7 井（26.66% CO_2）	50.33% CO_2	70.42% CO_2
44	5.6682	7.1027	8.0973	12.9410	17.1389
34	4.6971	5.8409	6.6590	10.8933	14.7545
24	3.5371	4.3101	4.8864	8.1992	11.5406
14	2.1257	2.4422	2.6856	4.3670	6.5824
7	0.9814	1.0176	1.0435	1.2180	1.5496

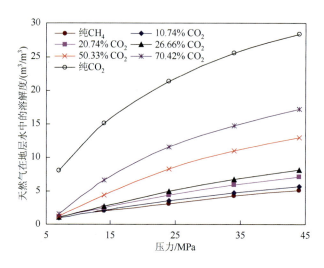

图 4.39 不同 CO_2 含量的天然气及纯 CH_4 在地层水中溶解度对比

由表 4.18 和图 4.39 可知：相同温度压力下，CO_2 含量越高，天然气在地层水中的溶解度越大，纯 CO_2 在地层水中的溶解度比 CH_4 大得多，主要是 CO_2 比烃类气体更易溶解于地层水中，并与水缔合形成了弱酸；随着体系压力下降，天然气在地层水中的溶解度不断降低，且 CO_2 含量越高，降低的幅度越大；随体系压力下降，CO_2 与 CH_4 在地层水中的溶解度之差越来越小。因此，开采过程中，随着地层压力下降，高含 CO_2 天然气将从地层水中逸出，增加了天然气的可开采储量和气体的能量。

4.2.2 不同 CO_2 含量天然气中含水量实验

实验样品为 5 组不同 CO_2 含量天然气，测试温度为地层温度（127.5℃）。实验设备及实验流程如图 4.38。天然气中水蒸汽含量测试是恒压下将原始地层条件下饱和水蒸汽的高含 CO_2 天然气样品进行单次闪蒸测试，获取不同 CO_2 含量天然气中的气态水含量。实验测试结果如表 4.19 和图 4.40 所示。

表 4.19 饱和水蒸汽天然气样单次闪蒸测试结果

压力/MPa	高含 CO_2 天然气中气态水含量/（$m^3/10^4 m^3$）				
	10.74% CO_2	长深 1 井（20.74% CO_2）	P7 井（26.66% CO_2）	50.33% CO_2	70.42% CO_2
44	0.110	0.120	0.130	0.190	0.230
34	0.120	0.130	0.140	0.190	0.240
24	0.140	0.150	0.160	0.200	0.260
14	0.190	0.200	0.210	0.230	0.290
7	0.340	0.340	0.350	0.370	0.420

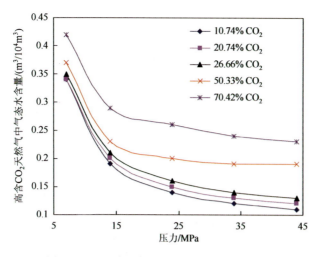

图 4.40 CO_2 含量与天然气中气态水含量关系

由表 4.19 和图 4.40 可以看出：温度一定时，随着体系压力下降，天然气中饱和水蒸汽含量不断增加；高压下增加的幅度明显低于低压，即压力低于 15MPa 时，随着压力的下降，气体中饱和水蒸汽含量迅速增大；压力相同的条件下，CO_2 含量越高天然气中溶解的水蒸汽含量越大，表明 CO_2 具有更强的抽提地层水的能力。因此，实验研究高含 CO_2 天然气中的饱和气态水含量，可用于高含 CO_2 天然气藏凝析水产出规律研究。说明高温高含 CO_2 天然气藏低压开发阶段需考虑可能有大量凝析水产出。

4.2.3 烃-水-CO_2 混合物相平衡模型及应用

真实的地层流体相态变化是烃类流体（包括非烃组分）与地层水（束缚水或层间水等）长期共存条件下发生的。吉林长岭火山岩气藏生产资料表明，气井在生产过程中有相应的水采出，地层水为 $NaHCO_3$，气藏属典型的高含 CO_2 天然气藏。开发这类气藏，地层水高压物性是很重要的基础数据。由于地层温度（127.5℃）较高，地层水以游离水和水蒸汽形式与气体共同存在（该类气藏边底水发育），即气相中始终饱和水蒸汽，而水相中始终饱和溶解天然气。当 CO_2 含量很高时，烃和水的相互溶解能力增强（图 4.41），水是强极性分子，不仅

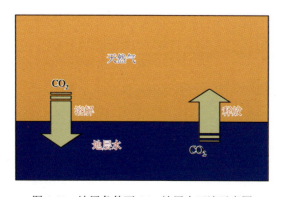

图 4.41 地层条件下 CO_2-地层水互溶示意图

自身可以发生缔合，而且可以与 CO_2 产生化学缔合，这对流体相变影响较大，使得储量计算和开发过程中必须考虑地层水的影响。目前用于预测地层水高压物性的图表等方法只适用于温度低于 120℃ 的气藏。另外，关于烃-CO2-地层水体系的物性参数变化及互溶规律实验研究很少。因此，烃-地层水-CO2 相平衡实验和理论模型研究对合理、高效开发该类气藏至关重要。

范德瓦耳斯（van der Walls，vdW）混合规则只适用于非极性或弱极性的天然气体系中。当天然气中存在水蒸汽时，由于水蒸汽是强极性分子，加上水蒸汽和 CO2 以及水蒸汽自身均会发生缔合，显然 vdW 混合规则已不再适用。

在利用状态方程法计算含极性物质的相平衡研究中，改进状态方程和改进混合规则是提高模型计算精度的两种思路。由于目前的研究发现单纯改进状态方程对改进含高度非理想性物质的相平衡描述作用不大。而近十年来将超额 Gibbs 自由能模型（G^E 模型）或超额 Helmholtz 自由能模型（A^E 模型）引入立方型状态方程构造的 G^E 型混合规则成为状态方程混合规则研究的热点。常常采用的方法是将 NRTL、UNIFAC、UIQUAC 等活度系数模型与 PR、SRK 等立方型状态方程的混合物参数联系起来，构造出一种新的混合规则，进而得到一种可同时适用于极性和非极性体系的新的相平衡计算热力学模型。

这些混合规则都是假定在一定参考压力下，对于一定的参考流体，状态方程与活度系数模型具有相等的超额自由能推导得到的：

$$\left(\frac{G^E}{RT}\right)_{EOS} = \left(\frac{G^E}{RT}\right)_{AM} \text{ 或 } \left(\frac{A^E}{RT}\right)_{EOS} = \left(\frac{A^E}{RT}\right)_{AM} \quad (4.47)$$

式中，下标 EOS 代表状态方程；AM 代表活度系数模型。

本节将 Huron-Vidal 混合规则与 PR 状态方程相结合建立相平衡计算热力学模型。

1. 超额 Gibbs 自由能与活度系数关系

超额性质（the excess property）是指在相同温度、压力与组成条件下，真实混合物与理想混合物的摩尔性质之差。由化工热力学可知，流体的超额 Gibbs 自由能与活度系数之间有如下关系：

$$\frac{G^E}{RT} = \sum x_i \ln \gamma_i \quad \frac{G^E}{RT} = \sum_{i=1}^{N} x_i \ln \gamma_i \quad (4.48)$$

由式（4.48）可知，$\ln \gamma_i$ 是 $\frac{G^E}{RT}$ 的偏摩尔性质，由偏摩尔性质的定义，就能从 $\frac{G^E}{RT}$ 得到 $\ln \gamma_i$，即

$$\ln \gamma_i = \frac{\partial[nG^E / (RT)]}{\partial n_i}\bigg|_{T,p,\{n\}_{\neq i}} \quad (4.49)$$

混合物中各组分的偏摩尔性质受到 Gibbs-Duhem 方程的制约，即

$$-\left(\frac{H^E}{RT^2}\right)dT + \left(\frac{V^E}{RT}\right)dp - \sum_{i=1}^{N} x_i d\ln \gamma_i = 0 \quad (4.50)$$

其中，

$$\left[\frac{\partial(G^E / T)}{\partial T}\right]_{p,\{x\}} = -\frac{H^E}{T^2} \quad (4.51)$$

把式（4.63）代入式（4.62）积分整理，并把 $c_1 = (\sqrt{2}-1)$、$c_2 = (\sqrt{2}+1)$ 和 $c_3 = 2\sqrt{2}$ 代入式（式 4.64～式 4.66），并化简，可以得到如下关于 PR 方程的逸度系数通式：

$$RT \ln \Phi_i = \frac{\partial (n_t b)}{\partial n_i} \frac{1}{b} RT(Z-1) - RT \ln \left(Z - Z\frac{b}{v} \right) - \frac{1}{2\sqrt{2}} \frac{\partial \left(\frac{n_t, a}{b} \right)}{\partial n_i} \ln \frac{V + (\sqrt{2}+1)b}{V - (\sqrt{2}-1)b} \quad (4.67)$$

联系关于参数 b 的线性混合规则［式（4.36）］，可以导出下式：

$$\left[\frac{\partial (n_t b)}{\partial n_i} \right]_{T, V_t, n_{i \neq j}} = b_i \quad (4.68)$$

同样，结合引力参数 a 的混合规则［式（4.36）］，由关于超额 Gibbs 自由能与活度系数的关系式：

$$g^E = \Delta g - \Delta g^{\text{int}} = RT \sum_i x_i \ln \gamma_i \quad (4.69)$$

可以导出如下关系式：

$$\left[\frac{\partial (n_t b)}{\partial n_i} \right]_{T, V_t, n_{i \neq j}} = \frac{a_i}{b_i} - \frac{2\sqrt{2} RT \ln \gamma_i}{\ln(3 + 2\sqrt{2})} \quad (4.70)$$

式中，γ_i 为 NRTL 模型中活度系数，其值由 NRTL 模型计算。将式（4.68）、式（4.70）代入式（4.67），则可得到关于 PR 方程结合 Huron-Vidal 混合规则的逸度系数表达式：

$$\ln \varphi_i = \frac{b_i}{b}(Z-1) - \ln \left[Z \left(1 - \frac{b}{v} \right) \right] - \frac{1}{2\sqrt{2} RT} \left[\frac{a_i}{b_i} - \frac{2\sqrt{2} RT}{\ln(3 + 2\sqrt{2})} \ln \gamma_i \right] \ln \frac{v + (\sqrt{2}+1)b}{v - (\sqrt{2}-1)b} \quad (4.71)$$

5. NRTL 活度系数模型

活度系数模型大致可分两大类，一类是以 van Laar、Margules 方程为代表的经典模型，多数是建立在正规溶液理论之上。它们对于较简单的系统能获得较理想的结果。另一类是 20 世纪 60 年代以后从局部组成概念发展起来的活度系数模型，其典型的代表有 Wilson、NRTL、UNIFAC、UNIQUAC 等模型。本书建立的相平衡热力学模型中的 G_∞^E 来自于一个修正的 NRTL 混合规则，方程如下：

$$\frac{G_\infty^E}{RT} = \sum_{i=1}^{n} x_i \frac{\sum_{j=1}^{n} \tau_{ji} b_j x_j \exp(-\alpha_{ji} \tau_{ji})}{\sum_{k=1}^{n} b_k x_k \exp(-\alpha_{ki} \tau_{ki})} \quad (i = 1, 2, \cdots, n; j = 1, 2, \cdots, n) \quad (4.72)$$

α_{ji} 是描述当前组分影响的非随机参数。$\alpha_{ji}=0$ 对应完全的随机混合。τ_{ji} 描述分子间的相互作用，如下所示

$$\tau_{ji} = \frac{g_{ji} - g_{ii}}{RT} \quad (4.73)$$

式中，g_{ji} 是组分 j-i 相互作用能量参数。

与经典的 PR 状态方程所对应的 a-参数二元混合规则如下

$$a_m = \sum_{i=1}^{n} \sum_{j=1}^{n} x_i x_j a_{ij} \tag{4.74}$$

其中的交叉系数 a_{ij} 有一个可调参数

$$a_{ij} = (a_i a_j)^{0.5} (1 - k_{ij}) \tag{4.75}$$

Huron-Vidal 混合规则一个很有用的特征就是当 a、g 参数如下所示时，就把式（4.74）、式（4.75）简化为经典的二元混合规则。

$$a_{ij} = 0 \tag{4.76}$$

$$g_{ii} = -\frac{a_i}{b_i} \ln 2 \tag{4.77}$$

$$g_{ii} = -2 \frac{\sqrt{b_i b_j}}{b_i + b_j} \sqrt{g_{ii} g_{jj}} (1 - k_{ij}) \tag{4.78}$$

6. 相平衡热力学判据

最实用的相平衡判据，即在一定的温度 T、压力 p 下平衡的多组分多相体系中，任一组分 i 在各相中的逸度必定相等。更为适用的多相相平衡热力学判据为

$$T^{(1)} = T^{(2)} = \cdots = T^{(\pi)} \tag{4.79}$$

$$p^{(1)} = p^{(2)} = \cdots = p^{(\pi)} \tag{4.80}$$

$$\left. \begin{array}{l} f_1^{(1)} = f_1^{(2)} = \cdots = f_1^{(\pi)} \\ f_2^{(1)} = f_2^{(2)} = \cdots = f_2^{(\pi)} \\ \vdots \qquad \vdots \qquad \qquad \vdots \\ f_3^{(1)} = f_3^{(2)} = \cdots = f_3^{(\pi)} \end{array} \right\} \tag{4.81}$$

显然，多组分多相系统的平衡关系用逸度表示最为适宜。逸度的计算可由热力学基本关系式结合状态方程求取。

7. CO_2-烃-水相平衡研究

基于新 PR 方程与 H-V 混合规则建立的相平衡模型，通过含水的地层流体组分，模拟计算 p-T 相图变化，结果如图 4.42 所示。可见，在气相包络线内属于富含 CO_2 液相-水相-气相共存区域。高温条件下，地层水极易蒸发，形成蒸汽水相。

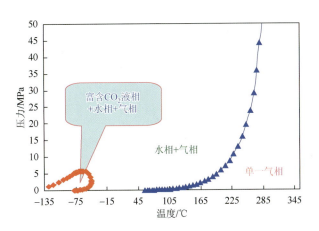

图 4.42　含 CO_2-烃-水气液三相 p-T 相图

4.2.4　图版的绘制

　　由前面分析可知，PR 方程更适用于高含 CO_2 天然气 PVT 高压物性的计算和预测。表 4.20 给出了不同 CO_2 含量气样组分组成，其中气样 5 和气样 6 分别为长深 1 井和 P7 井地层流体井流物组成。利用优选出的 PR 状态方程，运用 PVTsim 相态模拟软件，绘制表中 10 种天然气混合体系的 p-T 相图，如图 4.43～图 4.55 所示。

表 4.20　不同 CO_2 含量天然气组成/mol%

组分	气样 1	气样 2	气样 3	气样 4	气样 5	气样 6	气样 7	气样 8	气样 9	气样 10
CO_2	0	5.0	10.74	15.0	20.74	26.66	35	50.33	70.42	90.0
N_2	3.68	3.79	1.47	3.09	3.79	3.47	3.09	2.45	1.17	0.35
C_1	87.72	85.85	84.21	80.77	74.33	68.84	60.98	46.49	28.33	9.61
C_2	5.00	3.12	2.97	1.03	1.03	0.94	0.82	0.64	0	0
C_3	2.00	1.97	0.43	0.05	0.05	0.04	0.04	0.03	0.02	0.01
iC_4	0.30	0.06	0.06	0	0	0	0	0	0	0
nC_4	0.40	0.08	0.05	0.02	0.02	0.01	0.03	0.01	0.01	0.02
iC_5	0.20	0.03	0.02	0	0	0	0	0	0.03	0
nC_5	0.30	0.05	0	0.01	0.01	0.01	0.02	0.01	0	0.01
C_6	0.40	0.05	0.05	0.03	0.03	0.03	0.02	0.04	0.02	0

1. p-T 相图

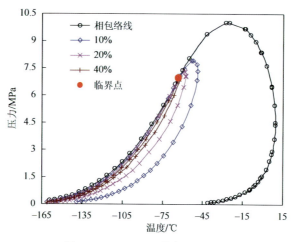

图 4.43　0% CO_2 天然气 p-T 相图

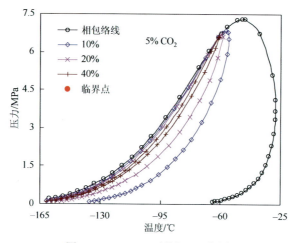

图 4.44　5% CO_2 天然气 p-T 相图

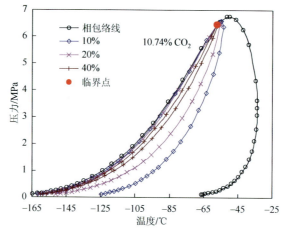

图 4.45　10.74% CO_2 天然气 p-T 相图

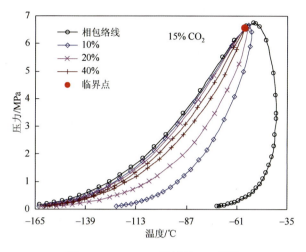

图 4.46　15% CO$_2$天然气 p-T 相图

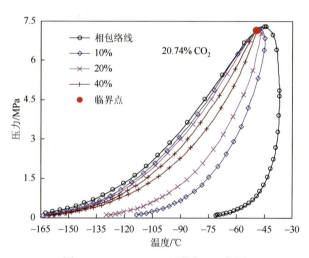

图 4.47　20.74% CO$_2$天然气 p-T 相图

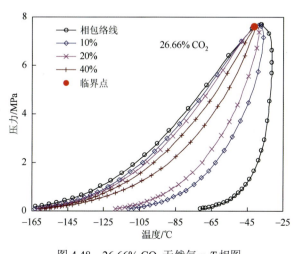

图 4.48　26.66% CO$_2$天然气 p-T 相图

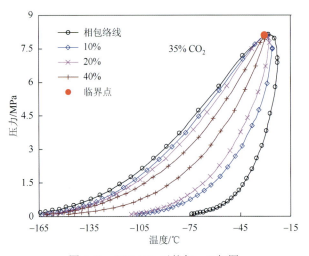

图 4.49　35% CO_2 天然气 p-T 相图

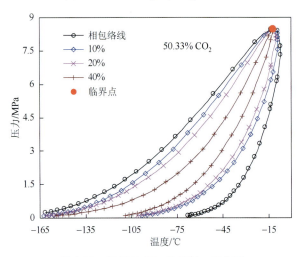

图 4.50　50.33% CO_2 天然气 p-T 相图

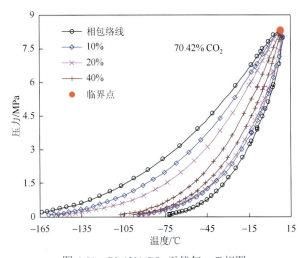

图 4.51　70.42% CO_2 天然气 p-T 相图

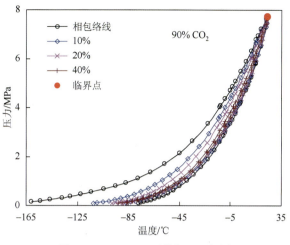

图 4.52　90% CO_2 天然气 $p\text{-}T$ 相图

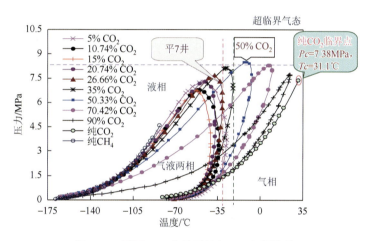

图 4.53　不同 CO_2 含量天然气 $p\text{-}T$ 相图比较

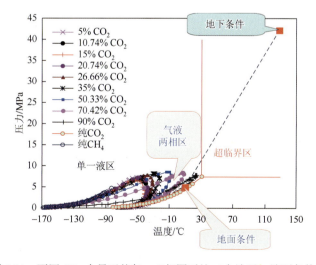

图 4.54　不同 CO_2 含量天然气 $p\text{-}T$ 相图对比（含地下、地面条件）

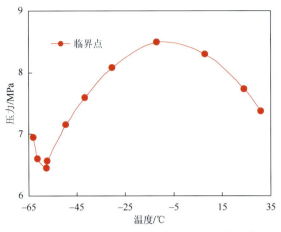

图 4.55　不同 CO_2 含量天然气临界点变化曲线

分析图 4.43～图 4.55 可知：

（1）CO_2 含量增加，天然气混合体系的两相区相包络线整体向右移，相包络区逐渐变成细长型，并且体系的临界点先向坐标轴的右下方移动（存在一个最小值），再向右上方移动（存在一个最大值），最后又向右下方移动。

（2）CO_2 含量越高，相包络区域图形越细长，温度变化区间越大，而压力变化区间先增大后减小；当 CO_2 含量为 50.33% 时，含 CO_2 天然气混合体系出现最大临界压力，约为 8.49MPa；CO_2 与 CH_4 的比例相近时，相包络线两相区所覆盖的坐标轴面积相对较宽；含 CO_2 天然气混合体系中对比 CO_2 与 CH_4 比例，任一种组成摩尔含量占优，则相图越靠近该单组分的相图。

（3）CO_2 含量小于 15% 时，体系的临界压力随 CO_2 的增加而下降；CO_2 含量为 15%～50.33% 时，临界压力随 CO_2 的增加而增大；CO_2 含量大于 50.33% 时，临界压力随 CO_2 的增加而降低。但临界温度随 CO_2 含量增加而一直增大。

2. 不同 CO_2 含量天然气物性参数的图版

基于 PR 方程，分别绘制了 30～127.5℃、7～44MPa 条件下 CO_2 含量从 0%～100% 的天然气偏差系数图版、密度图版、黏度图版和体积系数图版，结果如图 4.56～4.75 所示。

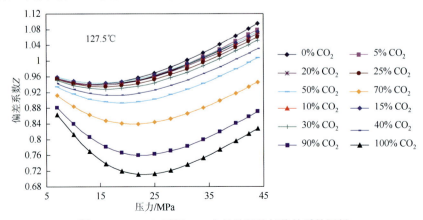

图 4.56　127.5℃不同 CO_2 含量的天然气偏差系数图版

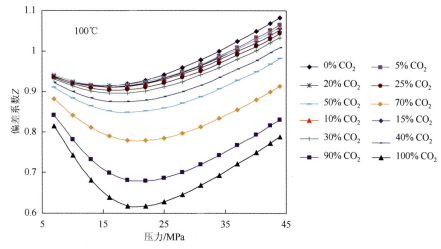

图 4.57　100℃不同 CO_2 含量的天然气偏差系数图版

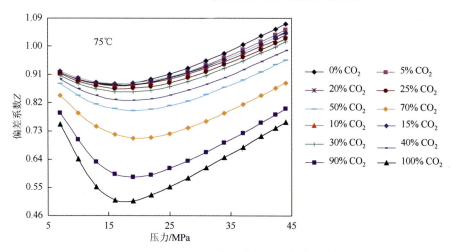

图 4.58　75℃不同 CO_2 含量的天然气偏差系数图版

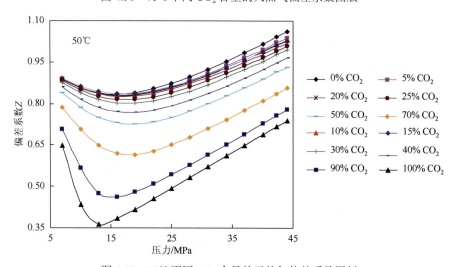

图 4.59　50℃不同 CO_2 含量的天然气偏差系数图版

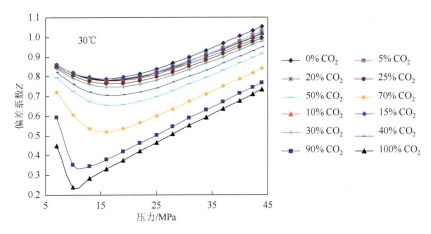

图 4.60　30℃不同 CO_2 含量的天然气偏差系数图版

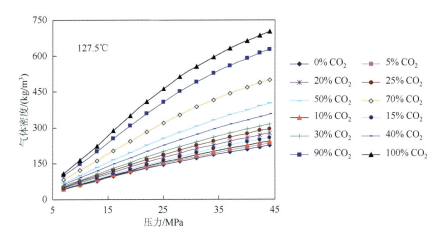

图 4.61　127.5℃不同 CO_2 含量的天然气密度图版

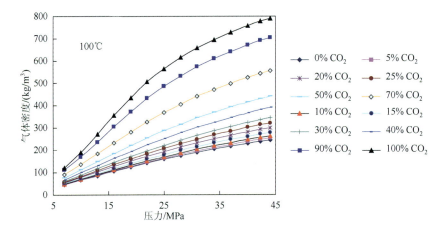

图 4.62　100℃不同 CO_2 含量的天然气密度图版

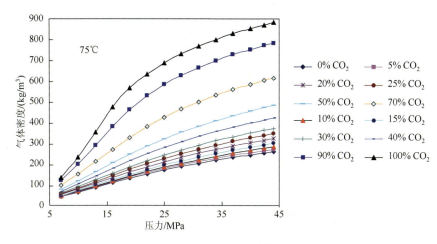

图 4.63　75℃不同 CO₂ 含量的天然气密度图版

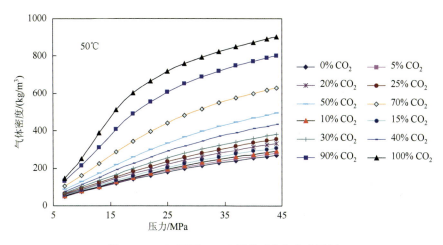

图 4.64　50℃不同 CO₂ 含量的天然气密度图版

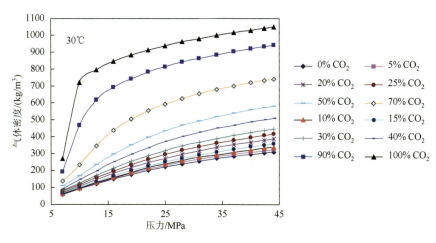

图 4.65　30℃不同 CO₂ 含量的天然气密度图版

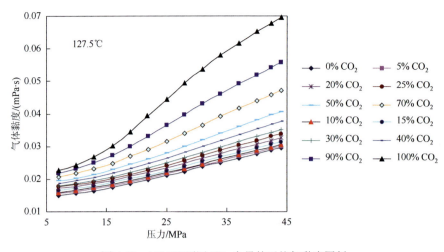

图 4.66　127.5℃不同 CO_2 含量的天然气黏度图版

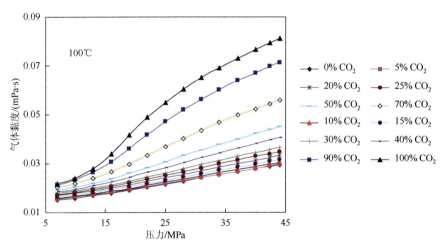

图 4.67　100℃不同 CO_2 含量的天然气黏度图版

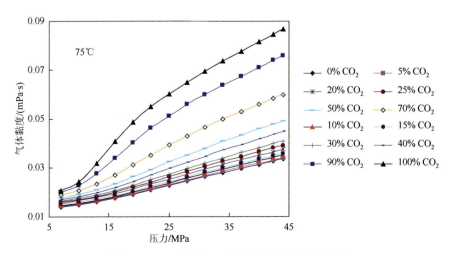

图 4.68　75℃不同 CO_2 含量的天然气黏度图版

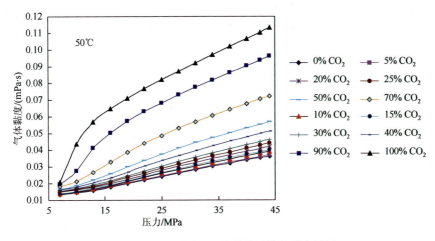

图 4.69　50℃不同 CO_2 含量的天然气黏度图版

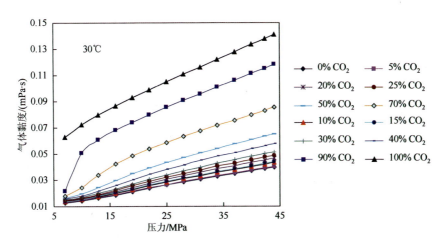

图 4.70　30℃不同 CO_2 含量的天然气黏度图版

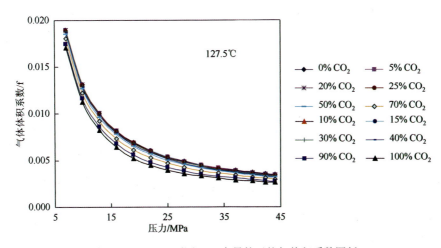

图 4.71　127.5℃不同 CO_2 含量的天然气体积系数图版

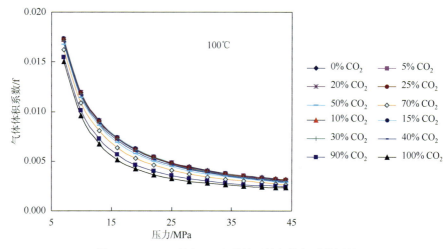

图 4.72　100℃不同 CO_2 含量的天然气体积系数图版

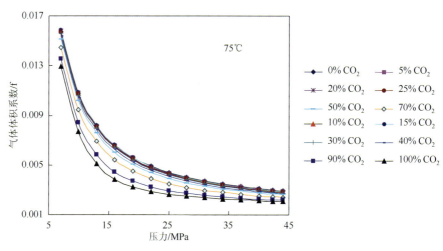

图 4.73　75℃不同 CO_2 含量的天然气体积系数图版

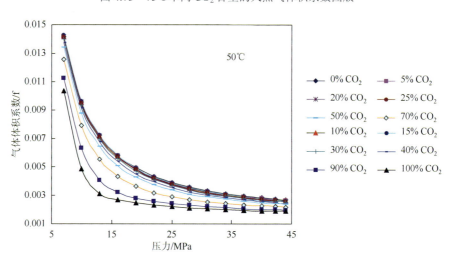

图 4.74　50℃不同 CO_2 含量的天然气体积系数图版

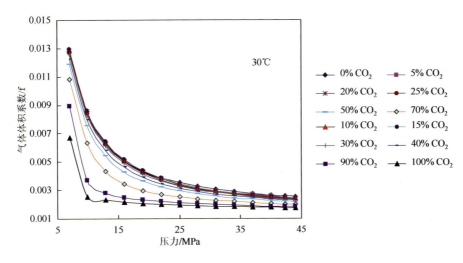

图 4.75　30℃不同 CO_2 含量的天然气体积系数图版

4.3　多孔介质条件下含 CO_2 天然气相态特征

本节研究的高含 CO_2 天然气 PVT 相态实验测试包括考虑多孔介质和不考虑多孔介质两种情况,具体实验测试内容如下。

1）单次闪蒸测试

恒压下将天然气样品进行单次闪蒸测试,计量单次脱气量,并对单脱气进行色谱分析,以获取高含 CO_2 天然气地层井流物组成、地层条件下的偏差系数、体积系数密度等参数。

2）等组成膨胀（CCE）实验

等组成膨胀实验（CCE）又称 p-V 关系测试,是在一定的温度下通过逐级降压测定恒质量的高含 CO_2 天然气藏流体样品的体积与压力的关系,获得分级压力下天然气的偏差系数、体积系数、密度以及压缩系数等。

4.3.1　不考虑多孔介质的 PVT 相态实验测试

不需要进行地层流体复配,直接将现场取得的高含 CO_2 天然气样品在室温下转样到 PVT 测试单元中,逐渐升温至地层温度,并在恒压下先后进行单次闪蒸、等组成膨胀（CCE）实验测试。

4.3.1.1　单次闪蒸测试

实验目的是为了获取地层条件下高含 CO_2 天然气偏差系数、密度、体积系数以及天然气的组分和组成等参数。

1. 实验步骤

先将高含 CO_2 天然气样品恒温恒压到实验所要求的压力温度下测量气样体积，然后将天然气放到室温室压下再测量其体积，最后用气体状态方程计算出偏差系数。

具体步骤如下：

（1）将 PVT 筒及管线清洗干净并吹干，对仪器进行试温试压；

（2）准备气样；

（3）将一定量的气样（80℃）转到 PVT 筒中；

（4）将其恒温、恒压到实验所要求的值，并静置 2～3h，读取 PVT 筒中气样体积；

（5）缓慢打开 PVT 测试单元的排气阀排气，同时在 80℃下进泵恒压保持在地层压力下，排出气体，并用气量计记录排出气体体积，关闭排气阀。排气结束后，记录 PVT 测试单元内的气样体积，并将排出的气样进行色谱分析，获得其组成；

（6）重复（3）～（5）步，进行多次天然气偏差系数的测试，至少有三次测试值相近，其相对误差不得超过 2%。

2. 实验结果

根据上述实验步骤，对含不同浓度 CO_2 的天然气在实验条件（42.34MPa、80℃）下的 PVT 高压物性进行了测试，并对样品进行了气体色谱分析。表 4.21 为不同 CO_2 含量天然气井井流物组成。表 4.22 为单次闪蒸测试数据表。

YP9 井天然气 CO_2 含量为 23.60%，属于高含 CO_2 天然气。

表 4.21　不同比例 CO_2 天然气组分组成/mol%

组分	P7（23.6029% CO_2）	0% CO_2	53.3103% CO_2	87.3226% CO_2	98.6666% CO_2
CO_2	23.6029	0	53.3103	87.3226	98.6666
N_2	5.082	0.3479	4.428	2.2194	0.5315
C_1	69.98966	92.2807	41.3379	10.24575	0.783108
C_2	1.2149	5.6851	0.8342	0.1778	0
C_3	0.0629	1.0616	0.0484	0.008067	0.005647
IC_4	0	0.1672	0.01125	0	0.004969
NC_4	0.0266	0.2083	0.01125	0.004107	0
IC_5	0.004124	0.0545	0.003873	0.006456	0
NC_5	0.004021	0.0467	0.004123	0.005219	0
C_6	0.0129	0.148	0.0107	0.0106	0.008176

注：53%、87%和98% CO_2 气样为在 YP9 井天然气中按比例添加工业纯 CO_2 气体配制而成

表 4.22　不同 CO_2 含量天然气单脱测试数据

测试项目	P7（23.6029% CO_2）	0% CO_2	53.3103% CO_2	87.3226% CO_2	98.6666% CO_2
体积系数 B_g	0.002869	0.003023	0.002693	0.0023275	0.00218125
偏差系数 Z	0.983873	1.022645	0.905268	0.787831	0.738751
密度 $\rho/$（g/cm³）	0.346087	0.258478	0.507114	0.751069	0.858673
相对分子质量	23.46	17.49	31.63	42.34	43.71
相对密度	0.810175	0.604024	1.092292	1.40789	1.462017

注：53%、87%和98% CO_2 气样为在 P7 井天然气中按比例添加工业纯 CO_2 气体配制而成

4.3.1.2　等组成膨胀（CCE）实验

本项实验为了获得天然气压缩系数和分级压力下的偏差系数等参数。

1. 实验步骤

（1）连接好高压泵和 PVT 筒；

（2）将单次脱气所剩余气量（适量）稳定在地层条件下，测量剩余气的体积；

（3）在 80℃下逐级降压，每级降压 5MPa，一直到 PVT 测试单元中活塞运行上限为止。每级降压稳定后，用测高计测量活塞高度，确定其体积。

2. 实验结果

根据上述实验步骤，对不同 CO_2 含量天然气样进行等组成膨胀实验，测试结果如图 4.76～图 4.79 所示。对于不同 CO_2 含量天然气，由图 4.76～图 4.79 可以看出：随着压力的增加，气体的膨胀能力逐渐减小，气体的偏差系数先逐渐减小后逐渐增加，气体的体积系数逐渐减小，气体的密度逐渐增加；随着 CO_2 含量的增加，相同压力下，气体的相对体积变化不明显，气体的体积系数和偏差系数逐渐减小，而气体的密度逐渐增加且高压下增加的幅度较低压下明显。

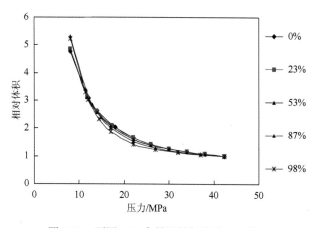

图 4.76　不同 CO_2 含量天然气流体 p-V 关系

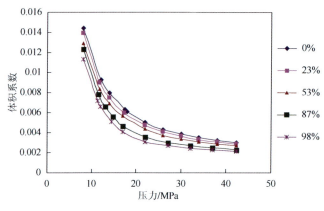

图 4.77　不同 CO_2 含量天然气流体体积系数变化

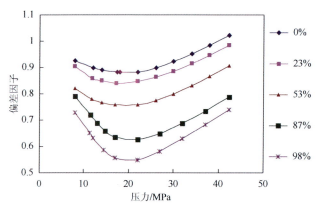

图 4.78　不同 CO_2 含量天然气流体偏差系数变化

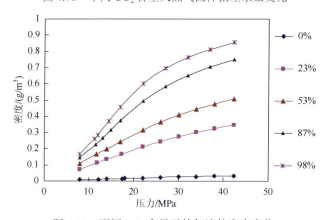

图 4.79　不同 CO_2 含量天然气流体密度变化

4.3.2　考虑多孔介质的 PVT 相态实验测试

4.3.2.1　实验流程及技术参数

多孔介质中高含 CO_2 天然气的 CCE 及偏差因子的实验装置见图 4.80～图 4.81。三组细管置于图 4.81 的高温恒温箱中并与驱替泵和温度压力系统连接。

图 4.80　RUSKA 高精度驱替泵

图 4.81　HYCAL 恒温烘箱

1. 主要技术参数

（1）3 个细管主要技术参数见表 4.23～表 4.25。

表 4.23　细管 1 参数表

直径/mm	长度/cm	孔隙体积/cm³	孔隙度/%	渗透率/μm²
4.4	1900	91.137	36.50	8.1

表 4.24　细管 2 参数表

直径/mm	长度/cm	孔隙体积/cm³	孔隙度/%	渗透率/μm²
4.4	2000	93.631	31.31	7.1

表 4.25　细管 3 参数表

直径/mm	长度/cm	孔隙体积/cm³	孔隙度/%	渗透率/μm²
4.4	2000	94.395	55.97	9.3

（2）HYCAL 恒温箱的技术参数。

最高工作温度：180℃误差±0.1℃。

电压：220V 50Hz。

功率：6000kW。

（3）RUSKA 高精度驱替泵。

工作流速：显示分辨率 0.001mL/min；设定范围 0.001～15.000mL/min。

工作压力：测量范围 0～10 000psi；显示分辨率 0～1psi；显示精度 0～1psi；控制精度 0～1psi。

体积量程：显示范围 0～500mL；分辨率 0～0.001mL；显示精度≤0.001mL。

4.3.2.2 实验测试及步骤

本次实验温度为80℃,实验样品为高含CO_2天然气。

(1) 按照实验流程连好相应的管线;

(2) 洗、吹、抽空3个细管及管线,并测量三个细管和连接管线在80℃、42.34MPa下的孔隙体积;

(3) 抽空三个细管及管线;

(4) 用泵向第1个细管注入一定CO_2浓度的天然气,在80℃、42.34MPa下稳定一段时间,使第1个细管得到充分饱和后,即泵的位置、压力不变时,记录此时压力传感器显示的第一个细管的压力;

(5) 关闭第1个细管的入口阀,连通第1、2个细管,待压力传感器显示的压力基本不变时,记录此时两个细管的平衡压力;

(6) 连通第1、2、3个细管,待压力传感器显示的压力基本不变时,记录此时三个细管的平衡压力;

(7) 其他不同CO_2浓度天然气的测试步骤重复(3)~(6)。

4.3.2.3 多孔介质中 CCE 及偏差因子测试结果

多孔介质中不同CO_2浓度的天然气的CCE及偏差因子测试数据见表4.26~表4.30。

表 4.26 多孔介质中 p-V 关系及偏差因子测试表（CO_2=0%）

序号	压力/MPa	相对体积	偏差因子
1	42.34	1	1.0226
2	17.45	2.0274	0.8545
3	12.09	3.0631	0.8945

表 4.27 多孔介质中 p-V 关系及偏差因子测试表（CO_2=23%）

序号	压力/MPa	相对体积	偏差因子
1	42.34	1	0.9839
2	17.33	2.0274	0.8166
3	11.86	3.0631	0.8443

表 4.28 多孔介质中 p-V 关系及偏差因子测试表（CO_2=53%）

序号	压力/MPa	相对体积	偏差因子
1	42.34	1	0.9053
2	16.96	2.0274	0.7351
3	11.78	3.0631	0.7711

表 4.29　多孔介质中 p-V 关系及偏差因子测试表（CO_2=87%）

序号	压力	相对体积	偏差因子
1	42.34	1	0.7878
2	14.82	1.9769	0.5452
3	11.49	2.9619	0.6332

表 4.30　多孔介质中 p-V 关系及偏差因子测试表（CO_2=98%）

序号	压力/MPa	相对体积	偏差因子
1	42.34	1	0.7388
2	14.39	1.9769	0.4964
3	11.32	2.9619	0.5850

　　根据上述实验步骤，对不同 CO_2 含量天然气样在多孔介质中进行了等组成膨胀实验，测试结果如图 4.82～图 4.83 所示。对于不同 CO_2 含量天然气，由图 4.82～图 4.83 可以看出：随着压力的增加，气体的膨胀能力逐渐减小，气体的偏差系数先逐渐减小后逐渐增加；随着 CO_2 含量的增加，相同压力下，气体的相对体积变化不明显，气体的偏差系数逐渐减小。

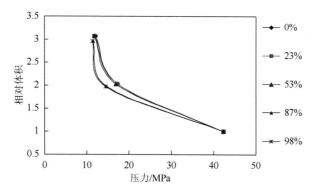

图 4.82　多孔介质中不同 CO_2 含量天然气流体 p-V 关系

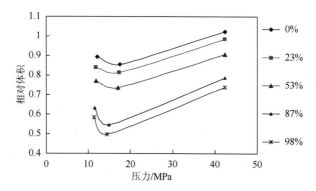

图 4.83　多孔介质中不同 CO_2 含量天然气流体偏差因子变化

4.3.3 多孔介质影响的实验结果对比与分析

将考虑多孔介质和不考虑多孔介质的不同 CO_2 含量天然气在不同压力下的相对体积、偏差系数变化进行对比分析，如图 4.84~图 4.89 所示。由考虑和不考虑多孔介质的实验数据对比图可以看出：不同 CO_2 含量天然气的体积系数变化不大，相同压力下，不考虑多孔介质比考虑多孔介质的偏差因子大；随着天然气中 CO_2 含量的增加，考虑多孔介质和不考虑多孔介质的相对体积和偏差因子物性参数变化趋势是一致的，即随着 CO_2 含量的增加，在相同压力下，气体的相对体积变化不明显，气体的偏差系数逐渐减小。

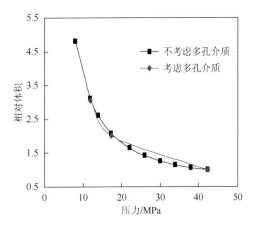

图 4.84　考虑多孔介质和不考虑多孔介质中
（CO_2=23%）天然气流体 p-V 关系对比图

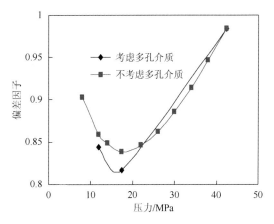

图 4.85　考虑多孔介质和不考虑多孔介质中
（CO_2=23%）天然气流体偏差因子对比图

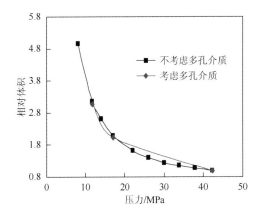

图 4.86　考虑多孔介质和不考虑多孔介质中
（CO_2=53%）关系天然气相对体积

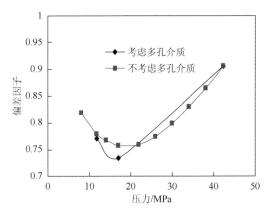

图 4.87　考虑多孔介质和不考虑多孔介质中
（CO_2=53%）天然气流体偏差因子对比图

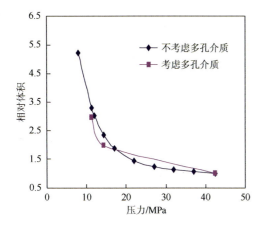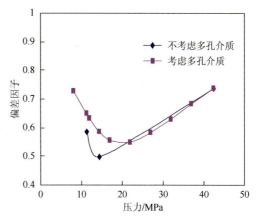

图 4.88　考虑多孔介质和不考虑多孔介质中（CO_2=98%）天然气流体 p-V 关系对比图

图 4.89　考虑多孔介质和不考虑多孔介质中（CO_2=98%）天然气流体偏差因子对比图

第5章　酸性气藏水合物相态研究

5.1　高含硫气藏水合物生成与分解

5.1.1　水合物热力学平衡实验

1. 水合物实验装置

天然气水合物静态实验采用的是加拿大DBR公司研制和生产的JEFRI全观测无汞高低温高压固相沉积测定仪，该装置结构外形如图5.1所示。此套系统主要由可视化PVT筒、恒温空气浴、温度控制系统、压力控制系统、注入系统、搅拌系统、CCD图像检测系统以及数据采集系统等组成，结构如图5.2所示。仪器最大工作压力为70MPa，工作温度为–30～200℃。

图 5.1　JEFRI 全观测无汞高低温高压固相沉积测定仪

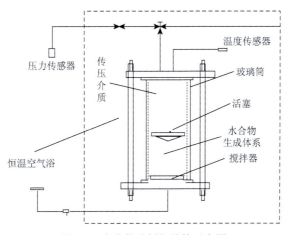

图 5.2　水合物分析仪结构示意图

为了保证实验装置在一定的温度和压力范围内的适用性，需要对装置进行重复性实验。目前对纯甲烷气体的水合物生成条件已有大量准确可靠的实验数据，因此采用测定甲烷生成水合物的相平衡条件与已有实验数据比较的方法来验证装置的准确可靠性，具体方法如下：

（1）采用恒压试温法，在一定的压力范围内测定一组不同的甲烷生成水合物相平衡状态点；

（2）将实验数据与已报道的经验数据绘成 p-T 曲线图，观察本设备实验测定值与以往实验数据是否接近，从而可检验实验设备是否准确可行。

实验采用观察法，通过视窗直接观察压力釜内水合物的生成。在高于水合物生成温度下，将装有地层水和一定组成气体的釜加至工作压力。在封闭釜内搅拌、冷却至观察到水合物生成。由于水合物生成过程会保持相当长一段时间，开始便将体系温度降到低于预期的平衡温度。水合物一旦生成，就缓慢升温（约 0.2K/h）至釜内仅有微量水合物时，停止。使体系稳定一段时间，若温度和压力不再变化，这时釜内仍有微量水合物晶粒存在，则此时的温度和压力就是水合物生成的平衡条件。

这种方法的优点是可以直接观察到釜内变化，在接近或低于冰点时，很难区分冰相和水合物相。另外，此法所需实验时间很长，一般每个点需 10～20h。具体实验步骤如下：

（1）卸下高压釜，先用蒸馏水及去离子水冲洗至无水珠悬挂于釜壁，用即将实验的液体冲洗 3 次。

（2）安装好高压釜，然后对管路及高压釜抽真空，约 30min。

（3）向高压釜内加入所需液样。

（4）打开进气阀进气，保持气体压力在预定的实验压力，启动磁性搅拌器开始搅拌，使气液充分接触。在此过程中，不断调节手动泵的微调，保持压力在预定的实验压力。

（5）保持压力不变，排除高压釜中液面上部的气体。然后，用气样置换两次，以保证高压釜中气体与气样组分相同。

（6）通过冷冻装置开始逐级降温。实验过程中，采用定压测量，通过改变反应筒的容积来实现压力的控制。

（7）认真观察高压釜内的变化，当反应釜中有微量水合物晶体，保持体系温度不变，并使体系稳定 4～6h。

（8）若体系稳定 4～6h 后仍有微量水合物晶体悬浮于溶液中或粘附在高压釜内壁上，则此时体系的温度即为该水合物的相平衡生成压力。

（9）若体系稳定 4～6h 后，高压釜体系中的水合物晶体已经全部分解，则说明此时体系的温度高于水合物的生成温度，应将体系温度重新调整为一较低值，并再次让体系稳定 4～6h。如此反复进行实验，直至体系达到预期的平衡状态。因此，每次实验需多次重复升温降温来寻找相平衡点。

（10）升高体系温度，降低体系压力，直到确定体系中的水合物及其晶核全部消失，再重复实验步骤，开始做下一个预计压力下水合物的生成温度。

2. 高含 H_2S 天然气水合物生成实验

本次实验的气体组分由气相色谱仪测定，其主要成分见表 5.1，属于高含 H_2S 气藏。不同 H_2S 气体高含硫水合物生成条件见表 5.2，如图 5.3 所示。

表 5.1　高含 H_2S 气体组成分析

组分，mol%	He	H_2	N_2	CO_2	H_2S	C_1	C_2
气样 1	0.02	0.06	2.08	6.12	8.3	83.36	0.07
气样 2	0.02	0.01	0.4	5.32	8.34	85.83	0.08
气样 3	0.02	0.02	0.75	6.97	11.68	80.52	0.04
气样 4	0	0	0	6.1	28.8	65.02	0.08

表 5.2　高含 H_2S 气体水合物生成条件实测数据

气样 1	压力/MPa	6.5	8	9.11	10.01	12.01	15	20	25	—	—	—	—
	温度/℃	17.7	19.1	19.7	20.5	21	22.5	24.7	25.5	—	—	—	—
气样 2	压力/MPa	6	6.5	8	10	12	15	20	25	—	—	—	—
	温度/℃	18.2	18.5	19.6	21.1	22	23.1	24.9	25.2	—	—	—	—
气样 3	压力/MPa	6	7.7	8	9	10	11	12	13	20	30	40	50
	温度/℃	20.1	21.6	22.2	23.4	24	24.3	24.6	24.9	25.8	27.5	29.1	30.2
气样 4	压力/MPa	4	5.5	6	8	8.52	10	15	20	25	30	40	50
	温度/℃	23.9	25.6	26.2	27.8	28.2	29.1	29.7	30.1	30.9	31.4	32.3	33.4

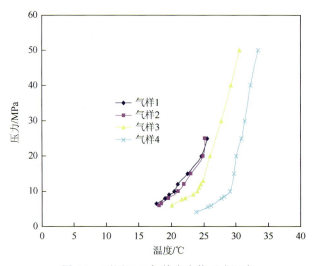

图 5.3　不同 H_2S 气体水合物形成温度

由此可以得出以下认识：

（1）H_2S 含量越高，水合物的形成温度越高。对于 H_2S 含量＞10%，水合物形成温度增加越明显，对于高含硫气藏水合物形成温度比不含 H_2S 气体可能高出 10℃以上。

（2）在低压下水合物形成温度增加的趋势越大，而在高压下增加的趋势相对平缓，因此在低压情况下水合物形成温度对压力的变化越敏感。

3. 醇类体系的影响实验

本次实验的气体是采用吉林长岭气田长深 1 井的分离气样，其气体组分由气相色谱仪测定，其主要成分见表 5.3，CO_2 的含量高达 24.14%，属于高含 CO_2 气藏。

表 5.3　长深 1 井气体组成分析

组分	C_1	C_2	C_3	CO_2
气体组分含量/mol%	73.79	2.01	0.07	24.14

为了对比研究甲醇与乙二醇的抑制效果，进行了 20% wt 甲醇、20% wt 乙二醇体系水合物实验，实验结果见表 5.4、图 5.4。

表 5.4　长深 1 井气样醇类水合物生成温度测定结果

实验压力/MPa	水合物生成温度/K			
	纯水	20% wt 甲醇	20% wt 乙二醇	10% wt 甲醇＋10% wt 乙二醇
5	282.9	274.3	278.5	276.3
10	288.0	279.1	283.7	281.4
15	290.6	281.5	286.2	284.0
20	292.4	283.2	287.8	285.7
25	293.7	284.3	289.1	287.1

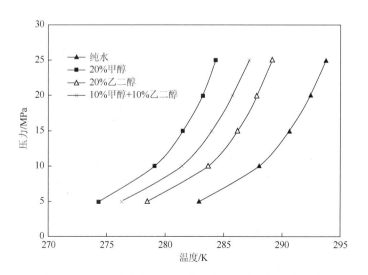

图 5.4　长深 1 井气样不同醇类对水合物生成温度的影响

从图 5.4 看出，醇类对水合物生成有很大的抑制作用，相同浓度甲醇的效果优于乙二醇。在相同压力下，20%甲醇比 20%乙二醇体系水合物温度低 5℃左右。10%甲醇＋10%乙二醇抑制效果介于 20%甲醇与 20%乙二醇的中间，比 20%乙二醇抑制效果好，比 20%甲醇效果差。

4. 电解质体系的影响实验

为了对比研究 NaCl 与 CaCl₂ 的抑制效果，对 10% NaCl、10% CaCl₂、20% NaCl 体系水合物进行实验，具体结果见表 5.5、图 5.5。

表 5.5　长深 1 井气样 10% NaCl、10% CaCl₂、20% NaCl 水合物温度测定结果

实验压力/MPa	水合物生成温度/K			
	纯水	10% NaCl	10% CaCl₂	20% NaCl
5	282.9	278.2	278.7	270.7
10	288.0	283.5	284.0	275.8
15	290.6	286.1	286.6	278.3
20	292.4	287.7	288.3	279.9
25	293.7	289.0	289.6	281.2

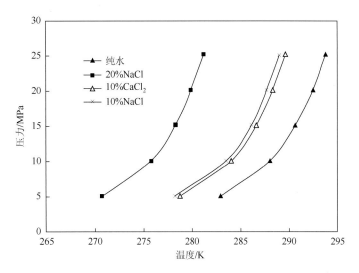

图 5.5　长深 1 井气样 10% NaCl、10% CaCl₂、20% NaCl 水合物生成温度对比

由图 5.5 可以看出，相同浓度 NaCl 的抑制效果比 CaCl₂ 好，但是相差不是很大。当 NaCl 浓度从 10%增加到 20%时，水合物生成温度大大降低，20% NaCl 产生的温度降大约是 10% NaCl 的 2.8 倍。

通过对高酸性气样进行不同富水相体系中水合物生成条件实验测试，取得以下认识：

（1）酸性气体溶解对水合物生成条件的影响不容忽视。压力一定时，随着气样中 CO_2 含量的增加，水合物生成温度升高，在一定高压条件下，由于 CO_2 液化，水合物生成温

度曲线出现拐点；

（2）甲醇对水合物的抑制效果优于乙二醇，在相同压力下，20%甲醇比 20%乙二醇体系水合物生成温度低 5℃左右；

（3）电解质之间以及电解质与醇类间存在协同作用，多元抑制剂体系对水合物的抑制效果优于等效浓度下几种单一抑制剂的抑制效果之和。

5.1.2　水合物生成影响因素

影响天然气水合物生成的因素有内因与外因，主要有以下几个方面：

1）天然气组分

天然气组分是决定是否生成水合物的内因，组分不同的天然气，水合物形成温度不一样。甲烷含量越高，其形成水合物的温度就越低；压力越高，组分对水合物生成的温度影响就越小，压力越低，影响就相对较大；组分差别越大的气体，其水合物生成条件也相差越大。

2）搅拌速率

搅拌速率是影响水合物生成的一个重要参数。搅拌速率越大，其水合物形成温度越高，这主要是由于一旦水合物中有晶核形成，增大搅拌速度，相当于增大晶种的堆积速度，因而其形成的时间越短，水合物形成温度越高。

3）酸性气体

对于同组分气体，酸性气体的含量越高，其形成水合物的温度越高，特别是 H_2S 的含量增加，水合物温度变化最敏感。

4）电解质

对于含电解质的水溶液，其水合物的形成温度将会降低，这主要是由于离子在水溶液中产生离子效应，破坏了其电离平衡，同时也改变了水合离子的平衡常数，因而对水合物的形成有一定的影响。实验证明：天然气从井中带出的地层水的矿化度越高，水合物形成温度越低。经分析，这与溶液中水的活度系数有关。在水溶液中含有相同摩尔数的氯化物，随着离子电荷数的增多，水的活度系数降低，即 $AlCl_3 < CaCl_2 < KCl$。水的活度系数与水相中不同的盐离子引起的水的混乱度以及离子的表面电荷等有关。离子电荷数越多，表面电荷越大，离子与水分子之间的相互作用力越强，水的混乱度越明显，相应地水的活度越低。水的活度越低越不易形成水合物。因此，$AlCl_3$ 溶液中甲烷水合物的生成条件要比 KCl 的高，并且水合物稳定存在的范围也小。

5）生产系统情况

在生产实际中，气体产量、地温梯度、油管直径以及螺纹连接处的密封好坏都与水合物的形成有关，油管内的温度随气体产量而变化。因此，用调整产量的方法可改变水合物的形成温度，产量越高，井筒压力越低，水合物形成温度越低。另外，油管螺纹连接处的不密封性也能促进油管中水合物的形成，气流通过油管螺纹连接不密封处时，由于节流效应将使气流温度进一步降低。因此，在油管下井时采用液压油管钳上扣的方法对螺纹连接处密封是十分必要的。

5.2　高酸性气体水合物热力学预测模型

5.2.1　水合物相化学势改进

理想溶液中各种分子之间的相互作用力均相同,所以当几种纯物质混合构成理想溶液时,没有热效应产生,也就不会带来体积改变。原始的 vdW-P 模型把水合物考虑成理想固体溶液,忽略了主体分子的伸展以及分子的运动,这将增加水分子与客体分子的化学势[1]。因此,该模型预测到的水合物分解压力偏高。后来人们通过调整势能函数的参数来减弱主客体分子的相互作用,得出的 Langmuir 常数有所减小,水合物分解压力预测值与实验值比较接近,但是这一方法始终缺乏理论依据。近年来研究表明,在 100MPa 时,水合物晶格体积发生 0.5%的改变,会造成分解压力值发生 15%的偏移。这一现象说明水合物晶格体积变化对水合物的预测结果有着重要的影响。可见高压体系水合物相平衡问题中必须考虑水合物晶格体积变形对结果的影响。

5.2.1.1　水合物晶格变形研究

vdW-P 模型假设水合物相为理想固体溶液,水合物是在定容过程中生成的,即客体分子进入水合物空腔前后水合物摩尔体积保持不变,水合物形成过程中自由能的变化仅仅是由于气体小分子进入水合物空腔引起的,而与气体分子的大小和组成无关。因此,水在水合物中的化学势可以表示为每个客体分子在每个空腔占有率的函数[1-3]:

$$\mu_H = g_{w\beta} + RT \sum_m v_m \ln\left(1 - \sum_i \theta_{im}\right) \qquad (5.1)$$

式中,认为水合物空腔的自由能 $g_{w\beta}$ 在给定温度、体积下为已知,空的水合物晶格体积与平衡时水合物体积相等,化学势的变化仅由客体分子的进入引起。

Sloan 等在表征水合物的非理想性时在模型中引入了水的活度系数这一概念,用来反映由于体积改变对自由能变化的影响[4]。气体分子进入空腔形成水合物的过程可以分解为两步:第一步保持晶格体积不变,体系能量改变只取决于分子进入空腔,可以用 vdW-P 统计模型来描述;第二步仅仅是晶格体积发生改变,这一过程可以用活度系数来描述。用于计算水合物化学势的公式为

$$\mu_H = g_{w\beta} + RT \sum_m v_m \ln\left(1 - \sum_i \theta_{im}\right) + RT \ln \gamma_{wH} \qquad (5.2)$$

与式(5.1)相比,式(5.2)右端引入了活度系数相 $\ln \gamma_{wH}$。将活度系数与体积变化相关联,假定活度系数是体积变化的函数,并且活度系数必须满足下面的条件:

$$\Delta v_H \to 0, \quad \gamma_{wH} \to 1 \qquad (5.3)$$

活度定义为溶液中组分的逸度与该组分在标准态时的逸度之比,以表示真实溶液对理想溶液的偏离。在处理非理想溶液时,引入活度概念有助于对真实浓度进行校正。活度和摩尔分数之比称为活度系数。从严格的意义说,活度系数能够描述由于体积改变引起的能

量变化，具体表现为标准晶格 Gibbs 自由能的变化。

$$\mu_{wH} = g_{w\beta} + \Delta g_{w\beta} + RT \sum_m v_m \ln\left(1 - \sum_i \theta_{im}\right) \qquad (5.4)$$

式中，

$$\Delta g_{w\beta} = \frac{\Delta g_{w_0\beta}}{RT_0} - \int_{T_0}^{T} \frac{\Delta h_{w\beta}}{RT^2}\mathrm{d}T + \int_{p_0}^{p} \frac{\Delta v_H}{RT}\mathrm{d}p \qquad (5.5)$$

由此得到的活度系数表达式为

$$\ln \gamma_{wH} = \frac{\Delta g_{w_0\beta}}{RT_0} + \frac{\Delta h_{w\beta}}{RT^2}\left(\frac{1}{T} - \frac{1}{T_0}\right) + \int_{p_0}^{p} \frac{\Delta v_H}{RT}\mathrm{d}p \qquad (5.6)$$

为了满足式（5.3）的条件，特作如下假设：

$$\Delta g_{w\beta} = a\Delta v_{H_0} \qquad (5.7a)$$

$$\Delta h_{w\beta} = b\Delta v_{H_0} \qquad (5.7b)$$

式中，a、b 是与结构有关的常数。

5.2.1.2　水合物晶格变形的计算

水合物的摩尔体积可表示为

$$v_H(T, p, \bar{x}) = v_0 \exp[\alpha_1(T - T_0) + \alpha_2(T - T_0)^2 + \alpha_3(T - T_0)^3 - \kappa(p - p_0)] \qquad (5.8)$$

式中，热膨胀系数 α_1、α_2、α_3 为水合物结构的函数；压缩系数 κ 为水合物结构及组成的函数。

5.2.2　水相活度计算

含抑制剂体系水合物热力学预测模型的关键在于采用合适的活度系数模型准确描述抑制剂对水溶液相中水的活度的影响，而对水合物相，vdW-P 模型依然成立[5-7]。

活度定义为溶液中组分的逸度 f_{wAq} 与该组分在标准态时的逸度 f_{io} 之比。对于水组分，其活度计算式为

$$a_w = \frac{f_{wAq}}{f_{io}} \qquad (5.9)$$

式中，f_{wAq}——溶液中水的逸度；

f_w^0——纯水在系统的温度与压力下的逸度。

根据逸度与逸度系数的关系，式（5.9）可以写为

$$a_w = x_w \frac{\phi_w}{\phi_w^0} \qquad (5.10)$$

式中，ϕ_w——实际水溶液中水的逸度系数；

x_w——水溶液中水的摩尔分数；

ϕ_w^0——纯水在相同条件下的逸度系数。

5.2.3 水-气-电解质-醇类相平衡计算

水-气体系和水-气-盐-醇体系气液相平衡的热力学模型研究一直是一个难点。这是因为水是一种强极性分子，与非极性或弱极性的烃类分子甲烷、乙烷等有着很大的差异，导致水-气体系的高度不对称性，水-气体系的气液相平衡难以采用热力学模型处理。随着状态方程的发展，研究者越来越倾向于采用状态方程解决流体相平衡问题。

早期建立的状态方程（如 PR 方程、RK 方程、PT 方程等）如果改进混合规则，能定量预测含极性物质体系的相平衡，其中 PT 方程明显优于其他方程。目前利用改进的状态方程主要计算气体溶解度、电解质体系与醇类体系单独对水合物生成的影响。这里采用改进的 PT 状态方程——VPT 状态方程计算流体相逸度，采用 NDD 混合规则计算极性-非极性和极性-极性分子之间的相互作用。

5.2.3.1 改进的 PT 方程

Valderrama 改进得到的 VPT 状态方程为[8, 9]

$$p = \frac{RT}{v-b} - \frac{a(T)}{v^2 + (b+c)v - bc} \tag{5.11}$$

式中， $a = a_c \alpha(T_r)$ 。

Avlonitis 等人给出了如下公式来关联甲醇与水的 $\alpha(T_r)$ ：

$$\alpha(T_r) = [1 + m(1 - T_r^{\psi})]^2$$

对于甲醇：

$$m = 0.76757, \quad \psi = 0.67933 ;$$

对于水：

$$m = 0.72318, \quad \psi = 0.52084 。$$

在所采用的混合规则中，引力项参数 a 被分成了两部分：传统混合规则部分（ a^C ）和不对称贡献部分（ a^A ），即

$$a = a^C + a^A \tag{5.12}$$

$$a^c = \sum_i \sum_j x_i x_j (a_i a_j)^{0.5} (1 - k_{ij}) \tag{5.13}$$

$$a^A = \sum_p x_p^2 \sum_i x_i a_{pi} l_{pi} \tag{5.14}$$

$$a_{pi} = \sqrt{a_p a_i} \tag{5.15}$$

式中， k_{ij} ——二元交互系数，可以在相关文献查到；

下标 p ——极性组分；

l_{pi} ——极性组分和其他组分之间的二元交互系数，它是温度的函数。

$$l_{pi} = l_{pi}^0 - l_{pi}^1 (T - T_0) \tag{5.16}$$

式中， l_{pi}^0 、 l_{pi}^1 ——二元交互系数，可从相关文献查得；

T_0 ——冰点，K。

需要注意的是，在传统混合规则中，对于非极性-非极性的组合二元交互系数 k_{ij} 和 k_{ji} 具有相同的数值。然而，上述系数的数值在非极性-极性组合中却并不一定相等。状态方程的参数 b、c 由传统混合规则计算：

$$b = \sum_i x_i b_i \tag{5.17}$$

$$c = \sum_i x_i c_i \tag{5.18}$$

式中，x_i——i 组分的摩尔分数。

VPT 方程的立方形式为

$$Z^3 + (C-1)Z^2 + [A - C - B(B + 2C + 1)]Z + B(BC + C - A) = 0 \tag{5.19}$$

式中，Z 为混合气体的偏差因子；A、B、C 的计算式为

$$A = \frac{ap}{(RT)^2} \tag{5.20}$$

$$B = \frac{bp}{RT} \tag{5.21}$$

$$C = \frac{cp}{RT} \tag{5.22}$$

逸度系数表达式为

$$
\begin{aligned}
\ln \phi_i = &-\ln(Z - B) + \frac{B_i}{Z - B} - \frac{\ln\left(\dfrac{Q + D}{Q - D}\right)}{D} \sum_j y_j A_{ij}(1 - k_{ij}) + \frac{A(B_i + C_i)}{2(Q^2 - D^2)} \\
&+ \frac{A}{8D^3}\left[\ln\left(\frac{Q + D}{Q - D}\right) - \left(\frac{2QD}{Q^2 - D^2}\right)\right][C_i(3B + C) + B_i(3C + B)] \\
&- \frac{\ln\left(\dfrac{Q + D}{Q - D}\right)}{D}\left(y_i \sum_j y_i A_{ij} l_{ij} + \frac{1}{2}\sum_j y_i^2 A_{ij} l_{ij} - \frac{1}{2}\sum_p \sum_j y_p^2 y_j A_{pj} l_{pj}\right)
\end{aligned}
\tag{5.23}
$$

式中，

$$A_{ij} = \sqrt{a_i a_j}\, p / (RT)^2 \tag{5.24}$$

$$Q = Z + \frac{(B + C)^2}{4} \tag{5.25}$$

$$D = \sqrt{BC + \frac{(B + C)^2}{4}} \tag{5.26}$$

当没有极性分子组成存在时，式（5.23）中最后一项为零。

5.2.3.2　电解质拟组分化

本节将盐类组分视为拟组分，它的临界参数可以通过实验数据拟合优化得到，临界参数及交互作用系数采用 Rahim 的拟合结果[10]。采用上节给出的 VPT 状态方程对盐进行模拟。对于 NaCl 和 KCl，假定 $\Omega_{a_c} = 0.06276$ 来对 VPT 状态方程中的参数 a 进行求解，其他盐类可以通过对 NaCl 的等效系数求得所需参数。

5.2.4　含抑制剂体系冰点的确定

水合物的平衡条件是水在水合物相的化学势与其在共存相的化学势相等,共存相有可能是富水相或冰相,不同的共存相有不同的化学势表达式。因此,计算的第一步是判定与水合物共存相的相态。目前无论在纯水体系及抑制剂体系,均把 273.15K 作为冰相与水相的分界线,这里采用 Nielsen 等对冰点下降值与抑制剂浓度关系的二元线性回归方程,来确定冰相与水相存在的分界线。

5.2.5　改进后的水合物预测模型

基于状态方程的水合物综合模为[11-26]

$$
\begin{aligned}
\frac{\Delta \mu_W^0}{RT_0} &- \frac{\Delta C_{pW}^0 T_0 - \Delta h_W^0 - \dfrac{2}{b} T_0^2}{R}\left(\frac{1}{T} - \frac{1}{T_0}\right) - \frac{\Delta C_{pW}^0 - b T_0}{R}\ln\frac{T}{T_0} \\
&- \frac{b}{2R}(T - T_0) + \frac{\Delta V_W}{RT}(p - p_0) - \ln\frac{x_w \phi_w}{\phi_w^0} = \sum_m v_m \ln\left(1 - \sum_i \theta_{im}\right) + \ln\gamma_{wH}
\end{aligned}
\tag{5.27}
$$

该模型具有以下优点:

(1)对气相中各组分的逸度系数和富水相中水的活度采用统一的热力学模型计算,增强了热力学一致性;

(2)将电解质视为拟组分,简化了所需的参数,与左有祥等人的模型相比,形式结构更加简洁;

(3)修正水合物理想溶液假设条件,将水合物体积考虑为温度、组分、压力的函数,水合物能量综合考虑气体分子填充与体积变化双重影响;

(4)引入气体溶解度修正,考虑了高酸性气体溶解对水合物形成条件的影响;

(5)改进模型实现了电解质、醇类模型的统一,可同时预测混合电解质、混合醇类及其混合水合物生成条件。

5.2.6　水合物热力学预测模型实验评价

为了验证改进模型的可靠性,用大量实验数据与模型预测结果进行对比分析,比较结果表明模型不仅适合常规天然气水合物预测,也适用于高压水合物生成条件预测和高酸性气体水合物预测。对于多组抑制剂溶液体系,包括单一醇溶液体系、单一电解质溶液体系以及醇类和电解质混合体系,预测结果与实验测试结果取得了较好的一致性。

5.2.6.1　富水相为纯水的体系

首先验证模型对高酸性气体与常规气体一元体系、二元体系及其混合物在纯水体系的适用性,如图 5.6 所示。模型同样适用于常规天然气水合物的预测,最大相对误差为 0.21%。温度预测结果与实验水合物温度吻合较好,共对比分析了 9 个体系共 101 个状态点,压力

为 0.18～99.6MPa，温度为 273.4～308.2K，硫化氢浓度为 0%～31.77%，二氧化碳浓度为
0%～40%，平均绝对误差为 0.32℃，最大绝对误差为 0.85K，表明模型无论对于酸性气体
与常规气体，一元体系、二元体系与混合物，高压与低压均适用。模型由于考虑了晶格变
形及气体溶解的影响，从而使模型能很好地预测高压水合物的生成情况，在压力高达
92MPa 时，最大绝对误差仅 0.4K。预测温度与实验温度吻合较好，甲烷生成 I 型水合物，
丙烷生成 II 型水合物，说明模型同样适合 II 型水合物预测。模型对于 CH_4+H_2S、CO_2+CH_4
二元混合体系预测温度与实验数据吻合较好，最大相对误差为 0.11%。

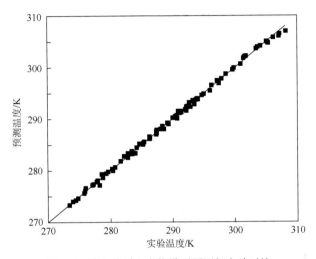

图 5.6　纯水体系水合物模型预测与实验对比

5.2.6.2　富水相为醇类溶液的体系

模型预测水合物温度与实验数据吻合较好，如图 5.7 所示，最大绝对误差为 0.5K，平

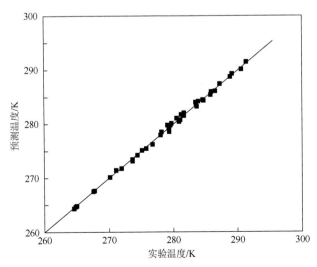

图 5.7　甲醇溶液体系水合物模型预测与实验对比

均误差为 0.29K，共验证了气体在甲醇溶液中的 5 个体系 38 个状态点，压力为 0.9～19.2MPa，温度为 264.5～291K，硫化氢浓度为 0～25.9%，二氧化碳浓度为 0～24.14%，甲醇浓度为 10%～20%，说明模型能很好预测甲醇体系水合物生成情况，证实了模型能准确描述甲醇对气体溶解和气相逸度的影响。

5.2.6.3 富水相为电解质溶液的体系

模型预测水合物温度与实验数据吻合较好，如图 5.8 所示，最大绝对误差为 0.48K，平均误差为 0.37K，共验证了气体在 10% NaCl、10% KCl、10% $CaCl_2$、20% NaCl、10% NaCl ＋10% $CaCl_2$ 电解质溶液 5 个体系 39 个状态点，压力为 0.81～25MPa，温度为 267.1～289.7K，说明模型能很好预测电解质体系水合物生成情况，把电解质作为拟组分参与相平衡计算是可行的。

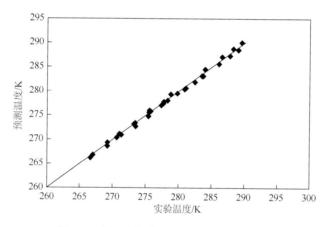

图 5.8　电解质体系水合物预测与实验对比

5.3　复杂多相体系物质平衡模型

5.3.1　复杂多相平衡热力学平衡模型及求解

对于可能存在多相的平衡体系，设体系组分数为 C，最大相数为 F。Adam L. Ballard 取 1mol 的质量数作为分析单元，对于给定体系的温度、压力和组成，当达到稳定时，体系中至少会存在一个相，将这个存在的相假设为参考相 r，于是体系物料平衡方程可表示为[27]

$$\alpha_r x_{ir} + \sum_{\substack{k=1 \\ k \neq r}}^{F} \alpha_k x_{ik} = z_i \ (i = 1, \cdots, C) \tag{5.28}$$

或写成

$$\left(\alpha_r + \sum_{\substack{k=1 \\ k \neq r}}^{F} \alpha_k \frac{x_{ik}}{x_{ir}} \right) x_{ir} = z_i \ (i = 1, \cdots, C) \tag{5.29}$$

式中，α_k——k 相的相摩尔分量；

　　　x_{ik}——k 相中组分 i 的摩尔分数；

　　　x_{ir}——参考相 r 中组分 i 的摩尔分数；

　　　z_i——混合体系中组分 i 的摩尔组成。

上述方程必定满足质量数归一化条件和组成归一条件：

$$\alpha_r + \sum_{\substack{k=1 \\ k \neq r}}^{F} \alpha_k = 1 \tag{5.30}$$

$$\sum_{i=1}^{C} x_{ik} = 1 \, (k = 1, \cdots, F) \tag{5.31}$$

根据热力学平衡理论，当多相共存体系达到相平衡时，体系中每一组分在各共存相中的逸度应满足

$$f_{i1} = f_{i2} = \cdots = f_{ik} = \cdots = f_{iF} \tag{5.32}$$

$$f_{ik} = x_{ik} \phi_{ik} p \tag{5.33}$$

各相与参考相之间的平衡常数为

$$K_{ik} = \frac{\phi_{ir}}{\phi_{ik}} = \frac{x_{ik}}{x_{ir}} \quad (i = 1, \cdots, C, \quad k = 1, \cdots, F) \tag{5.34}$$

式中，K_{ik}——平衡常数，表示平衡时组分 i 在参考相 r 和 k 相之间的摩尔分数比；

　　　f_{ik}——k 相中组分 i 的逸度；

　　　ϕ_{ik}——k 相中组分 i 的逸度系数；

　　　ϕ_{ir}——参考相中组分 i 的逸度系数。

利用逸度对平衡常数进行计算修正，即

$$K_{ik} = \frac{\phi_{ir}}{\phi_{ik}} = \frac{x_{ik}}{x_{ir}} \frac{f_{ir}}{f_{ik}} = \frac{x_{ik}}{x_{ir}} \exp\left[-\ln\frac{f_{ik}}{f_{ir}}\right] = \frac{x_{ik}}{x_{ir}} e^{-\theta_k} \quad (i = 1, \cdots, C, \quad k = 1, \cdots, F) \tag{5.35}$$

式中，f_{ir}——k 相中组分 i 的逸度；

　　　θ_k——k 相存在的稳定性判定变量，$\theta_k = 0$，k 相存在。

物料平衡方程为

$$\left(\alpha_r + \sum_{\substack{k=1 \\ k \neq r}}^{F} \alpha_k K_{ik} e^{\theta_k}\right) x_{ir} = z_i \quad (i = 1, \cdots, C) \tag{5.36}$$

由此得到组分 i 在参考相 r 中的组成为

$$x_{ir} = \frac{z_i}{1 + \sum_{\substack{k=1 \\ k \neq r}}^{F} \alpha_k (K_{ik} e^{\theta_k} - 1)} \quad (i = 1, \cdots, C) \tag{5.37}$$

组分 i 在任意相 k 中的组成为

$$x_{ik} = \frac{z_i K_{ik} \mathrm{e}^{\theta_k}}{1+\sum\limits_{\substack{k=1 \\ k \neq r}}^{F} \alpha_k (K_{ik}\mathrm{e}^{\theta_k}-1)} \quad (i=1,\cdots,C) \tag{5.38}$$

由组成归一条件，得到部分冷凝方程为

$$E_k = \sum_{i=1}^{C} \frac{z_i K_{ik} \mathrm{e}^{\theta_k}}{1+\sum\limits_{\substack{k=1 \\ k \neq r}}^{F} \alpha_k (K_{ik}\mathrm{e}^{\theta_k}-1)} - 1 = 0 \tag{5.39}$$

或表示为

$$E_k = \sum_{i=1}^{C} \frac{z_i K_{ik} \mathrm{e}^{\theta_k}}{1+\sum\limits_{\substack{k=1 \\ k \neq r}}^{F} \alpha_k (K_{ik}\mathrm{e}^{\theta_k}-1)} - \sum_{i=1}^{C} x_{ir} = 0 \tag{5.40}$$

式（5.40）即为计算多相体系热力学平衡模型，其中 θ_k 用于判断相是否存在，而相摩尔分量 α_k 用来判断体系中是否存在相 k，即存在以下约束条件：

$$S_k = \frac{\alpha_k \theta_k}{\alpha_k + \theta_k} = 0 \quad (k=1,\cdots,F;\ \alpha_k \geqslant 0,\ \theta_k \geqslant 0) \tag{5.41}$$

当 $\alpha_k > 0$ 时，必定有 $\theta_k = 0$，此时 k 相稳定存在；而一旦 $\alpha_k = 0$ 时，必定有 $\theta_k \neq 0$，此时 k 相不存在。

利用牛顿迭代法可以对式（5.36）～式（5.41）迭代求解 α_k、θ_k 和 x_{ik}，同时计算出 x_{ir}。

5.3.2　逸度模型

由平衡常数的定义可知，要对平衡常数进行迭代，必须知道各相中各组分的逸度系数。采用不同的逸度模型来计算各相中各组分的逸度系数。

表 5.6　逸度模型

相类型	选用的逸度模型
气、液相烃	PR 状态方程
水合物相（Ⅰ型、Ⅱ型、H型）	改进的 vdW-P 化学势模型
水相	活度模型

5.3.3　复杂多相体系相平衡模型应用

利用相平衡模型定量描述体系中出现的气液固组成，取得的成果有助于人们进一步认识水合物形成机理，从而掌握生产过程中的水合物预测与防治技术。

5.3.3.1　预测复杂多相体系高酸性气体水合物生成条件

（1）将长深 1 井气样 10% NaCl+10%甲醇溶液混合体系实验数据与预测结果进行对比，如图 5.9 所示。

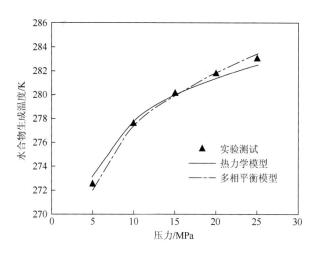

图 5.9　长深 1 井气样 10%甲醇+10% NaCl 溶液水合物生成情况

（2）将长深 1 井 20%甲醇溶液复杂酸性气体体系实验数据与预测结果进行对比如图 5.10 所示。

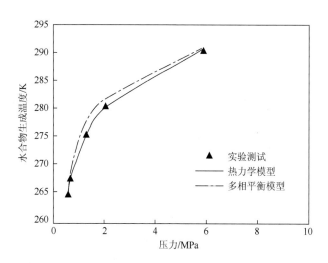

图 5.10　长深 1 井气样 20%甲醇体系水合物生成情况

通过水合物生成曲线对比可以看出，预测水合物生成条件时精度较理想，尤其是在电解质溶液体系中，预测结果好于热力学模型。

5.3.3.2 计算复杂气液固相体系中各相中组分含量

利用相平衡模型计算长深 1 井气样和普光气田天然气样多相体系各相中组分的含量。

（1）长深 1 井气样在含 10% NaCl+10%甲醇溶液体系中，在不同压力温度条件下各相组分预测结果见表 5.7 和表 5.8。

表 5.7 含 10% NaCl+10%甲醇高酸性复杂多相体系各相组分构成（10MPa，286.13K）

组分	体系组成	气相组成	水相组成	液相组成	水合物相组成
CH_4	0.7379		0.0042	0.7379	0.6706
C_2H_6	0.02		0.0007	0.02	0.0533
C_3H_8	0.0007		0	0.0007	0
CO_2	0.2414		0.0156	0.2414	0.2761

表 5.8 含 10% NaCl+10%甲醇高酸性复杂多相体系各相组分构成（15MPa，289.25K）

组分	体系组成	气相组成	水相组成	液相组成	水合物相组成
CH_4	0.7379		0.0052	0.7379	0.7153
C_2H_6	0.02		0.0005	0.02	0.0451
C_3H_8	0.0007		0	0.0007	0
CO_2	0.2414		0.016	0.2414	0.2398

（2）以普光气田某井气样含 10% NaCl+10%甲醇溶液的酸性气体复杂多相体系为例进行计算，气样组成如表 5.9 所示，计算结果如表 5.10 和表 5.11 所示。

表 5.9 普光气田气样组成

组分	CH_4	C_2H_6	H_2S	CO_2
气体组分含量/mol%	73.83	0.03	17.05	8.47

表 5.10 含 10% NaCl+10%甲醇高酸性复杂多相体系各相组分构成（10MPa，286.13K）

组分	体系组成	气相组成	水相组成	液相组成	水合物相组成
CH_4	0.7445		0.0047	0.7445	0.2297
C_2H_6	0.0003		0.0007	0.0003	0.0004
H_2S	0.1705		0.0039	0.1705	0.7279
CO_2	0.0847		0.0053	0.0847	0.0421

表 5.11 含 10% NaCl+10%甲醇高酸性复杂多相体系各相组分构成（15MPa，289.25K）

组分	体系组成	气相组成	水相组成	液相组成	水合物相组成
CH_4	0.7445		0.0060	0.7445	0.2713
C_2H_6	0.0003		0.0000	0.0003	0.0003
H_2S	0.1705		0.0031	0.1705	0.6842
CO_2	0.0847		0.0056	0.0847	0.0442

5.4　酸性气藏水合物应用实例

5.4.1　普光某井井筒水合物预测

该井在不同产量下生产时的井筒温度变化情况见表 5.12，图 5.11。由此可见，产量越小，井口温度越小，越容易生成水合物，当以产量为 $10.0 \times 10^4 m^3/d$ 生产时，井筒会生成水合物，高于 $10.0 \times 10^4 m^3/d$ 生产或测试时，井筒不会生成水合物。建议控制产量高于 $10.0 \times 10^4 m^3/d$ 生产或测试，保证井筒不生成水合物。

表 5.12　不同产量下的井口温度、压力

产量/ $(10^4 m^3/d)$	10.0	15.0	20.0	25.0	30.0	35.0	40.0	45.0	50.0	55.0	60.0
井口温度/℃	29.5	34.0	38.7	43.3	47.8	52.1	56.1	59.8	63.2	66.4	69.3
井口压力/MPa	38.7	38.6	38.5	38.3	38.1	37.9	37.6	37.4	37.0	36.7	36.4

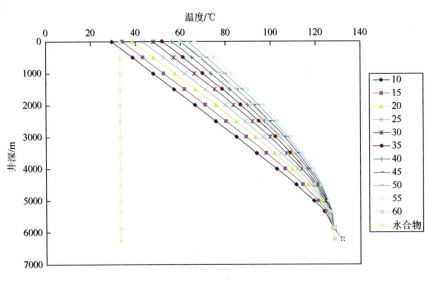

图 5.11　普光某井井筒水合物预测

5.4.2　地面节流水合物预测及防治

普光气田由于产量较大，井口温度为 40～50℃，井筒不容易生成水合物。由于井口压力较高，节流过程中容易形成水合物。地面流程为两级节流时，应重视一级节流参数的合理选择，保证一级节流不生成水合物。

一级节流参数见表 5.13。然而，15MPa 对应的水合物温度为 26.84℃，8MPa 对应的水合物温度为 24.18℃，4MPa 对应的水合物温度为 19.26℃。当一级节流后的压力选择为

4MPa、8MPa 时，产量从 $10 \times 10^4 m^3/d$ 到 $60 \times 10^4 m^3/d$，均会生成水合物。如果采用加热方式来提高节流前温度防止节流水合物生成，4MPa、8MPa 时分别至少需要把节流前气流的温度加热到 92.5℃、76℃。如果节流后压力选择为 15MPa，当产量大于 $35 \times 10^4 m^3/d$ 时，节流后就不会生成水合物。如果节流后压力选择为 20MPa，当产量大于 $20 \times 10^4 m^3/d$ 时，节流后就不会生成水合物。

表 5.13　一级节流不同节流压力后温度

产量/（$10^4 m^3$/d）	10.0	15.0	20.0	25.0	30.0	35.0	40.0	45.0	50.0	55.0	60.0
节流前温度/℃	29.5	34.0	38.7	43.3	47.8	52.1	56.1	59.8	63.2	66.4	69.3
节流前压力/MPa	38.7	38.6	38.5	38.3	38.1	37.9	37.6	37.4	37.0	36.7	36.4
4MPa 对应的节流后温度/℃	−39.5	−36.4	−33.4	−30.4	−27.6	−25	−22.5	−17.9	−13.5	−9.2	−5.3
8MPa 对应的节流后温度/℃	−18.2	−15.3	−11.8	−8	−4.1	−0.1	3.7	7.4	11.1	14.5	17.7
15MPa 对应的节流后温度/℃	7.4	10.9	14.7	18.6	22.5	26.3	30	33.4	36.7	39.9	42.7
20MPa 对应的节流后温度/℃	16.4	20.3	24.4	28.5	32.6	36.5	40.3	43.8	47.1	50.3	53.2

由于采用一级节流水套炉加热温度较高，因此采用二级节流，在加热炉前设置一节流管汇，并根据测试产量范围合理选择一级节流后压力，保证节流后不形成水合物，并尽量减轻二级节流的负担。由于该井的产能较好，选择一级节流后压力为 20MPa。二级节流参数见表 5.14。

表 5.14　二级节流不同节流压力后温度

产量/（$10^4 m^3$/d）	10.0	15.0	20.0	25.0	30.0	35.0	40.0	45.0	50.0	55.0	60.0
节流前的温度/℃	16.4	20.3	24.4	28.5	32.6	36.5	40.3	43.8	47.1	50.3	53.2
4MPa 对应的节流后温度/℃	−39.5	−36.4	−33.4	−30.4	−27.6	−25	−22.5	−17.9	−13.5	−9.2	−5.3
8MPa 对应的节流后温度/℃	−18.3	−15.3	−11.8	−8.1	−4.1	−0.2	3.8	7.5	11.1	14.6	17.8

为了防止二级节流不生成水合物，如果采用加热方式，加热参数如下：如果节流后压力选择为 4MPa，为了保证节流后不发生堵塞，至少需要把二级节流前的温度加热到 71.5℃；如果节流后压力选择为 8MPa，为了保证节流后不发生堵塞，至少需要把二级节流前的温度加热到 58.7℃；如果采用抑制剂，加入抑制剂的参数见表 5.15 和 5.16。

表 5.15　二级节流防止不生成水合物甲醇的加量

产量/（$10^4 m^3$/d）	10.0	15.0	20.0	25.0	30.0	35.0	40.0	45.0	50.0	55.0	60.0
节流前的温度/℃	16.4	20.3	24.4	28.5	32.6	36.5	40.3	43.8	47.1	50.3	53.2
节流后压力 4MPa	765.6	725.2	686.1	647.0	610.6	576.7	544.1	484.2	426.8	370.8	320.0
节流后压力 8MPa	553.5	514.4	468.8	420.6	368.5	317.7	265.5	217.3	170.4	124.8	83.1

表5.16　二级节流防止不生成水合物乙二醇的加量

产量/（10^4m^3/d）	10.0	15.0	20.0	25.0	30.0	35.0	40.0	45.0	50.0	55.0	60.0
节流前的温度/℃	16.4	20.3	24.4	28.5	32.6	36.5	40.3	43.8	47.1	50.3	53.2
节流后压力 4MPa	1483.4	1405.1	1329.4	1253.6	1183.0	1117.3	1054.2	938.1	827.0	718.5	620.0
节流后压力 8MPa	1072.4	996.6	908.3	814.9	713.9	615.5	514.5	421.1	330.2	241.8	161.1

参 考 文 献

[1]　van der Waals J H，Platteeuw J C. Clathrate solutions[J]. In Advances in Chemical Physics（ed. I. Prigogine），1959，1-57.

[2]　Parrish W R，Prausnitz J M. Dissociation pressures of gas hydrates formed by gas mixtures[J]. Ind Eng Chem Process Des Dev，1972，11（1）：26-35.

[3]　Ng H J，Robinson D R. The measurement and prediction of hydrate formation in liquid hydrocarbon-water systems[J]. Ind Eng Chem Fundan，1976，15（4）：293-298.

[4]　Sloan E D，Sparks K A，Johnson J J，et al. Two-phase liquid hydrocarbon-hydrate equilibrium for ethane and propane[J]. Ind Eng Chem Res，1987，26：1173-1181.

[5]　Holder G D，Zetts S P，Pradham N. Phase behavior in systems containing clathrate hydrates[J]. Rev Chem Eng，1988，5：1-69.

[6]　Chen G J，Guo T M. Thermodynamic modeling of hydrate formation based on new concepts[J]. Fluid Phase Equilibria，1996，112（1~2）：43-65.

[7]　G J Chen，T M Guo. A new approach to gas hydrate modeling[J]. Chem Eng J，1998，71：145-151.

[8]　Patel N C，Teja A S. A new cubic equation of state for fluids and fluid mixtures[J]. Chem Eng Sci，1982，37：463-473.

[9]　Zuo Y X，Guo T M. Extension of the Patel-Teja Equation of State to the Prediction of the Solubility of Natural Gas in Formation Water. Chem. Eng. Sci，1991，46：3251-3258.

[10]　Rahim Masoudi，Bahman Tohidi，Ali Danesh，and Adrian C Todd. A new approach in modelling phase equilibria and gas solubility in electrolyte solutions and its applications to gas hydrates[J]. Fluid Phase Equilibria，2004，215：163-174.

[11]　杨涛，陈光进，阎炜，等. 普遍化立方型状态方程中 Wong-Sandler 型混合规则的建立[J]. 化工学报，1997，3：382-388.

[12]　孙长宇，黄强，陈光进. 气体水合物形成的热力学与动力学研究进展[J]. 化工学报，2006，57（5）：1031-1039.

[13]　Sloan E D. Clathrate Hydrates of Natural Gases（2nd ed. ）[M]. New York：Marcel Dekker，1998.

[14]　Zhu T，McGrail B P，Kulkarni A S，et al. Development of a thermodynamic model and reservoir simulator for the CH4, CO2, and CH4-CO2 gas hydrate system[J]. SPE 93976，2005.

[15]　廖健，梅东海，杨继涛，郭天民. 天然气水合物相平衡研究的进展[J]. 天然气工业，1998，18（3）：75-82.

[16]　喻西崇，赵金洲，郭建春. 天然气水合物生成条件预测模型的比较[J]. 油气储运，2002，21（1）：20-24.

[17]　刘建仪，杜志敏，李颖川等. 新的水合物生成条件预测模型[J]. 天然气工业，2004，24（12）：96-98.

[18]　Joho J Carrol，杜建芬. 天然气各组分水合物形成条件关联式[J]. 天然气工业，2002，22（2）：66-71.

[19]　杜亚和，郭天民. 天然气水合物生成条件的预测 I. 不含抑制剂的体系[J]. 石油学报（石油加工），1988，4（3）：82-91.

[20]　陈光进，郭天民. 水合物生成过程的热力学研究[J]. 石油大学学报（自然科学版），1995，19（增刊）：88-91.

[21]　陈光进，马庆兰，郭天民. 气体水合物生成机理和热力学模型的建立[J]. 化工学报，2000，51（5）：626-631.

[22]　彭远进，刘建仪，张烈辉. 天然气水合物生成条件的神经网络方法预测[J]. 天然气工业，2006，26（7）：85-87.

[23]　陈光进等. 水合物模型的建立及在含盐体系中的应用[J]. 石油学报，2000，21（1）：64.

[24]　梅东海，廖健，杨继涛，等. 含盐和甲醇体系中气体水合物的相平衡研究 II.理论模型预测[J]. 石油学报（石油加工），1998，14（4）.

[25]　Du Y H，Guo T M. Prediction of Hydrate Formation for Systems Containing Methanol[J]. Chem Eng Sci，1990，45（4）：893-900.

[26] Lee B I，Kesler M G. A generalized thermodynamic correlation based on three-parameter corresponding states[J]. AIChE J，1975，21：510-527.

[27] Adam L，Ballard. A Non-ideal Hydrate Solid Solution Model For A Multi-phase Equilibria Program[J]. Colorado School of Mines.

第6章 油藏注气相态研究

注气是油气田开发的一种方式。对原油来讲，注气主要是利用气与油的低界面张力实现混相与近混相驱或非混相驱以提高原油采收率，在我国进入现场实际应用的注气工程主要有吐哈注烃混相驱、华北注氮、大庆注烃及 CO_2 非混相驱、江汉注氮非混相驱、长庆注烃等。注气最重要的机理之一就是注入气与原油产生强烈的物理化学作用，从而使得油气界面张力下降，同时改变油气的物理化学性质。

6.1 注入气对油藏相态影响研究

注气提高采收率技术是一种从理论上讲比注水提高采收率更高的技术，国外近年来注气驱发展很快，已成为除热采之外最重要的提高采收率方法。在我国大庆、华北、中原、江苏、吐哈等部分油田已开展注气的现场试验，有一些成功的经验，但对注气驱油机理的研究还不够清楚。

目前采用的注气介质主要是 CO_2、N_2、CH_4、烟道气四种气体，各种气体有不同的特点和适应性。CO_2 注入的主要优点是混相压力比其他三种气体都低，CO_2 从多孔介质中有效的驱油特性是：原油体积膨胀、黏度降低、混相压力低、界面张力降低等，因此在现场使用时是较为理想的方法，这在我国有 CO_2 矿藏的油田有条件使用，但注 CO_2 受资源的限制。采用单井吞吐是一个投资小、见效快、风险小的技术，目前已在江苏、中原等油田开始现场试验，采用混相和非混相驱可以开发轻油和重油等不同油类型和不同地层条件下的油田。N_2 资源极其丰富，但会增加混相压力，有时压力满足不了，但氮气、烟道气与乙烷以上烃类气体与 CO_2 相比，密度较小，黏度小，而且在油、水中的溶解性也很弱，这些特点是氮气进行重力稳定驱油的得天独厚的条件，常用于重力稳定驱、开采凝析气田、混相驱和 CO_2、富气驱或其他溶液段塞等，同时注氮气和烟道气的副作用小，成本低，可开发不同类型的油气藏，有广泛的应用前景，烟道气的驱油特点介于 CO_2 和 N_2 之间。注烃类气体可以是甲烷（干气）、富气以及像丙烷这样的液化气，这些气体在相对低的压力下可以与原油混相，或者在驱替过程中发展成混相，主要的驱油机理是体积膨胀、黏度降低以及重力稳定驱替等，主要的优点是不伤害地层，尤其适用于西部天然气市场不好的油田，同时也适用于开发富气凝析气藏。

单井吞吐作为一种提高采收率的开发方式目前已在部分油田应用，主要特性是体积膨胀、黏度降低、溶解气驱、相间界面张力降低、相对渗透率改善和井周围地层渗透率改善，由于投资少、见效快，在油田很受欢迎。但注哪一种气体好需要进行研究，选择注入气体的依据要根据很多因素来考虑，注气中的相态问题是一个基本的流体问题，注入气后流体的膨胀能力、密度、黏度、界面张力、混相压力的变化情况是决定注气效果的主要指标。

本节选用目前常用的 CO_2、N_2、CH_4 及烟道气作为注入剂，在对 CO_2 注气膨胀实验及常规 PVT 拟合后，对不同种类的注入气进行了注气膨胀实验模拟对比，研究注入气后的原油主要物性参数变化以及不同比例混气注入后的影响情况，比较单井吞吐驱替实验的效果。

6.1.1 理论模型

1. 相平衡的理论模型

关于 PVT 的模拟计算已不是一个新的问题，拟合计算时采用的相平衡理论模型为

$$\begin{cases} f_{iv}(p, x_1, \cdots, x_n) - f_{iL}(p, y_1, \cdots, y_n) = 0 \\ Z_i - x_i L - y_i V = 0 \\ L + V - 1 = 0 \end{cases} \quad (6.1)$$

式中，f_{iL}，f_{iv}——组分 i 在平衡液相和气相中的逸度；

p——系统压力，MPa；

Z_i、x_i、y_i——分别代表组分 i 在系统中、平衡液相中、平衡气相中的摩尔分数；

L、V——分别表示系统中液相和气相占的摩尔分数。

2. 膨胀实验各级油体系组成计算

$$Z_{j,i} = \frac{Z_{j-1,i} + N_{CO_2 j} Z_{CO_2 i}}{1 + N_{CO_2 j}} \quad (6.2)$$

式中，$Z_{CO_2,i}$——原油第 j 级注气第 i 组分摩尔组成和注入 CO_2 中的摩尔组成；

$N_{CO_2,j}$——原油第 j 级注入气量与第 $j-1$ 级注气原油摩尔数之比。

3. 黏度计算

原油黏度采用下式进行回归和计算：

$$\begin{aligned} &[(\mu - \mu_0)a + 10^{-4}]^{0.25} = A_1 + A_2 \Delta\rho + A_3 \Delta\rho^2 + A_4 \Delta\rho^3 + A_5 \Delta\rho^4 \\ &a = t_c^{1/6} \sqrt{M_w} p_c^{2/3} \\ &\Delta\rho = \rho_m V_c \\ &V_c^e = \sum (x_i V_{ci}^e) \end{aligned} \quad (6.3)$$

式中，μ、μ_0——原油在高压下和低压下的黏度，MPa.s；

$A_1, \cdots, A_5$，e——黏度计算回归系数；

V_c、V_{ci}——混合物和组分 i 的临界体积；

M_w——原油摩尔质量，g/mol；

t_c、p_c、V_c——临界温度、压力、体积，K、atm、L/mol。

4. p-V 关系计算

各级压力下相对体积为

$$V_r = V / V_b \tag{6.4}$$

式中，V、V_b——地层条件下油气两相总体积及泡点压力下的原油体积，L。

5. 多级脱气计算

体积系数为

$$B_o = V_o / V_s \tag{6.5}$$

式中，V_o、V_s——地层条件下油体积及脱气原油在标准条件下的油体积，L。

气油比（m^3/m^3）为

$$GOR = V_{gas} / V_s \tag{6.6}$$

式中，V_{gas}——该压力以下各级累积放出气量的总和，L。

分子量（g/mol）

$$M_w = \sum x_i M_i \tag{6.7}$$

式中，M_i——i 组分的分子量，g/mol。

界面张力（mN/m）为

$$\sigma = \left[\sum [v_i](x_i \rho_L - y_i \rho_V) \right]^4 \tag{6.8}$$

式中，$[v_i]$、ρ_L、ρ_V——组分 i 的等张比容、液相和气相密度，mol/cm^3。

6. 膨胀实验

体积膨胀系数为

$$B_{sj} = V_{bj} / V_b \tag{6.9}$$

式中，V_{bj}、V_b——第 j 级注气后在泡点下的体积和未注气前原油在泡点压力下的体积，L。

膨胀实验黏度、密度、界面张力计算方法同前，只是体系不同而已。

6.1.2　实例计算

本节选用我国中原油田文 65-84 井的 CO_2 注气实验资料进行分析和计算，实测井流物组成见表 6.1，此井地层温度为 89.0℃，地层压力为 21.48MPa，原始泡点压力为 11.45MPa，注入气体摩尔组成为 99.103% CO_2 和 0.897% N_2。使用 PR 状态方程对实验数据进行模拟，其拟合结果对比见图 6.1、图 6.2，图 6.1 是未注气前多级脱气主要指标模拟对比图，图 6.2 是膨胀实验模拟对比图。从两图中可看出，总体来说其拟合的效果较好，最好的是膨胀实验的模拟以及多级脱气过程中的体积系数。

表 6.1　本节选用原油组成（mol%）

组分名称	组分含量	组分名称	组分含量
CO_2	1.01	IC_5	1.57
N_2	0.48	NC_5	1.63
C_1	29.20	C_6	4.37
C_2	2.51	C_{7+}	54.76

组分名称	组分含量	组分名称	组分含量
C_3	2.07	M_{C7+}	209.9
IC_4	0.74	γ_{C7+}	0.8505
NC_4	1.66		

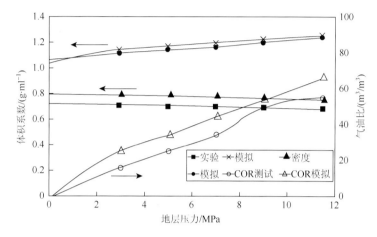

图 6.1　多级脱气过程实验和模拟结果对比

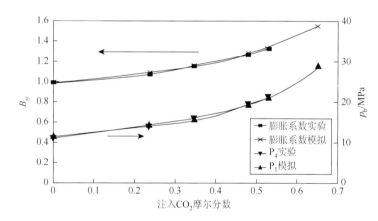

图 6.2　注入 CO_2 后的体积膨胀系数和泡点变化

1. 注 CO_2 对原油物性的影响

在注 CO_2 气含量达到 65%时，其 p-V 关系相对体积在 3MPa 时由原来的 2.2533 变为 7.1750，说明注入气后原油的体积膨胀率增加了 2.18 倍。在膨胀实验中，泡点压力升高 1.544 倍，体积膨胀了 1.55 倍。

不同比例下注 CO_2 对原油物性的影响见图 6.3，分别给出了在不同注入气含量下多级脱气原油密度、气体偏差因子、原油体积系数、溶解气油比、界面张力的变化规律。无论多大的注入比例，在低压下均集中于一点，这说明油气性质在低压下差异变小，这和 p-V 关系中的低压力下液相黏度变化一样，这都说明较高压力有利于驱油和发挥 CO_2 的驱油作用；从密度来看，注入量增加使曲线密度变平，即在高压下密度增加，这主要是压力加大的原因；从气体偏差系数来说，随注入气体量的增加，曲线整体向下移，在低压区相同压力下，气体的密度越来越重，这是由于 CO_2 的注入量越大，从原油中抽提中间组分越多，使与泡点平衡的气相变重了，压缩系数就变小了；从体积系数和气油比来看，由于注入气的增加，使油中溶解气量增多，体积系数变大，曲线向上方走，而曲线的分布和形态越来越像挥发油的特征，从气油比看，最高的溶解气油比已达到 373.78（65% CO_2）m^3/m^3，当然这和其他参数的变化是相匹配的；界面张力的变化趋势是曲线向下走，在同一压力下注入量越多，变化的幅度变小，在同一注入比下压力越高，则界面张力越小，这同样有利于驱油。

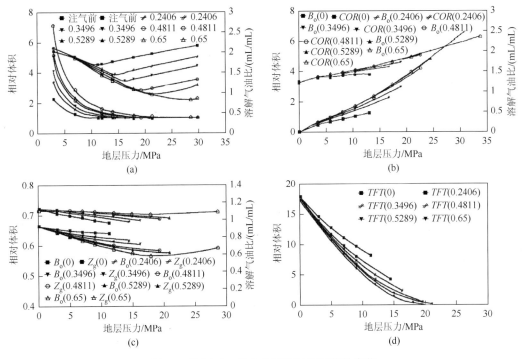

图 6.3　不同 CO_2 注入比下原油流体物性变化

2. 不同注入气对原油物性的影响

进行拟合后，又对其他参数进行了预测，不同注入气的注入摩尔分率与膨胀系数和泡点压力的关系见图 6.4。在四种注入气体中，膨胀最大和混相压力最低是 CO_2，其次是 CH_4，最差的是 N_2（在 65% N_2 含量时，体积膨胀系数为 1.29，而压力上升到 157.98MPa）。从体积膨胀来看，CO_2 比其他三种气体的膨胀系数大得多，而且混相压力上升最小，这说明 CO_2 是最利于进行注气吞吐实验的气体。其次是 CH_4，其余两种均不适宜进行注气吞吐实验。在膨胀实验中除 CO_2 膨胀系数有显著的升高外，其他三种气体体积上升趋势较为一致。从泡点压力上看，CH_4 和 CO_2 注入使之上升较小，而另外两种气体使其上升趋势较明显。如果允许注入压力为 50MPa，要达到混相的摩尔注入比例为：N_2=0.35，烟道气=0.38，CH_4=0.62，CO_2>0.7。

图 6.5 表示不同注入气对膨胀实验原油密度、黏度、界面张力的影响。密度下降最明显的是 CH_4，当注入 CH_4 含量达到 65%时，密度由原来的 $0.674g/cm^3$ 变到 $0.555g/cm^3$ 下降 15%，这是因为 CH_4 的分子量和密度均比其他三种气体小，其余三种气体注入后对原油密度影响较一致，密度均有所上升。在界面张力上 N_2 和烟道气的曲线叠合情况较好，这是烟道气中主要含 N_2 的原因。而 CO_2 和 CH_4 的曲线较重合，而且曲线在 N_2 和烟道气的上方，这说明在进行注气驱实验时，在高注入比下几种气体注入后在泡点处界面张力均相差不大，但在低注入比下，注 N_2 和烟道气界面张力更低，更利于混相，但同时 N_2 注入时混相压力高得多。注 CO_2 和 CH_4 使黏度下降最明显，当 CO_2 在油中含量达到 65%时，黏度由原来的 1.6931mPa.s 降到 0.8202mPa.s，几乎降了 50%，这说明了 CO_2、CH_4 降黏效果是明显的，另外两种气体结果较为一致，当注入 N_2 时黏度则从原来的 1.6931mPa.s 上升到 1.9291mPa.s，而烟道气则变化较小。

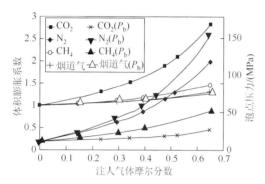

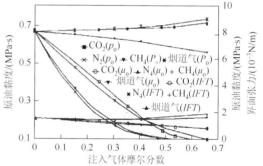

图 6.4　不同注入气对原油膨胀系数及泡点影响　　图 6.5　注入气对密度、黏度、界面张力的影响

采用 CO_2 和 CH_4 两种气体混合注入是容易实现的，关于它们按一定比例注入对原油膨胀系数和泡点压力的影响见图 6.6。随着注入气中 CH_4 含量的上升，膨胀系数急剧下降，当混合气中 CO_2 含量由 100%降为 75%时，膨胀系数在注入气摩尔含量 65%处由 2.8571 下降到 1.558，降低了 1.2991，而在他注入比例下均较为接近，膨胀系数较小，而且下降也不明显，这说明纯 CO_2 和 CH_4 注入时有一定的优势，如果采用混合注入进行单井吞吐实验不如采用纯 CO_2 效果好，这可能是现场采用注 CO_2 来进行单井吞吐的原因之一。在注气后的泡点压力变化随 CH_4 含量的增加比较均匀地上升，当由 CO_2 转化到 CH_4 时，其泡点压力由 28.69MPa 上升到 54.33MPa，上升了接近 1 倍，在相同注入气量下，CH_4 含量越高，泡点压力上升越快。

CO_2 和 N_2 两种气体混合注入对原油膨胀系数和泡点压力影响见图 6.7。随着注入气中 N_2 含量的上升，膨胀系数急剧下降，当混合气中 CO_2 含量由 100%降为 75%时，膨胀系数在注入气摩尔含量 65%处由 2.8571 下降到 1.490，降低了 1.3671，而在其他注入比例下均较为接近（1.490~1.296），随 N_2 含量上升，膨胀系数变小，在混合气中 CO_2 均为 75%的条件下，混合 CH_4 和混合 N_2 膨胀系数相差不大。注气后的泡点压力变化随气中 CH_4 含量的增加上升，在相同的注入气量下，增加的幅度逐渐加大，当由 CO_2 转化到 CH_4 时，其他泡点压力由 28.69MPa 上升到 157.98MPa，上升了接近 5.5 倍。

N_2 和 CH_4 两种气体混合注入对原油膨胀系数和泡点压力影响见图 6.8。随着注入气中

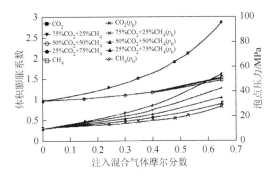

图 6.6　CO_2-CH_4 对膨胀系数及泡点的影响

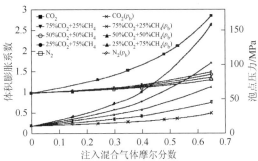

图 6.7　CO_2-N_2 对膨胀系数及泡点的影响

CH_4 含量的上升，膨胀系数均匀下降，当注气由 N_2 转入到 CH_4 时，膨胀系数在注入气摩尔含量 65%处由 1.296 上升到 1.493，上升了 0.197；注气后的泡点压力变化随气中 CH_4 含量的增加上升，在相同的注入气量下，增加的幅度逐渐加大，当由 N_2 转化到 CH_4 时，其他泡点压力由 157.98MPa 下降到 54.33MPa，下降了接近 3 倍。

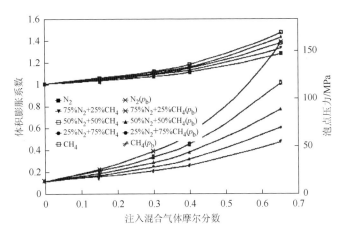

图 6.8　N_2-CH_4 对膨胀系数及泡点的影响

6.1.3　对现场注气指导性意见

（1）注气吞吐实验评价中，膨胀实验是一个重要的评价实验，在单井吞吐中流体特征变化主要驱油机理是体积膨胀、黏度降低、溶解气驱、相间界面张力降低。本章应用实例研究中当注入气含量为 65%时，体积膨胀 1.55 倍，黏度降低到原来 1/2，界面张力降低到原来的 $8.486×10^{-5}$ 倍，这都是 CO_2 驱替的主要优点之一。

（2）从注气后的流体 p-V 关系和多级脱气模拟分析可以看出，在低压力下，由于注入的 CO_2 气含量变低，使得原油性质趋于一致，但较高压力下其性质差别较大，有利于驱油，这说明在实际的油田开发应用中，保持较高的压力有利于发挥 CO_2 注入的主要优势。

（3）注入气体使流体特征变化主要作用机理是体积膨胀、混相压力升高、黏度变化、密度变化、相间界面张力降低。从四种不同气体的计算结果对比看，膨胀系数最大的是

CO_2，其次是 CH_4，就本章实例当注入 CO_2 含量为 65%时，体积膨胀了 1.857 倍，混相压力上升了 1.544 倍，黏度降低到原来 1/2，分析表明 CO_2 是最佳的单井吞吐注入气体。其次 CH_4 也可作为注入气体，但效果不如 CO_2 好。

（4）相同量的不同种类气体注入时，对原油相态影响不一样，注 CH_4 使原油密度下降，而其余三种气体均使密度上升。在高注入气量下界面张力趋于一致，在低的注入气量下 N_2 和烟道气的界面张力更低一些。原油密度除 CH_4 注入有明显的降低外，其余的注入气体使原油密度均有上升。

（5）在进行混合气体注入时，如果是和 CO_2 混合，其效果比纯 CO_2 效果差，尽管注入气体 CO_2 含量下降得不多，仍会明显地影响膨胀系数。随注入气中其他气体的比例增加，会造成膨胀系数的明显降低和泡点压力的增大。当进行 N_2、CH_4 混合注入时，随着 CH_4 的增加，使膨胀系数增大和混相压力降低的幅度较均匀。

（6）进行混合气体注入时，注入气体量越大，混相压力就越高，膨胀系数就越大，对原油相态的影响就越大，当然注入后产生的效果就更好。

（7）在实际开发应用中，应当综合考虑各种因素来确定和优选实际应用于现场试验的井，有必要进行综合经济评价和分析，膨胀实验是一个主要的流体评价分析，但不是唯一的选井层依据。

6.2　PVT 筒中注入气与原油扩散研究

油藏注气开发时，注入气体与原油非平衡质量过程已得到证实。注入气与地层原油通过相间传质改变原油流体性质，改善原油流动能力。气-油相平衡实验测试是注气方案设计基础性工作，为注气数值模拟提供流体高压物性参数。而其中分子扩散系数确定是描述注入气与地层原油之间动态质量传递快慢的重要参数。

目前由于计算分子扩散系数没有统一的理论方法，要准确确定该参数只能采用实验测试手段。分子扩散系数实验确定方法主要有两种：一是在不同的时间和不同的扩散距离对流体采样，然后对这些样本进行分析，得到气体的浓度数据，再结合相应的数学模型，推导出扩散系数；二是通过测试相间由于传质引起的体系压力、流体密度等变化，采用相应的数学模型来确定扩散系数。近年来，随着现代测试技术的发展，间接法成为测试分子扩散系数的主要手段。关于分子扩散系数测试，比较有代表性的是 Riazi[1]于 1996 年提出的利用 PVT 筒测试气-液扩散系数的方法，Zhang 等（2000）[2]在 Riazi[1]实验方法基础进行改进，并测试了气体在黑油中的扩散系数。Oballa 和 Butler（1989）[3]、Das 和 Butler（1996）[4]、Wen 等（2004）[5]分别采用激光和 X 射线扫描技术通过测试饱和度曲线，得到黑油-液态轻烃组分之间的扩散系数。2003 年 Chaodong Yang 和 Yongan Gu[6]建立了一种测试 CO_2 在黑油中扩散能力的新方法——动态悬垂形状分析法（Dynamic Pendant Drop Shape Analysis，简写 DPDSA）。2006 年，Daoyong Yang 等[7]提出了一种新的动态界面张力测试方法测试了 CO_2 在盐水中的扩散系数。2009 年，基于 Riazi[1]原理，郭平、汪周华等[8]建立了 PVT 筒中高温高压多组分油气体系分子扩散系数确定方法。2010 年，S.Reza Etminan 等[9]采用修改了的压降方法测试甲烷和十二烷在重质油中的扩散系数。

6.2.1　PVT 筒中气油扩散理论模型

考虑一定容 PVT 筒如图 6.9 所示，初始组成已知的处于非平衡状态的气、液两相。在整个扩散过程中实验温度保持恒定，界面处气-液始终保持平衡、没有外力场干扰，考虑油相向气相扩散。由于气相向液相扩散，系统的压力、体积及每一相的组成会随着时间发生变化，直到最终达到平衡状态。

根据如图 6.9 所示的物理模型，x_i、y_i 分别表示液、气两相中 i 组分的摩尔浓度；C_{oi}、C_{gi} 分别表示液、气两相中 i 组分的质量浓度；n_i 表示体系中 i 组分总的摩尔数；m_i 表示体系中 i 组分总的质量；L_o、L_g 分别表示液、气两相的高度；u_b 表示气液界面移动速度，定义为 $\frac{\partial L_o}{\partial t}$；$z$、$z_o$、$z_g$ 分别表示如图所示的坐标轴。如果在气相、液相中存在组分浓度梯度，那么气液两相之间存在分子扩散现象。针对上述扩散模型，采用对流扩散方程表示油相不同组分的扩散。

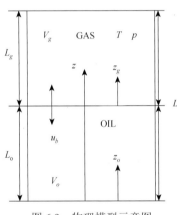

图 6.9　物理模型示意图

对油相：

$$\frac{\partial C_{oi}}{\partial t} - u_o \frac{\partial C_{oi}}{\partial z_o} = \frac{\partial}{\partial z_o}\left[D_{oi} \frac{\partial C_{oi}}{\partial z_o} \right] \tag{6.10}$$

采用 Fick's 定律描述非理想体系在稠密气体中扩散时，必须采用下式对扩散系数进行校正：

$$D_{oi} = D'_{oi}\left(1 + \frac{\partial \ln \phi_i}{\partial \ln x_i}\right) \tag{6.11}$$

式中，ϕ_i 表示混合物中 i 组分的逸度系数。

方程（6.10）中第二相表示对流相，负号表示速率 u_o 与 z 轴的方向相反。

对气相：

$$\frac{\partial C_{gi}}{\partial t} - u_g \frac{\partial C_{gi}}{\partial z_g} = \frac{\partial}{\partial z_g}\left(D_{gi} \frac{\partial C_{gi}}{\partial z_g} \right) \tag{6.12}$$

　　为了模拟气相和油相各个组分的扩散过程,需要求解方程(6.10)和方程(6.12)所描述的数学模型。在 PVT 筒特定的物理条件下,当气相组分向油相扩散时,结果必然是油相密度降低。由扩散的物理特点,在油相与气相界面处,油相中的气相轻组分浓度比PVT 筒底部油相中的气相轻组分浓度高,即在油相中气相轻组分浓度梯度矢量方向与油相的坐标方向一致。由以上分析可以看出,油相中沿规定的坐标方向油相密度是逐渐降低的,因而不会出现自然对流现象,则方程(6.10)中对流项可以去掉,得到描述 PVT 筒中油相组分扩散方程和边界条件如下:

$$\begin{cases} \dfrac{\partial C_{oi}}{\partial t} = \dfrac{\partial}{\partial z_o}\left(D_{oi}\dfrac{\partial C_{oi}}{\partial z_o} \right) \\[2mm] C_{oi}(z_o,0) = C_{oi}^1(z_o) \\[2mm] \dfrac{\partial C_{oi}(0,t)}{\partial z_o} = 0 \\[2mm] C_{oi}(L_o,t) = C_{obi} \end{cases} \qquad (6.13)$$

其中,　C_{oi}^1——油相 i 组分的初始摩尔浓度,kmol/m³;

　　　　C_{obi}——油相 i 组分在油气交界面处的摩尔浓度,kmol/m³。

　　同理,由 PVT 筒中气相组分扩散方程和边界条件构成的混合定解问题如下:

$$\begin{cases} \dfrac{\partial C_{gi}}{\partial t} = \dfrac{\partial}{\partial z_g}\left[D_{gi}\dfrac{\partial C_{gi}}{\partial z_g} \right] \\[2mm] C_{gi}(z_g,0) = C_{gi}^1(z_g) \\[2mm] C_{gi}(0,t) = C_{gbi} \\[2mm] \dfrac{\partial C_{gi}(L_g,t)}{\partial z_g} = 0 \end{cases} \qquad (6.14)$$

其中,　C_{gi}^1——气相 i 组分的初始摩尔浓度,kmol/m³;

　　　　C_{gbi}——气相 i 组分在油气界面处的摩尔浓度,kmol/m³。

　　在方程(6.13)和方程(6.14)中 L_o、C_{obi}、L_g、C_{gbi} 都是随着时间变化而变化的。为了研究油气两相各个组分之间的互扩散规律,需要对定解问题方程(6.13)和方程(6.14)求解。由于在扩散过程中油相和气相交界面的移动速度非常小,因此考虑给一个小的时间步长 Δt,在该时间步长范围内,可以假设油气界面不移动,油相和气相高度 L_o、L_g 不变,边界上的组分摩尔浓度不变,C_{obi} 和 C_{gbi} 都是常数值。然而在下一个时间段,改变油相和气相高度 L_o、L_g,且初值为上一个时间段的计算结果,就可以计算该时间段内,各组分在油相和气相的摩尔浓度变化。按这样的方式继续计算下去直到油相和气相达到平衡状态。

6.2.2　PVT 筒中多组分扩散实验

　　基于前面章节建立的多组分扩散数学模型可以看出,如果能够建立一实验装置能够保证油、气系统处于一封闭状态、实验过程中体系温度恒定,监测实验过程中由于扩散现象导致的体系压力变化，采用上述数学模型就可以得到对应的不同组分的扩散系数大小。

6.2.2.1　实验测试流程

根据此思路建立如 6.10 图所示的高温、高压多组分油气两相扩散系数测试实验装置。

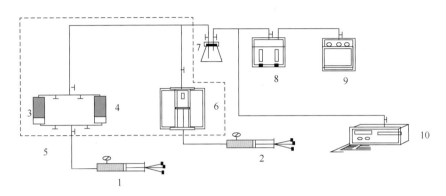

图 6.10　多组分扩散实验测试装置

1、2. 驱替泵；3. 气相中间容器；4. 油相中间容器；5. 恒温箱；
6. PVT 筒；7. 分离器；8. 气量计；9. 色谱分析仪；10. 密度计

各部分技术指标如下：

（1）注入系统。

工作压力：0～70.00 MPa；工作温度：0～40.0℃；分辨率：0.001mL。。

（2）PVT 筒。

工作压力：0～70.00 MPa；工作温度：0～200.0℃。

容积：主泵室 0～400mL；中间容器：0～1000.0mL。

（3）闪蒸分离器。

工作压力：大气压；工作温度：常温；体积计量精度：1mL。

（4）密度仪。

工作压力：0～40.00 MPa。

工作温度：–10～70.0℃。

最高测量精度：（±10–6）g/cm^3。

（5）温控系统。

工作温度：0～200.0℃；控温精度：0.1℃。

（6）色谱。

美国 HP—6890 和日本岛津 GC—14A 色谱仪。

控温范围：0～399.0℃。

最低能检度：（3×10^{-2}）g/s。

最高灵敏度：（1×10^{-12}）A/mv（满刻度）。

（7）电子天平。

日本 TG—328A 电子天平。

最大称量：200g。

分辨率：0.1mg。

此次多组分分子扩散系数测试完善了 Riazi（1996）[1]年提出的定容扩散方法，与 Reamer 等、王利生等采用的通过测试注入气体溶解量与时间的关系相比，易于操作，测试精度高，而且可以测试挥发油—气之间、气—气相之间的分子扩散过程。该方法通过测试气体向液体扩散引起的系统压力、气液界面位置变化，采用前文建立的模型即可求出不同组分的分子扩散系数。

6.2.2.2　实验测试方法

根据此实验测试装置，扩散实验大致分为四个步骤：

1. PVT 仪准备

1）仪器的清洗

每次实验前须用石油醚对 PVT 仪的注入泵、管线、PVT 筒、分离瓶、密度仪进行清洗，清洗干净后用高压空气或氮气吹干待用。

2）仪器试温试压

按国家技术监督局计量认证的技术规范要求，对所用设备进行试温试压，试温试压的最大温度和压力为实验所需最大温度和压力的 120%。

3）仪器的校正

用标准密度油对密度仪进行校正，按操作规程对泵、压力表、PVT 筒体积、温度计进行校正。

2. 流体准备及转样

1）流体准备

在实验测试前，首先把常温条件下扩散油样、气样转入中间容器，并放入恒温箱中加温到设定实验温度，一般加温约 24 小时即可。把高温油样、气样加压到实验压力。在这一过程中把 PVT 仪器加热到实验温度、压力，并读取活塞高度。

2）转油样

把油样转入 PVT 筒中，待油样稳定后再次读取活塞高度，两次高度之差即为转入油体积。

3）转气样

把已准备好的气样，采用平衡转样的方式从上部转入 PVT 筒中，在转样过程中尽量保持低的转样速度，以免速度过快引起对流混合。转样完成立刻读取活塞、液面高度，此高度即为转入气样体积。

3. 实验测试

开始扩散实验后记录在扩散实验过程中的时间、压力及液面位置变化。在 30 分钟间隔时间内，压力变化小于 1 psi 即认为气-油已经达到扩散平衡，扩散实验结束。然后测试气相不同位置的组成、组分以及油相不同位置组分、组成及密度。

4. 实验设备清洗

采用石油醚、氮气清洗设备,准备下一组实验。

6.2.2.3　扩散实验实例分析

根据前文建立的理论模型及实验测试方法,测试氮气、甲烷及二氧化碳与某油田实际脱气原油之间分子扩散系数。N_2、CO_2 采用商品气,CH_4 采用某油田干气代替。N_2 纯度可达到 98.23%,CO_2 纯度达到 98.18%,某油田干气中 CH_4 含量达到 92.71%。扩散油样平均分子量为 231.5,密度为 830.5 kg/m³。流体样品组成见表 6.2、表 6.3。分别测试 N_2、CH_4 及 CO_2 在 20MPa、60℃条件下与原油的扩散实验。

表 6.2　扩散实验气样组成

名称	组分名称及百分含量/%									
	N_2	CO_2	C_1	C_2	C_3	iC_4	nC_4	$iC5$	nC_5	C_6
商品 N_2	98.23	—	1.67	—	—	—	—	—	—	—
商品 CO_2	0.080	98.181	1.694	—	—	—	—	—	—	—
干气	3.12	2.51	92.71	1.40	0.118	0.014	0.028	0.013	0.003	0.017

表 6.3　扩散实验油样组成

名称	摩尔分数/%	摩尔质量/(kg/kmol)	临界温度/K	临界压力/MPa	偏心因子
iC_4	0.057	58.124	408.1	3.6	0.184
nC_4	0.094	58.124	425.2	3.75	0.2015
iC_5	0.405	72.151	460.4	3.34	0.2286
nC_5	0.337	72.151	469.6	3.33	0.2524
C_6	5.073	86.178	507.5	3.246	0.2998
C_7	4.578	100.25	543.2	3.097	0.3494
C_8	5.125	114.232	570.5	2.912	0.351327
C_9	3.625	128.259	598.5	2.694	0.390781
C_{10}	3.683	142.286	622.1	2.501	0.443774
C_{11+}	77.02	156.313	643.6	2.317	0.477482

1. 扩散实验压力变化及平衡时间

NO_2、CH_4 及 CO_2 与实际原油体系由于扩散导致的系统压力变化见图 6.11～图 6.13。

从图 6.11 可以看出 CH_4-原油扩散达到平衡时间约为 91.5h,压力由最初的 20.12 MPa 降到 15.57 MPa,压力降低幅度达到 4.55 MPa。压力与时间的关系明显表现为二个阶段,首先是压力快速降低阶段,接着是压力稳定降低阶段,最后当压力每 30min 只降 1 psi 时,停止实验,认为扩散已经达到平衡,所以没有出现平直直线段。

从图 6.12 可以看出 N_2-原油扩散达到平衡时间约为 42h,压力由最初的 20.1 MPa 降到 18.69 MPa,压力降低幅度达到 1.14 MPa。压力与时间的关系明显表现为三个阶段,首先是压力快速降低阶段,接着是压力稳定降低阶段,最后压力降低逐渐平缓,表现为一平行直线。

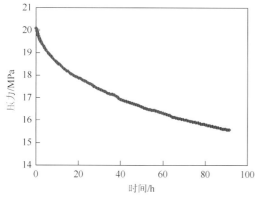

图 6.11 CH_4-原油系统压力与时间关系

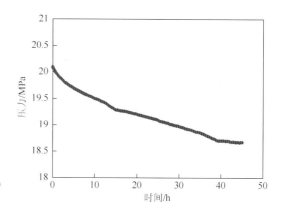

图 6.12 N_2-原油系统压力与时间关系

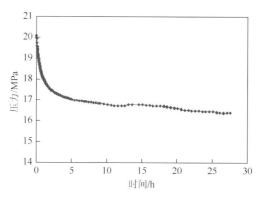

图 6.13 CO_2-原油系统压力与时间关系

从图 6.13 可以看出 CO_2-原油扩散达到平衡时间约为 26.6h, 压力由最初的 20.1 MPa 降到 16.4 MPa, 压力降低幅度达到 3.7 MPa。压力与时间的关系明显表现为三个阶段, 首先是压力快速降低阶段, 接着是压力稳定降低阶段。(最后阶段压力出现波动, 压力反而先上升后下降, 分析认为波动是由于外界温度发生变化) 然后逐渐变得平缓。

在 20MPa、60℃条件下对比 N_2、CH_4 及 CO_2 与原油体系达到稳定时间。CO_2 达到平衡时间明显小于 N_2、CH_4, 这是由于 CO_2 在原油中的扩散速度高于其他气体所致, 而 N_2 达到平衡时间反而比 CH_4 小, 并不表明 N_2 与原油扩散速度高于 CH_4, 主要是由于 N_2 在该脱气原油中的溶解度较低, 当经过一定时间在实验确定的温度压力条件下已经达到饱和, 所以表现出来扩散达到平衡时间比 CH_4 小。另外一个原因是由于采用干气来代替 CH_4, 干气中含有一定量的 N_2、C_3H_8 等其他重组分, 重组分更易溶解于油相, 导致烃类气与原油扩散达到平衡时间延长。

2. 分子扩散系数确定

采用前文建立的扩散系数模型通过拟合扩散实验的压力, 计算得到多组分气体与原油每个组分分别在气相、油相中的分子扩散系数。对于储气库建设来说我们一般比较关心气相组分在油相中分子扩散系数, 因此在此主要介绍轻烃组分的分子扩散系数。

1）氮气-原油扩散系数计算

氮气原油分子扩散系数计算结果见图 6.14～图 6.15。从图 6.14 可以看出采用模型计算的压力与实验测试的压力基本一致，理论计算的最终平衡时间、压力分别为 42.32h、18.57 MPa。从图 6.15 可以看出随着时间的延长，N_2 在油相中扩散系数逐渐增大，最终达到一稳定值。系统达到平衡时计算油相中 N_2 摩尔百分比为 12.86%，介于实验测试的最终时刻不同位置氮气摩尔百分比为 10.88%～16.75%，进一步验证了该计算模型的正确性。

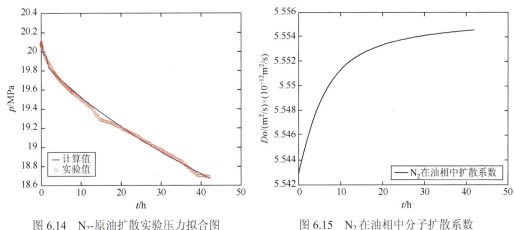

图 6.14　N_2-原油扩散实验压力拟合图　　　　图 6.15　N_2 在油相中分子扩散系数

2）CH_4-原油扩散系数计算

甲烷原油分子扩散系数计算结果见图 6.16、图 6.17。从图 6.16 可以看出理论计算的最终平衡时间、压力分别为 92.32h、15.445 MPa，实验测试值分别为 91.5h、15.57 MPa。从图 6.17 可以看出，油相中 CH_4 的扩散系数以幂函数形式逐渐增加，最终扩散系数逐渐趋于稳定。最终计算的油相中 CH_4 摩尔百分比为 35.34%，介于实验测试值 34.34%～37.62% 之间；计算的 CO_2 最终摩尔百分比为 0.86%，实验测试值为 1.11%～0.72%；组分计算结果与实验值均比较接近。

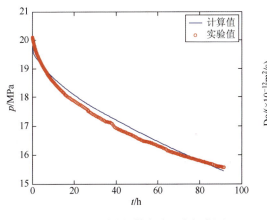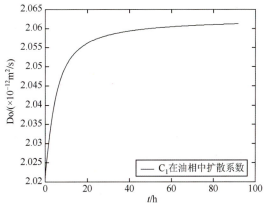

图 6.16　CH_4-原油扩散实验压力拟合图　　　　图 6.17　CH_4 在油相中分子扩散系数

3) CO_2-原油扩散系数计算

CO_2 原油分子扩散系数计算结果见图 6.18、图 6.19。从图 6.18 可以看出理论计算的最终平衡时间与压力分别为 26.58h、16.27 MPa，实验测试值分别为 26.6h，16.4 MPa，两者比较接近。从图 6.19 可以看出油相中 CO_2 的扩散系数以幂函数形式逐渐增加，最终扩散系数逐渐趋于平缓。与 N_2、CH_4 扩散实验相比，CO_2 在油相中浓度增加的速度要快些。最终计算的油相中 CO_2 摩尔百分比为 67.26%，实验测试的值为 66.35%~74.67%，计算的 CH_4 最终摩尔百分比为 1.66%，实验测试值为 1.92%~2.81%，与实验结果比较接近。

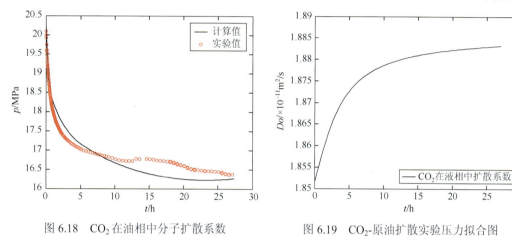

图 6.18　CO_2 在油相中分子扩散系数　　　　　图 6.19　CO_2-原油扩散实验压力拟合图

3. 测试结果对比

1) 平衡时间

在 20MPa、60℃ 条件下对比 N_2、CH_4 及 CO_2 与原油体系达到稳定的时间见表 6.4。从该表可以看出 CO_2 达到平衡时间明显小于 N_2、CH_4，这是由于 CO_2 在原油中的扩散速度高于其他气体所致，而 N_2 达到平衡时间反而比 CH_4 小，并不表明 N_2 与原油扩散速度高于 CH_4 气体，主要是由于 N_2 在该脱气原油中的溶解度较低，当经过一定时间在实验确定的温度压力条件下已经达到饱和，所以表现出来扩散达到平衡时间比 CH_4 小。另外一个原因是由于采用干气来代替 CH_4，在干气中还含有一定量的 N_2、C_3H_8 等其他重组分，因此使得扩散达到平衡时间增加了。国外曾进行了在 1.36MPa 和 0.8MPa、20℃ 条件下 CH_4 与地面脱气油扩散实验，最终达到平衡时间分别为 35min、27min。

表 6.4　不同气体扩散达到平衡时间

扩散气	实验条件	平衡时间/h
N_2	20MPa、60℃	42
CH_4	20MPa、60℃	91.5
CO_2	20MPa、60℃	27.6

2) 组成变化

三组扩散实验气相中 C_2—C_6 中间烃组成对比见表 6.5，油相组成对比见表 6.6。

表 6.5　气相中 C_2—C_6 含量对比

实验	上部气/%	下部气/%
N_2-原油	0.3142	0.4740
CH_4-原油	1.4974	5.5255
CO_2-原油	1.1392	1.1524

表 6.6　油相组分及组成对比

组分	上部油			下部油		
	N_2	CH_4	CO_2	N_2	CH_4	CO_2
CO_2		1.1115	74.6707		0.7231	66.3558
N_2	16.7464	0.8037	0.0606	10.8768	1.9091	0.0549
C_1	0.0256	34.3391	2.8120	0.0711	37.6201	1.9226
C_2	0.0052	0.7732	0.0000	0.0045	0.3081	0.0000
C_3	0.0394	0.1065	0.0252	0.0279	0.0240	0.0245
iC_4	0.1532	0.2481	0.1155	0.1084	0.1225	0.1035
nC_4	0.1981	0.3724	0.1666	0.1594	0.2431	0.1499
iC_5	0.4111	0.9540	0.3145	0.4545	0.4554	0.2850
nC_5	0.3091	0.7560	0.2260	0.3594	0.5611	0.2056
C_6	1.2669	5.6477	0.7177	1.6267	2.4097	0.8201
C_7	1.9029	5.6401	0.7219	2.9228	3.3796	1.0394
C_8	4.3693	7.1465	1.5241	5.7419	3.8080	2.1943
C_9	3.4355	5.2515	1.1743	4.9054	2.7312	1.6908
C_{10}	3.9898	4.6165	1.3611	4.5018	2.6389	1.9596
C_{11+}	67.1475	32.2331	16.1098	68.2393	43.0661	23.1940
GOR/（m^3/m^3）	13.62	71.78	363.2	11.53	61	232.8
ρ_o/（kg/m^3）	822.6	821.9	827.7	823.8	822.9	830.2

从表 6.5、表 6.6 可以看出，所有下部气相中中间烃含量高于上部气，上部油 C_{11+} 组分含量、单脱油密度均低于下部，但是上部油相气油比明显高于下部油相。从组分数据可以看出不同位置的油、气性质是不一样的，N_2、CH_4、CO_2 与原油上下部油相 C_{11+} 组分浓度差分别为 1.0918%、10.8330%、7.0842%，因此在相态计算时，必须考虑油、气由于分子扩散等原因造成的物性不均匀性。从组分含量多少还可以看出：N_2 在油中的溶解能力、对重组分抽提能力都很低，因此造成了 N_2-原油扩散实验上下油相的性质差别很小；CH_4、CO_2 气体在油中的溶解能力、对重组分的抽提作用较强，所以造成上下部油相性质差异很大。此外，油相中扩散气体含量不一样，对同一组扩散实验上部油相扩散气体含量高于下部；对不同的扩散实验，CO_2 扩散实验扩散气体含量最高（66%～74%），其次为 CH_4（34%～37%），最低为 N_2（10%～16%），扩散气体最终摩尔浓度的差异反映了气体扩散能力的大小，扩散能力越强，摩尔浓度越高，反之越低。

3）扩散系数对比

从前文扩散系数计算结果可以看出，在相同的温度压力条件下，即使是同一组分在不同的体系中其扩散系数的大小是不一样的。以注入气体组分为例，具体可见表 6.7。从该表可以看出，在 CO_2-原油系统中，气相、液相中每一组分的扩散系数与 N_2-原油、CH_4-原油体系中对应组分的扩散系数相比都高一些，这与实际扩散实验所观察到的现象是一致的；对于同一体系，相同的组分在不同相中扩散系数大小不一样，在气相中扩散系数高于液相中扩散系数。造成以上差异的原因主要表现在两个方面：一是组分之间的相互作用，二是体系状态的影响。在气相条件下，分子运动相对在液相中迅速，所以其扩散速度相对快些。

表 6.7　同一组分在不同体系中扩散系数对比

组分	气相扩散系数（最终值）			油相扩散系数（最终值）		
	N_2-oil	CH_4-oil	CO_2-oil	N_2-oil	CH_4-oil	CO_2-oil
N_2	1.932E-11	8.281E-11	4.403E-10	5.555E-12	3.978E-12	2.082E-11
C_1	1.944E-11	6.081E-11	2.690E-10	3.559E-12	2.061E-12	1.263E-11
CO_2	——	6.743E-11	2.723E-10	——	3.985E-12	1.869E-11

目前多数研究结论认为组分含量对扩散系数没有影响，以扩散实验液相中主要注入气体组分为例，分析其含量与扩散系数的关系见图 6.20～图 6.22。从图中可以看出，在液相中随着组分含量的变化，其扩散系数也会发生变化，说明气体含量与扩散系数之间存在一定关系。因此，假设组分扩散系数与其含量无关是不确切的，理论计算中必须考虑其组分含量对扩散系数的影响，不能假设扩散系数为常数。但是从工程应用角度，由于扩散系数变化绝对值较小，可以忽略组分浓度对扩散系数的影响。从图 6.18～图 6.20 可以看出随着压力的降低，组分扩散系数是逐渐增加的，这与前面的结论是一致的。

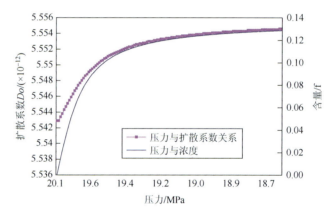

图 6.20　N_2-原油扩散实验液相 N_2 摩尔百分比与其扩散系数关系

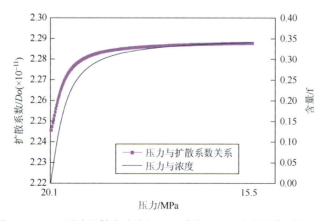

图 6.21　CH_4-原油扩散实验液相 CH_4 摩尔百分比与其扩散系数关系

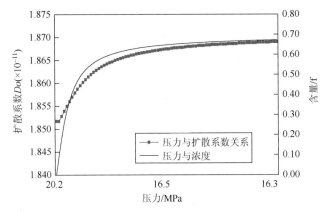

图 6.22　CO_2-原油扩散实验液相 CO_2 摩尔百分比与其扩散系数关系

6.3　多孔介质中注入气与原油扩散研究

在实际油藏中，气体向原油中的扩散是在多孔介质中进行的。在实际油藏条件下，油气接触发生传质现象都是在多孔介质中，流体分子在运移的过程中都会与孔隙介质壁面发生接触，流体与孔隙介质间就会发生相互作用。由于油气储层介质具有颗粒细、孔喉小的特点，使得储层介质具有很大的比面积。而且流体在多孔介质中运移，会存在界面，且界面现象极为突出。与界面现象密切相关的界面张力、流体分子吸附、储层润湿和毛管压力等均会对流体在储层介质中的分布、运移和相平衡等产生很大的影响。

为了能更加准确地了解流体在多孔介质中的扩散规律，进一步完善相态理论，必须在研究中考虑多孔介质中界面现象对扩散的影响，从而更为准确地认识油藏注气以及储气库运行动态规律，以便为生产实际提供理论依据。

6.3.1　多孔介质中气油扩散理论模型

当注入气注入多孔介质中时，气相与油相在二者的界面处直接接触，两相间就会发生传质现象，直到油气两相达到平衡，物理模型如图 6.23。根据连续方程和菲克第二定律，可用如下非稳态一维扩散方程来描述多孔介质分子扩散过程。

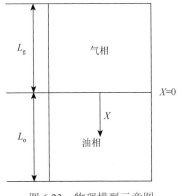

图 6.23　物理模型示意图

$$\frac{\partial c_i}{\partial t} = D_i \frac{\partial^2 c_i}{\partial x^2} \tag{6.15}$$

式中，c_i 为 i 组分的摩尔浓度；D_i 为 i 组分的扩散系数；t 为扩散时间；x 为距离。

气相模型：

$$\frac{\partial c_{gi}}{\partial t} = D_{gi} \frac{\partial^2 c_{gi}}{\partial x^2} \tag{6.16}$$

当扩散开始时，气相中 i 组分在油相（气相）中的浓度为 0：

$$c_{gi}(x,t)\big|_{t=0} = 0 , \quad 0 \leqslant x \leqslant L_o \tag{6.17}$$

气相扩散不会达到边界，传质通量为 0：

$$\frac{\partial c_{gi}}{\partial x}\bigg|_{x=L_o} = 0 , \quad t>0 \tag{6.18}$$

油相模型：

$$\frac{\partial c_{oi}}{\partial t} = D_{oi} \frac{\partial^2 c_{oi}}{\partial x^2} \tag{6.19}$$

当扩散开始时，i 组分在油相（气相）中的浓度为 0：

$$c_{oi}(x,t)\big|_{t=0} = 0 , \quad -L_g \leqslant x \leqslant 0 \tag{6.20}$$

油相扩散不会达到边界，传质通量为 0：

$$\frac{\partial c_{oi}}{\partial x}\bigg|_{x=-L_g} = 0 , \quad t>0 \tag{6.21}$$

气液界面处的边界条件需要进行浓度分布的数学描述，此次研究采用平衡边界条件，假设气油界面处于平衡状态。

$$c_i(x,t)\big|_{x=0} = c_{\text{sat}}(p_{eq}) \quad t>0 \tag{6.22}$$

多孔介质对平衡油气相态的影响已得到证实，因此在油气界面位置引入毛管压力的影响。把油气储层多孔介质看成是由分形毛细管组成的。假设毛细管的半径为 r，润湿角为 θ，分形维数为 D，则毛管压力可表示为

$$p_c = (3-D)\lambda\varphi(\sigma\cos\theta)^2 / 2KS^{3-D} \tag{6.23}$$

式中，p_c 为毛管压力；σ 为界面张力；K 为多孔介质渗透率；S 为液相饱和度；φ 为孔隙度。

前面我们已经假设，在油气交界面，油相和气相存在一个相对平衡的状态，由相态平衡原理可知，在油气交界面各组分逸度相等，即下式成立：

$$f_{oi} = f_{gi} \tag{6.24}$$

按照逸度系数的定义，有

$$\phi_{oi} = \frac{f_{oi}}{x_{oi}p^o} \tag{6-25}$$

考虑毛管压力，得到考虑多孔介质影响的逸度模型：

$$\phi_{gi} = \frac{f_{gi}}{x_{gi}(p^o - p_c)} = \frac{f_{gi}}{x_{gi}[p^o - (3-D)\lambda\varphi(\sigma\cos\theta)^2 / 2KS^{3-D}]} \tag{6-26}$$

其中，p^o 为油相分压。此模型求解与 PVT 筒中模型求解思路相同。

6.3.2　多孔介质中扩散系数实验

6.3.2.1　实验测试流程及方法

多孔介质中 CO_2-原油分子扩散实验是在油气藏地质及开发工程国家重点实验室的全直径岩心驱替装置上完成的，实验流程如图 6.24 所示。本次实验中所用到的主要仪器有压力控制系统、温控系统、扩散过程系统及辅助分析计量系统，压力控制系统由注入泵、围压泵及回压泵组成，扩散过程系统包括存储流体样品的中间容器、全直径岩心夹持器及数值式压力传感器等，辅助分析计量包括气液两相分离器、气相色谱仪。通过压力控制系统先后把一定量油相、气相流体样品转入岩心中，油相与气相接触后即发生扩散，导致气相压力降低；监测气相区压力变化；气液达到平衡后，排出岩心中的流体进入两相分离器后，进入气体体积流量计、色谱分析仪，用于分析测试气相组成和性质的变化。

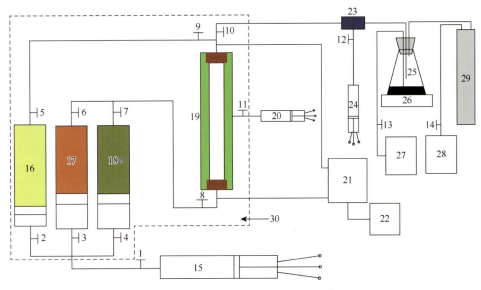

图 6.24　全直径岩心分子扩散实验示意图

1～14. 阀门；15. 入口泵；16. 中间容器（气）；17. 中间容器（油）；18. 中间容器（地层水）；19. 全直径岩心夹持器；
20. 围压泵；21. 数值式压力传感器；22. 计算机；23. 回压调节器；24. 回压泵；25. 分离器；26. 电子天平；27. 油相色谱仪；
28. 气相色谱仪；29. 气量计；30. 恒温箱

1. 仪器技术指标

1）全直径岩心夹持器

压力范围：0.1～150MPa；温度范围：室温 200℃左右。

2）Ruska 全自动注入泵

工作压力范围：0～70.00MPa；工作温度：室温；速度精度：0.001mL/s。

3）回压调节器

工作压力范围：0～70.00MPa；工作温度范围：室温 200.0℃左右。

4）数值式压力传感器

最大工作压差：34.00MPa；工作温度为：室温；控压精度为 1psi。

5）温控系统

工作温度范围：室温 200.0℃左右；控温精度：0.1℃。

6）气量计

计量精度：1mL。

7）气相色谱仪

采用美国 HP6890 气相色谱仪对注入气组分和组成进行分析。

2. 多孔介质中高温高压 CO_2-原油体系分子扩散实验具体步骤

1）流体及岩心加温、升压

常温条件下将气样、油样、地层水分别转入气样中间容器、油样中间容器和地层水中间容器，岩心抽真空。将恒温箱中的中间容器和岩心加温到所需温度，将入口泵、围压泵、回压泵设定到所需压力。

2）油样转样

依次打开阀门 1、阀门 3、阀门 6，待压力稳定后，读取入口泵的读数 $V1$，然后打开阀门 8，启动入口泵，缓慢注入一定量油样，关闭入口泵，读取入口泵的读数 $V2$，$V1$ 与 $V2$ 之差即为转入油样体积。

3）气样转样

依次关闭阀门 8、阀门 6、阀门 3，依次打开阀门 2、阀门 5 及阀门 9，启动入口泵，缓慢注入一定量气样，关闭入口泵，读取泵的读数 $V3$，$V3$ 与 $V2$ 两者之差即为转入气样体积。

4）扩散测试

依次关闭阀门 9、阀门 5、阀门 2、阀门 1 及入口泵，开始扩散测试，记录时间、压力变化，当岩心中压力不再发生变化，即认为气-油已经达到扩散平衡，记录平衡时压力、时间。整个扩散实验过程中保持围压泵压力不变。

5）气相组分测试

依次打开阀门 1、阀门 4、阀门 7、阀门 12，启动入口泵，调整装地层水中间容器压力。

3. 调整回压泵压力至平衡压力

设定入口泵为进泵模式，回压泵为退泵模式，两者速度相等，速度尽可能小。同时打开两泵、阀门 8 及阀门 10，从岩心上部转出一定量气样，测试其气油比及组成，反复测 3 次，直至气相完全排出，然后采用同样的方式测试下部油相组成，测试其气油比及组成，反复测 3 次。

6.3.2.2　多孔介质中扩散实验测试结果

实验温度为 60℃、初始压力为 20MPa。扩散气样采用商品 CO_2 气（N_2 含 1.7735%、CO_2 含 98.181%），实验用油样采用某油田地面分离器脱气油样，具体组成见表 6.3。实验采用全直径岩心，长度为 9.941cm，直径为 7.554cm，孔隙度为 19.16%，渗透率为 20.23%。

多孔介质中温度为 60℃、初始压力为 20MPa 时 CO_2-重质油体系扩散实验压力变化见图 6.25，由该图可以看出 CO_2-重质油扩散达到平衡的时间约为 92.46h，气相压力由初始的 20.69MPa 降到最终的 11.52MPa，压力降低幅度为 9.17MPa。压力随时间的变化呈现三个不同的阶段、首先，在扩散初期，气相压力快速下降，且幅度较大；其次，在扩散中期，气相压力缓慢降低，幅度变化不大；最后，在扩散后期，气相压力趋于平缓，扩散达到平衡。

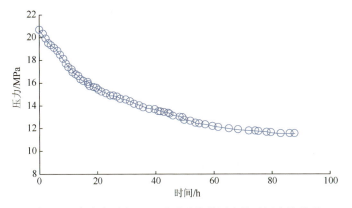

图 6.25　多孔介质中 CO_2-重质油扩散压力随时间变化关系

采用多孔介质中气油扩散模型计算多孔介质中 CO_2-重质油体系在 20MPa、60℃条件下的扩散系数。CO_2-原油体系在 20MPa、60℃条件下在多孔介质中扩散系数计算结果见图 6.26、图 6.27。

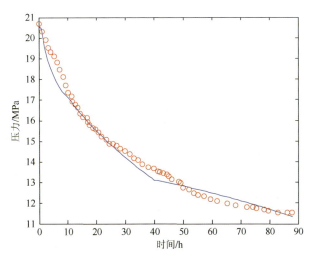

图 6.26　多孔介质中 CO_2-重质油扩散实验压力拟合图（60℃）

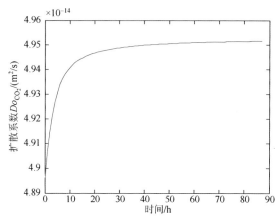

图 6.27　多孔介质中 CO_2 在油相中的扩散系数（60℃）

与 PVT 筒中 CO_2 与原油扩散系数比较，相同的实验条件下达到的平衡时间更长，PVT 中为 26.6h，而多孔介质中为 96.6h。其次，PVT 筒中 CO_2 扩散能力更强，CO_2 在油相中最终扩散系数为 $1.869 \times 10^{-11} m^2/s$，而在多孔介质中 CO_2 最终扩散系数为 $4.952 \times 10^{-11} m^2/s$。因此实际油藏条件下，气油传质过程更慢。

6.3.2.3　多孔介质中气油扩散敏感因素分析

由于多孔介质本身的物性特征以及迂曲度的影响，导致气体-原油在多孔介质中的扩散与 PVT 筒中有很大的不同。多孔介质中的非平衡扩散模型在传统模型的基础上考虑了迂曲度和毛管压力的影响。以下将从两个方面（孔隙度和渗透率）来分析模型的敏感性。

1. 孔隙度的影响

分别取孔隙度为 0.3、0.25、0.1916、0.15 和 0.1 来计算多孔介质中 CO_2-重质油体系的扩散系数，计算结果见图 6.28。油相中 CO_2 扩散系数随着孔隙度的增大而增大，各组分在气相中的扩散系数也增大。分析认为，随着孔隙度增大，岩石比表面增大，气油接触面积增大，等效于增大气油相互传质能力。

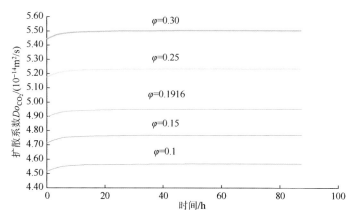

图 6.28　不同孔隙度时 CO_2 在油相中的扩散系数（60℃）

2. 渗透率的影响

选取三种不同的渗透率（30mD、20.3mD 和 10mD），计算 CO_2-原油体系扩散系数，计算结果见图 6.29。计算结果表明，扩散系数总体上随着渗透率的增大而增大。但影响不大。但针对 CO_2 存在特殊情况，20.3mD 岩心 CO_2 在油相中的扩散系数略高于 30mD 岩心中的扩散系数，认为这与 CO_2 固有的特性有关，CO_2 对原油具有强的抽提能力，而且在较低的压力下就能与原油混相，同时还与多孔介质的物性特征及对 CO_2 的吸附有关。

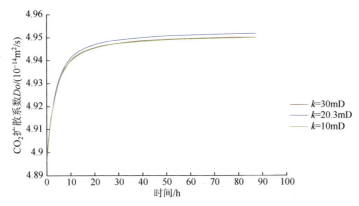

图 6.29　不同渗透率岩心中 CO_2 在油相中的扩散系数（60℃）

3. 不同孔渗组合模式的影响

为了研究不同类型的多孔介质中扩散系数的差异，选取了 5 组不同的孔隙度、渗透率及相应的孔喉半径（何更生《油层物理》中相应的计算公式得到）来进行分析，见表 6.8。计算结果见图 6.30，从图中可以看出，在不同孔渗条件下 CO_2 在重质油中的扩散系数随

表 6.8　多孔介质物性参数

孔隙度	0.18	0.14	0.12	0.1	0.08
渗透率/mD	10	1	0.1	0.01	0.001
孔喉半径/μm	2.15	0.96	0.37	0.15	0.07

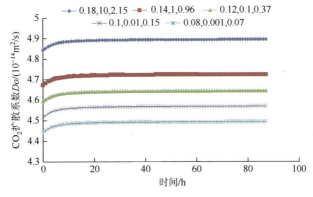

图 6.30　不同孔隙度和渗透率时 CO_2 在油相中的扩散系数（60℃）

着时间的延续而增大，最终趋于平缓；孔渗值、半径越小，扩散系数越小，而且降低的幅度也越小。这是由于随着多孔介质的物性参数变差，趋向于致密多孔介质，而这类介质的比表面积很大，对分子的吸附量也越大，所以变化的幅度会越来越小。

6.4 超前注气长岩心实验研究

近年来，随着国内石油需求的增大，低渗透油藏的勘探和开发越来越受到重视。低渗透油藏，尤其是特低渗透油藏属于弹塑性储层，渗流阻力大，压力传导能力差，油井自然产能低。区块投产后，地层压力下降快，产量递减大，且难以恢复。为了提高低渗透油田开发效果，研究者开展了许多针对低渗透油藏渗流机理的研究，并尝试应用到矿场实践中，超前注水就是其中一项行之有效的方法。

所谓超前注水，就是在新区投产前一段时间，油井关井，水井首先投入注水，使地层压力升高，当地层压力或者注水量达到设计要求后，油井开始投入生产，开发过程中，通过调整注采比控制油藏压力。超前注水的基础理论研究尚处于不断深化、完善过程中，目前研究认为，超前注水的作用机理主要是保持了较高的地层压力，建立了有效的压力驱替系统，降低或者避免了因地层压力下降造成的储层伤害。

超前注水先注后采的开发方式可以合理地补充地层能量，提高地层的压力，使油井能够长期保持较高的地层能量和旺盛的生产能力，产量递减从而明显减小。同时该开发方式可以降低因地层压力下降造成的地层伤害，抑制油井的初始含水率，从而提高投产初期油田的产量，使得油田能够保持较长的稳产期，减缓递减，提高最终采收率。而且通过超前注水还可防止原油物性变差，有效地保证原油渗流通道的畅通，提高注入水波及体积。在超前注水方面研究较多，但是几乎没有发现对于超前注气研究的文献及相关报道，在多孔介质扩散实验的基础上进行 CO_2 驱替原油的物理模拟实验，并且与直接注 CO_2 驱替原油的实验进行对比，探索超前注气的可行性，为注 CO_2 开发油气田提供一些参考。

6.4.1 流体及岩心样品

注入气样选用商品 CO_2（N_2 含 1.7735%、CO_2 含 98.181%），油样采用胜利油田地面分离器脱气凝析油，具体组成见表 6.9。

表 6.9 实验用油组成及组分

名称	体积分数/%	摩尔质量/(kg/kmol)	临界温度/K	临界压力/MPa	偏心因子
C_2	0.019	30.070	305.43	4.88	0.0978
C_3	0.256	44.097	369.82	4.249	0.1541
iC_4	0.239	58.124	408.1	3.6	0.184
nC_4	0.752	58.124	425.2	3.75	0.2015
iC_5	1.153	72.151	460.4	3.34	0.2286
nC_5	1.386	72.151	469.6	3.33	0.2524
C_6	5.137	86.178	507.5	3.246	0.2998

续表

名称	体积分数/%	摩尔质量/(kg/kmol)	临界温度/K	临界压力/MPa	偏心因子
C_7	12.335	100.250	543.2	3.097	0.3494
C_8	13.263	114.232	570.5	2.912	0.351327
C_9	18.413	128.259	598.5	2.694	0.390781
C_{10}	16.976	142.286	622.1	2.501	0.443774
C_{11+}	30.077	198.640	708.66	18.669	0.53007

实验温度为 60℃，实验压力为 20MPa。实验采用全直径岩心，长度为 9.941cm，直径为 7.554cm，孔隙度为 19.16%，渗透率为 20.23%。

6.4.2　实验测试流程及方法

首先建立原始含油饱和度，然后开展连续 CO_2 驱以及超前注 CO_2 实验（超前注气即在连续注气前先注 0.1HCPV 体积 CO_2 后进行关井直至系统平衡），调整合适的注入速度以 0.25mL/min 的速度进行驱替，直到原油采收率趋于稳定为止，记录相关的实验压差，采收率数据。

岩心驱替实验是在西南石油大学油气藏地质及开发工程国家重点实验室加工的全直径岩心驱替装置上完成的。实验流程见图 6.31。

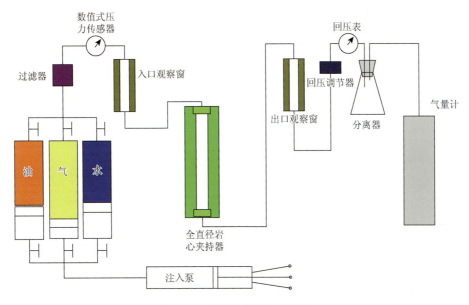

图 6.31　超前注气实验流程图

直接注 CO_2 驱替原油具体实验方法步骤如下：

（1）首先，将烘箱及实验流体恒稳实验温度 6h 以上，对全直径岩心进行抽空；

（2）用实验流体饱和全直径岩心，计量饱和油量；

（3）再切换气样中间容器向全直径岩心夹持器中注入 CO_2；

（4）每注入 0.1HCPV CO_2 记录相关的入口压力、出油量、出气量；

（5）待到出油非常少为止，计算其采收率。

6.4.2　实验测试结果及分析

两组实验均采用 CO_2 驱替原油，两组实验中 CO_2 驱部分的数据如驱替实验采收率、驱替压差及气油比变化曲线见图 6.32、图 6.33，超前注气实验见图 6.34、图 6.35。

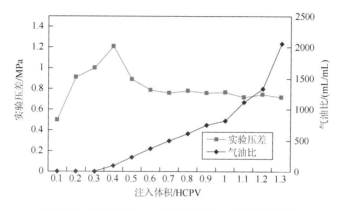

图 6.32　直接连续 CO_2 驱实验压差、气油比的变化

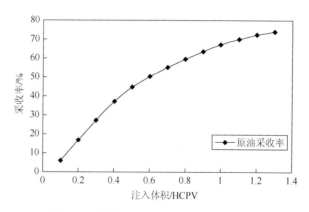

图 6.33　直接注 CO_2 驱原油采收率的变化

由图 6.32 和图 6.33 可以看出：进行直接连续 CO_2 驱实验时，CO_2 在 0.35～0.4HCPV 之间突破，采收率为 37.16%，气突破后气油比迅速上升，在 1.3HCPV 时，最终原油采收率达到 74.20%。

由图 6.34 和图 6.35 可以看出：在扩散平衡后进行 CO_2 驱实验时，CO_2 在 0.35～0.4HCPV 之间突破，采收率为 34.63%，气突破后气油比迅速上升，在 1.4HCPV 时，最终原油采收率达到 74.47%。其最终采收率还应该加上在进行扩散实验时驱替出来的 6.12% 的地层原油，所以最终累计采收率应该是 80.59%。其实验压差在 CO_2 突破后降低到 0.56MPa 左右开始稳定，说明超前注入 CO_2 后对于地层原油的黏度起到了一定的降黏效果。

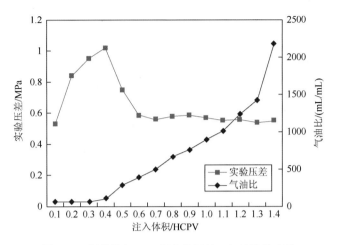

图 6.34　超前注气 CO_2 驱实验压差、气油比的变化

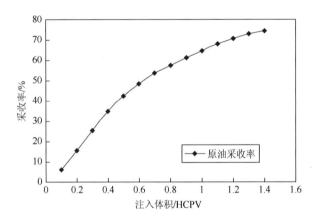

图 6.35　扩散平衡后 CO_2 驱原油采收率的变化

两组实验测试结果对比见表 6.10，由于超前注气先期扩散平衡实验过程中已采出部分油，综合后期连续驱替过程比常规连续气驱多采出 6.39% 的原油。

表 6.10　两组 CO_2 驱替原油实验数据对比

驱替方式	CO_2 突破时		CO_2 驱结束时			
	烃孔隙体积比 /HCPV	累计采收率/%	烃孔隙体积比 /HCPV	累计采收率/%	扩散实验出油 出程度/%	总采收率/%
直接 CO_2 驱	0.35~0.40	37.16	1.3	74.2	—	74.2
超前注 CO_2 驱	0.35~0.40	34.63	1.4	74.47	6.12	80.59

从上述实验测试结果可以看出，超前注 CO_2 驱替与连续注入 CO_2 驱替原油相比有以下特点：

（1）扩散平衡后系统压力有所降低，CO_2-原油扩散在多孔介质中的扩散实验中，系统压力由最初的 20.69MPa 降到 10.88MPa。致使超前注 CO_2 驱替原油时，系统扩散平衡后的注入压力降低到 10.88MPa，所以要求注入压力较低。

（2）两组 CO_2 驱替实验中 CO_2 均在 0.35~0.4HCPV 突破，突破时间都较早，说明所选用岩心的非均质性较强存在指进现象。在突破时直接连续注入 CO_2 驱替方式的原油采收率高于超前注 CO_2 驱替原油的采收率。这是因为在做扩散实验时已经注入了 0.1HCPV 的 CO_2，出油量为 6.12%。

（3）CO_2 驱结束时在最终原油采收率方面：超前注 CO_2 驱替方式（80.59%）高于直接连续注入 CO_2 的驱替方式（74.20%），原油采收率提高 6.39%。说明超前注 CO_2 驱替原油提高采收率有一定的效果。

（4）超前注 CO_2 驱的实验压差低于直接连续注入 CO_2 驱的实验压差（CO_2 突破后），超前注 CO_2 能够更加充分有效降低原油黏度，使原油体积膨胀，从而提高原油采收率。

由前面的分析可以看出超前注 CO_2 驱替原油在提高采收率方面有一定的效果。超前注 CO_2 驱替原油的增油机理是存在足够长的闷井时间以致于能够更加充分有效降低原油黏度，膨胀原油体积，增加注入量。但是 CO_2 与原油之间同时存在扩散作用，这样就逐渐消耗溶解气驱的能量，其具体表现为系统压力降低。因为本次实验所选用的岩心非均质性严重，建立的束缚水含量会很大，对于选用有代表性的地层流体（有一定气油比的流体）而言实验难度较大。所以选用地面脱气油进行实验，在现场应用时要结合油藏流体的泡点压力以及井底流压等因素，综合评价优化开发方案。

超前注气对提高原油采收率有一定的效果，要投入现场实际应用，还需要进一步深入研究。建议更多地开展这方面的室内实验研究，研究其可行性及其效果的影响因素，为优化注气开发方案的制定提供更加有效的理论指导。

6.5　油藏注气吞吐实例分析

国内某油田为一典型稠油油藏，地层能量不足、单井产量低，为了进一步提高原油采出程度，采用数值模拟手段探索研究在该油田开展 CO_2 吞吐注气可行性及其注气实施方案。具体开展油藏流体相态拟合、单井数值模拟模型、单井开发生产历史拟合及注 CO_2 吞吐方案设计等 4 方面工作。

6.5.1　油藏流体相态拟合

本次研究选用 CMG 2005 版数值模拟软件中的 WinProp 相态模拟分析软件对 NB 油藏原油高压物性 PVT 实验数据进行拟合计算。

PVT 相态模拟分析软件是与油气藏模拟一体化的相态分析软件，模拟相态特征和油气藏流体性质，确定油气藏特征和流体组分变化，形成完整的 PVT 拟合数据，包括流体重馏分特征化、组分归并、实验室数据回归拟合、相图计算等。对于分析和拟合分离器油和气的合并、压缩系数确定、等组分膨胀、等容衰竭、分离器测试等过程，是一个有力的相态分析工具，既能分析复杂油气藏油气系统的相态，又能产生多组分数值模拟器所需的 PVT 拟合参数场。

6.5.1.1 拟组分划分

运用 WinProp 相态模拟分析软件，在室内 PVT 实验数据的基础上进行 PVT 数据的拟合，优化组分模型中状态方程参数，改善对 NB 油藏性质预测精度。在不影响模拟结果和保证开发方式研究的基础上，按组分性质相近的原则，把原油井流物的多组分归并为 6 个拟组分，如表 6.11 所示。从该表中可以看出，该油藏属于典型稠油油藏。

表 6.11 NB 油藏井流物组成与拟组分划分

原始组分	摩尔组成/%	拟划分后的组分	摩尔组成/%
CO_2	0	CO_2	0.0
N_2	0.7	$N_2 \sim C1$	12.37
C_1	11.67		
C_2	1.29	$C_2 \sim nC_4$	1.91
C_3	0.42		
iC_4	0.07		
nC_4	0.13		
iC_5	0.02	$iC_5 \sim C_7$	0.16
nC_5	0.05		
C_6	0.02		
C_7	0.07		
C_8	0.34	$C_8 \sim C_{10}$	1.95
C_9	0.68		
C_{10}	0.93		
C_{11+}	83.61	$C_{11} \sim C_{35}$	83.61

6.5.1.2 单次闪蒸实验数据拟合

在优化组分模型中状态方程参数以及改善状态方程对 NB 油田油藏原油性质预测精度中，另一关键拟合对象是单次闪蒸实验数据。由于原油体积系数是气油比、原油密度的函数，故在单次闪蒸实验数据拟合中重点考虑原油在地面脱气油密度以及单脱时气油比的拟合程度。如表 6.12 所示，地面条件下原油密度拟合值为 0.969g/cm³、实验值为 0.966g/cm³，相对误差为 0.2%；拟合饱和压力条件下原油黏度为 238.72mPa·s、实验值为 233.0mPa·s，相对误差为 2.45%；单次闪蒸的气油比实验值是 6.0m³/m³，而拟合值是 6.1396m³/m³，相对误差为 2.71%。

表 **6.12**　饱和压力与单次闪蒸数据对比表

项目	实验值	拟合值	误差/%
饱和压力下原油黏度/mPa.s	233.00	238.72	2.45
地面脱气油密度/（g/cm³）	0.966	0.969	0.41
气油比/（m³/m³）	6.0	6.13	2.17
饱和压力/MPa	2.200	2.197	0.14

6.5.1.3　CO_2 注入膨胀实验数据拟合

CO_2 吞吐提高原油采收率的基本原理是通过 CO_2 在原油中的溶解而使原油体积膨胀以提高产能、降低原油黏度和界面张力，提高流体的流动能力，通过 CO_2 和地层原油的一次或多次接触混相来提高原油采收率，所有这些都是和原油相态变化密切相关的。CO_2 驱油时，由于注入的 CO_2 在原油中的大量溶解，地层原油的物理化学性质（如体积系数、黏度、密度、界面张力、气液相组分和组成等）会发生很大变化。对 CO_2-地层原油体系相态变化的研究是研究 CO_2 吞吐机理的重要依据，还可以为数值模拟提供必要的参数。图 6.36～图 6.38 为相应拟合曲线，可以看出拟合精度是很高的。

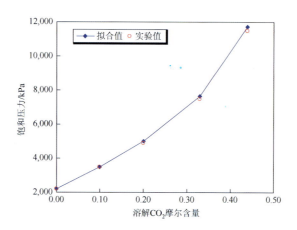

图 6.36　注 CO_2 膨胀实验饱和压力拟合曲线

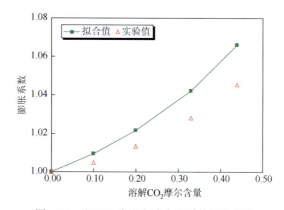

图 6.37　注 CO_2 膨胀实验膨胀系数拟合曲线

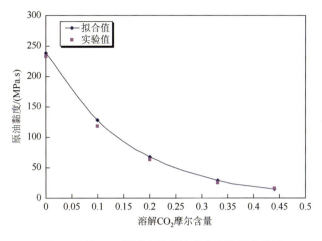

图 6.38　注 CO_2 膨胀实验原油黏度变化拟合曲线

6.5.2　单井吞吐注气模型及历史拟合

6.5.2.1　单井数值模拟模型建立

选择该油田两口井 B2S（斜井）、B3M（水平井）分别开展注 CO_2 单井吞吐注气研究。B2S 井为斜井，射孔投产，纵向上划分为 10 个有效网格。B3M 井为水平井，射孔投产，纵向上同样划分为 10 个有效网格。为了更好地模拟底水锥进以及后续注气吞吐的受效范围分析，对以上两口井实施了网格加密。B2S 井网格加密区域为 I 方向第 7 至第 12 个网格，J 方向第 8 至第 12 个网格，K 方向第 52 至 61 个网格，将该区域内每个网格在 J 方向

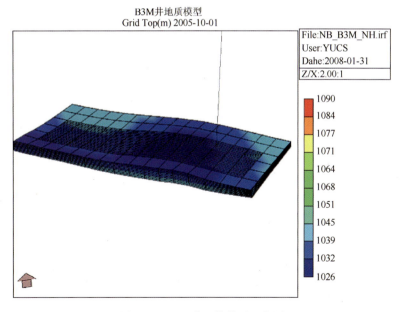

图 6.39　B3M 井网格模型示意图

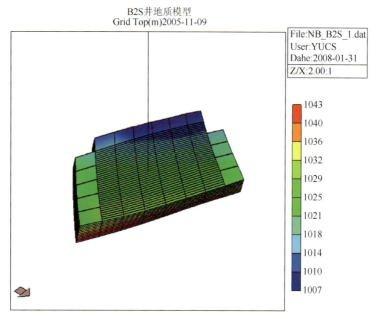

图 6.40　B2S 井网格模型示意图

上细分为 7 个网格。B3M 井网格加密区域为 I 方向第 6 至 19 个网格，J 方向第 4 至 6 个网格，K 方向第 52 至 61 个网格，将该区域内每个网格在 J 方向上细分为 7 个网格。图 6.38 是 B3M 井网格模型示意图，图 6.39 是 B2S 井网格示意图。B2S 井控制储量为 29.8 万 t，B3M 井控制储量为 48.04 万 t。B3M 井有效厚度为 10m，孔隙度为 30%~38%、渗透率为 1~10D；B2S 井有效厚度为 9.1m，孔隙度 27%~35.7%，渗透率为 1~9D。

6.5.2.2　生产动态历史拟合

B2S 和 B3M 两口井单井生产历史拟合，拟合结果见图 6.41~图 6.48，生产动态历史拟合结果较好。

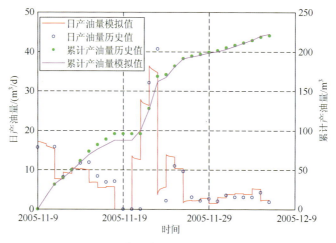

图 6.41　B2S 井日产油量累计产油量拟合结果

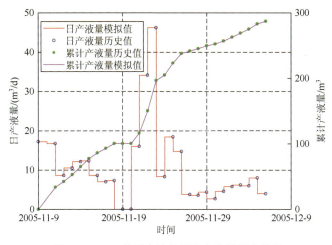

图 6.42　B2S 井日产液量累计产液量拟合结果

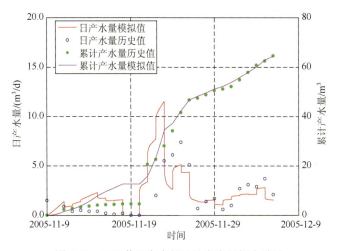

图 6.43　B2S 井日产水量累计产水量拟合结果

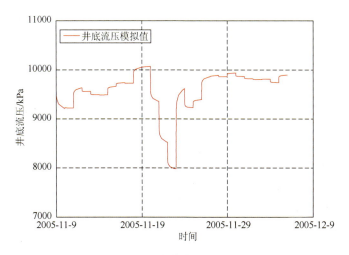

图 6.44　B2S 井井底流压模拟结果

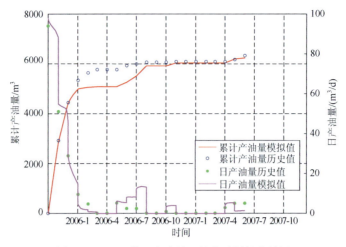

图 6.45　B3M 井日产油量累计产油量拟合结果

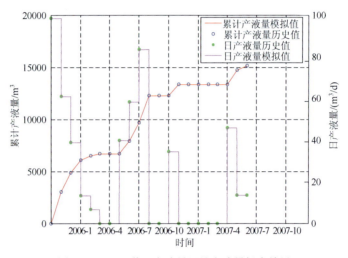

图 6.46　B3M 井日产液量累计产液量拟合结果

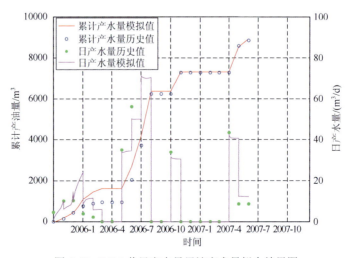

图 6.47　B3M 井日产水量累计产水量拟合结果图

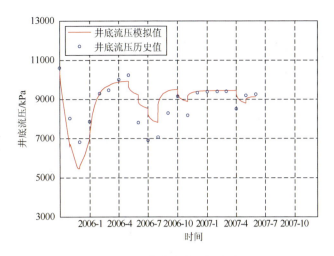

图 6.48　B3M 井井底流压拟合结果图

表 6.13 是注气前各井日产液量、累计产液量、日产油量、累计产油量、地层压力和井底流压指标。从该表可以看出，水平井在该油藏生产效果远优于直井，单井产液量是直井的 3 倍、累计产液量是直井的 5 倍。同时，注气前各井井底流压远高于泡点压力 2.2MPa，表明地层流体轻组分未损失，有利于注 CO_2 吞吐。

表 6.13　B3M 和 B2S 井数值模拟历史拟合末期动态指标数据

井号	月均日产液量/m^3	累计产液量/m^3	月均日产油/m^3	累计产油/m^3	地层压力/MPa	井底流压/MPa
B3M	13.67	15171.1	1.35	6421.15	9.28	9.13
B2S	4.00	287.1	2.45	222.63	10.05	9.80

6.5.3　单井注 CO_2 吞吐方案设计

6.5.3.1　方案设计

方案设计原则：保持 B2S 和 B3M 井生产时井底流压分别为 9.58MPa 和 9.13MPa，最大产液量小于 300m^3/d，对 CO_2 注入量、注气速度、焖井时间进行敏感性评价，并与相同工作制度下衰竭式开采对比。当油井产量低于 2t 或者含水高于 98%时关井。

方案经济评价指标：①注 CO_2 一年后油井的产量仍比不注 CO_2 的产量高，则评价一年内增油量、换油率和新增收益；②在相同工作制度下油井的产量小于 2t，则评价 CO_2 吞吐产量降至 2t 时的注 CO_2 增油量、换油率和新增收益。

注气吞吐注气参数优化设计见表 6.14、表 6.15，采用单因素优化思路，重点考虑注气量、注气速度及闷井时间对吞吐注气效果的影响。由于水平井与油藏接触面积大，因此注入量及注气速度远大于直井。

表 6.14　B3M 井（水平井）注气吞吐方案设计

井号	方案类型	方案说明	方案编号	注入气量/t	焖井时间/d	注气速度/（t/d）
B3M	A	焖井时间、注气速度不变，对周期注入量进行敏感性分析	FⅠ-1-1	100	15	200
			FⅠ-1-2	400		
			FⅠ-1-3	800		
			FⅠ-1-4	1200		
			FⅠ-1-5	1600		
			FⅠ-1-6	2000		
			FⅠ-1-7	2400		
			FⅠ-1-8	2800		
			FⅠ-1-9	3200		
	B	焖井时间和注气量不变，对注气速度进行敏感性分析	FⅠ-1-10	2400	15	100
			FⅠ-1-11			200
			FⅠ-1-12			300
			FⅠ-1-13			400
			FⅠ-1-14			600
			FⅠ-1-15			800
	C	注气量和注入速度不变，对焖井时间进行敏感性分析	FⅠ-1-16	2400	2	100
			FⅠ-1-17		5	
			FⅠ-1-18		10	
			FⅠ-1-19		15	
			FⅠ-1-20		20	
			FⅠ-1-21		30	
			FⅠ-2-16		10	
			FⅠ-2-17		15	
			FⅠ-2-18		20	
			FⅠ-2-19		30	

表 6.15　B2S 井（斜井）注气吞吐方案设计

井号	方案类型	方案说明	方案编号	注入气量/t	闷井时间/d	注气速度/（t/d）
B2S	A	焖井时间、注气速度不变，对周期注入量进行敏感性分析	FⅠ-2-1	100	15	200
			FⅠ-2-2	200		
			FⅠ-2-3	400		
			FⅠ-2-4	600		
			FⅠ-2-5	800		
			FⅠ-2-6	1000		
			FⅠ-2-7	1200		

续表

井号	方案类型	方案说明	方案编号	注入气量/t	闷井时间/d	注气速度/（t/d）
B2S	B	焖井时间和注气量不变，对注气速度进行敏感性分析	FⅠ-2-8	800	15	100
			FⅠ-2-9			200
			FⅠ-2-10			300
			FⅠ-2-11			400
			FⅠ-2-12			600
			FⅠ-2-13			800
	C	注气量和注入速度不变，对焖井时间进行敏感性分析	FⅠ-2-14	800	2	100
			FⅠ-2-15		5	
			FⅠ-2-16		10	
			FⅠ-2-17		15	
			FⅠ-2-18		20	
			FⅠ-2-19		30	

6.5.3.2 吞吐注气方案优化

两口井单井注气吞吐注气计算结果见图 6.49～图 6.60。从图 6.49 可以看出，无论是水平井（B3M）还是斜井（B2S），随吞吐周期数增加，注入地层的 CO_2 量的增大，单井增油量逐渐增大；B3M 井周期注气量达到 2400t、B2S 井周期注气量达到 800 万 t 时，增油量减缓。图 6.50 表示的是不同周期注气量换油率，随注气量增大，换油率逐渐降低；对于 B3M 井周期注气量为 2400t 时，换油率为 1.05；斜井 B2S 井周期注气量为 1.702，推荐注气量均能保持较好的换油效果。另外，从图 6.51 可以看出，随注入 CO_2 量的增加，新增收益先增后减；B3M 井及 B2S 井分别在注气量 2400t、800t 时达到最佳值，对应的新增受益分别为 360.92 万、244.80 万。综合增油量、换油率及新增收益等因素，推荐 B3M 井、B2S 井合理注气量分别为 2400t、800t。

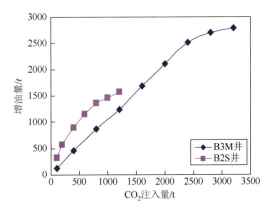

图 6.49 注液态 CO_2 量与增油量关系

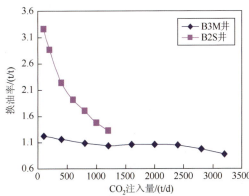

图 6.50 注液态 CO_2 量与换油率关系

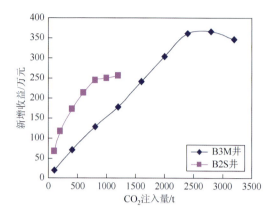

图 6.51　注液态 CO_2 量与新增收益关系

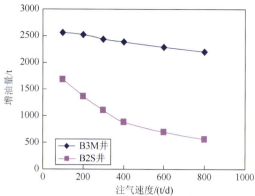

图 6.52　注液态 CO_2 速度与增油量关系

从图 6.52～图 6.54 可以看出，随注液态 CO_2 速度的增加，增油量、换油率、新增收益基本都呈下降趋势，分析认为相同注气量条件下，注入速度越大，注入气与地层原油接触的时间越短，且地层原油波及范围更大，导致限制近井区地层原油黏度降低不明显，结合现场作业时间及经济因素，建议 B3M 和 B2S 井的注气速度取为 200t/d 和 100t/d。

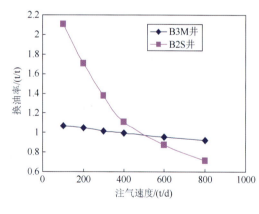
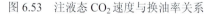

图 6.53　注液态 CO_2 速度与换油率关系

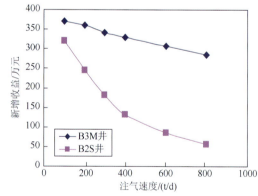

图 6.54　注液态 CO_2 速度与新增收益关系

从图 6.55、图 6.60 可以看出，随焖井时间的增加，增油量、换油率、新增收益都呈增加趋势，闷井 15 到 20 天以后这一趋势变缓，分析认为相同注气量，焖井时间增加为注入气与原油提供充分传质时间，保证了注入气与原油达到相对平衡状态。从计算结果可以看出，CO_2 与原油基本在 20 天左右达到平衡，因此建议注 CO_2 吞吐后焖井时间不少于 15～20 天。

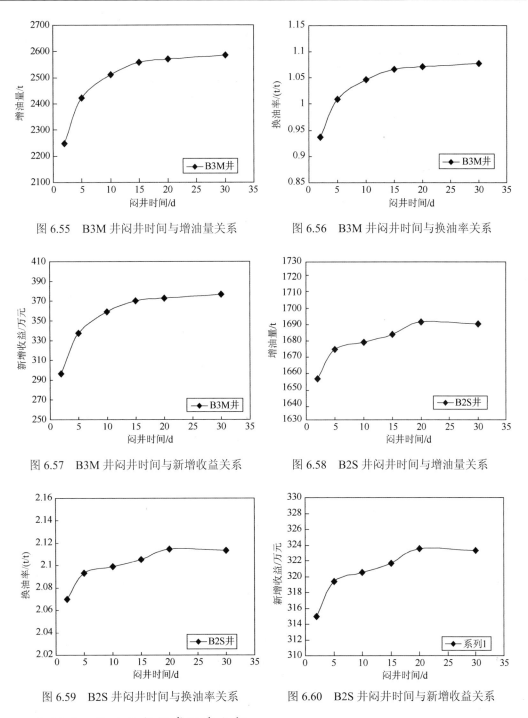

图 6.55 B3M 井闷井时间与增油量关系　　图 6.56 B3M 井闷井时间与换油率关系

图 6.57 B3M 井闷井时间与新增收益关系　　图 6.58 B2S 井闷井时间与增油量关系

图 6.59 B2S 井闷井时间与换油率关系　　图 6.60 B2S 井闷井时间与新增收益关系

6.5.3.3 吞吐注气敏感因素分析

1. 重力影响

模拟中发现由于重力超覆作用，顶部油层的受效范围最大，注入气波及范围大，顶部油层黏度降低范围明显高于底部油层，顶部油层饱和度明显低于底部油层(图 6.61a、图 6.61b、

图 6.62）。以注 2400t CO_2 为例，B3M 井在第一注气周期顶层的受效半径约为 42m，而第五周期注 1200t CO_2 顶层的受效范围达到 122m。B2S 井在第三周期注 400t CO_2 的最大受效半径约为 50m。

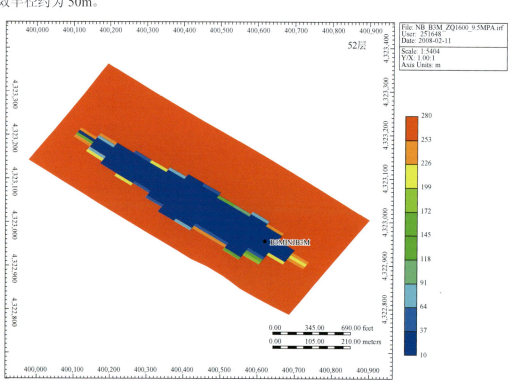

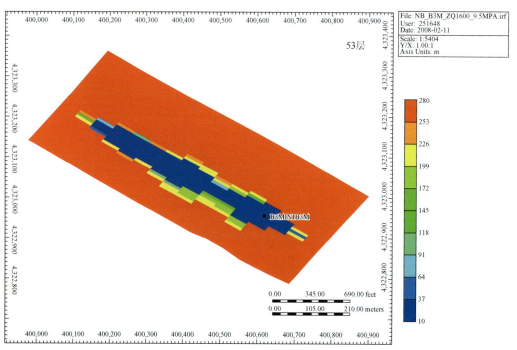

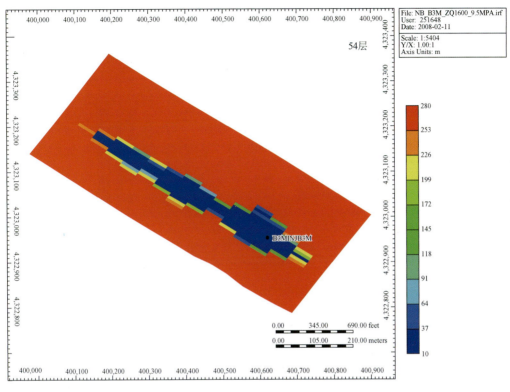

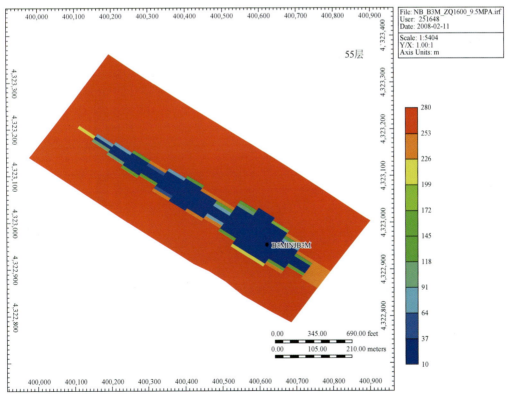

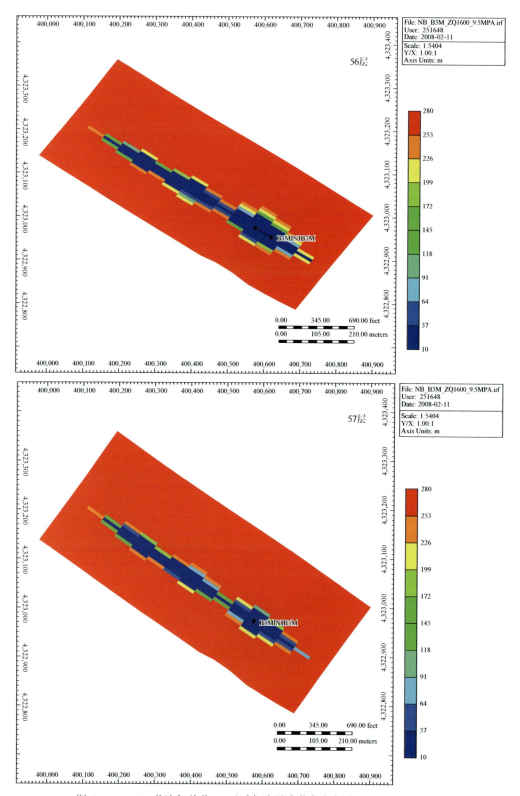

图 6.61a　B3M 井注气关井 15 天后各油层油黏度分布图（注 2400t CO_2）

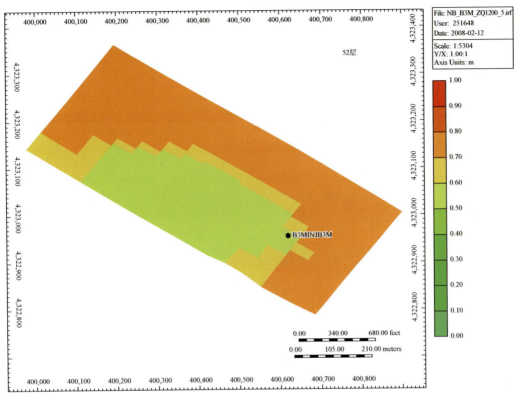

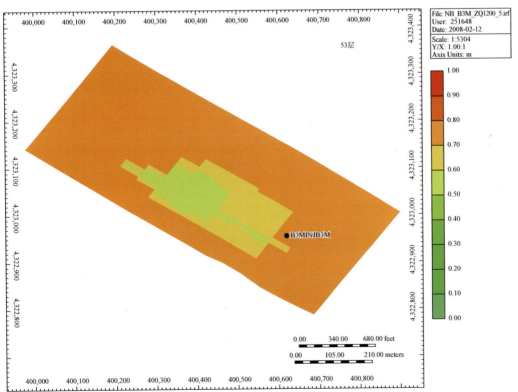

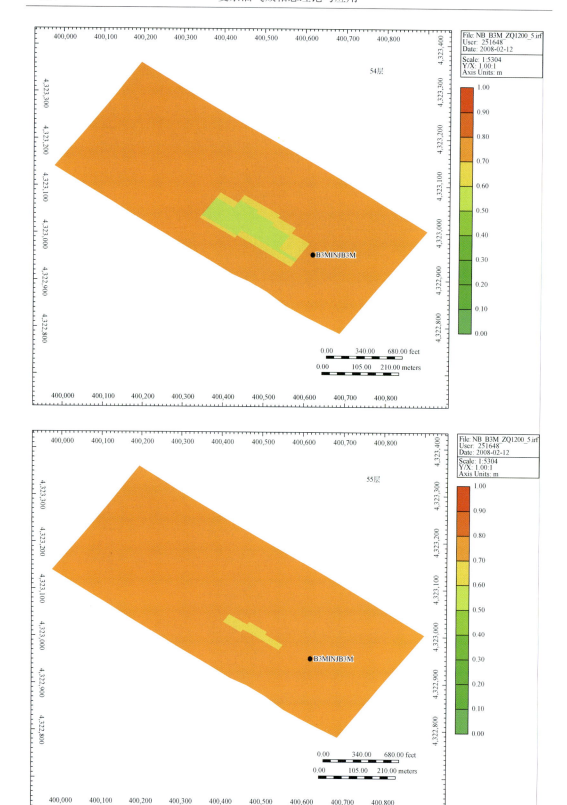

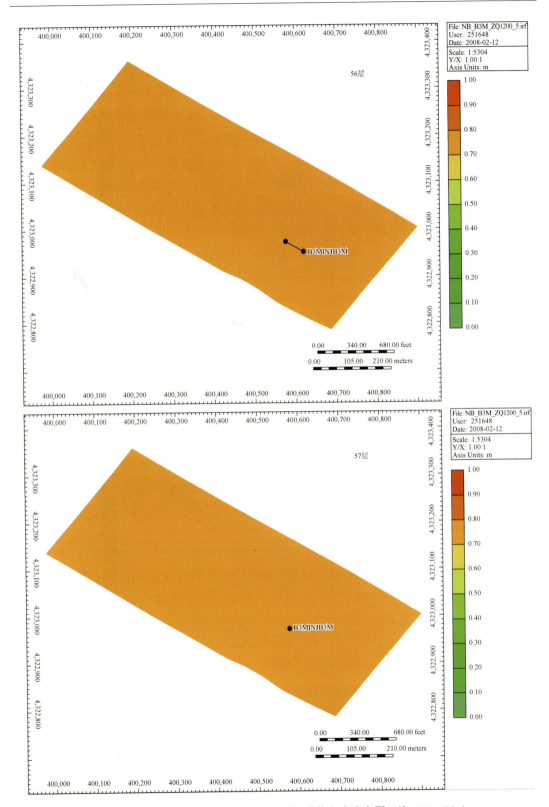

图 6.61b　B3M 井注气关井 15 天后各油层油饱和度分布图（注 2400t CO_2）

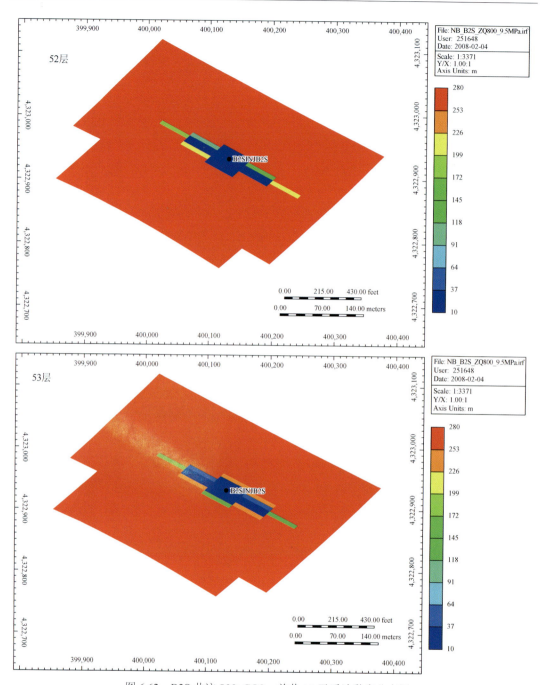

图 6.62　B2S 井注 800t CO2、关井 15 天后油黏度分布图

2. 井底流压影响

　　针对 B3M、B2S 井进行了不同井底流压条件下吞吐注气参数优化设计,保持油井生产时井底流压分别为 7.5MPa、6MPa,B3M、B2S 井两种不同井底流压条件下注入气量、注气速度分别见表 6.14、表 6.15。采气阶段井底流压为 7.5MPa 时,优化结果见图 6.63～图 6.68;采气阶段井底流压为 6MPa 时,优化结果见图 6.69～图 6.71。

从图 6.63～图 6.68 中可以看出，综合考虑增油量和新增效益，井底流压为 7.5MPa 时，B3M 井确定最佳注入气量为 2400t、注入速度为 200t/d、闷井时间为 15 天；B2S 井最佳注入气量为 800t、注入速度为 100t/d、闷井时间为 15 天。确定最优注气参数与未降压时除注气速度外，其他参数相同。

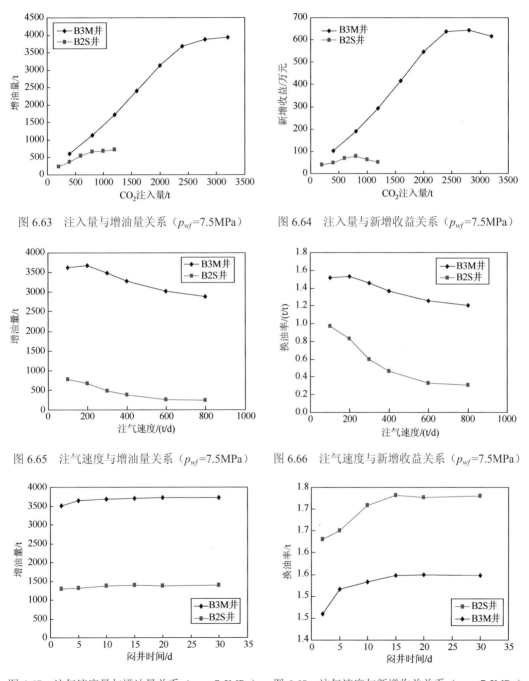

图 6.63　注入量与增油量关系（p_{wf}=7.5MPa）　　图 6.64　注入量与新增收益关系（p_{wf}=7.5MPa）

图 6.65　注气速度与增油量关系（p_{wf}=7.5MPa）　　图 6.66　注气速度与新增收益关系（p_{wf}=7.5MPa）

图 6.67　注气速度量与增油量关系（p_{wf}=7.5MPa）　　图 6.68　注气速度与新增收益关系（p_{wf}=7.5MPa）

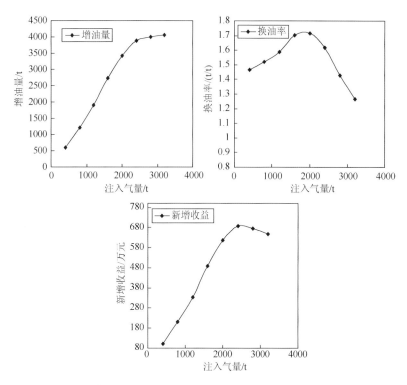

图 6.69　B3M 井注气量与增油量、换油率及新增效益关系（（p_{wf}=6MPa）

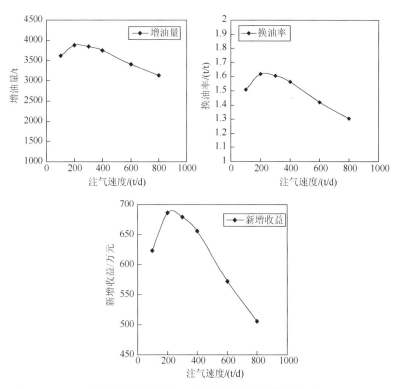

图 6.70　B3M 注气速度与增油量、换油率及新增效益关系（（p_{wf}=6MPa）

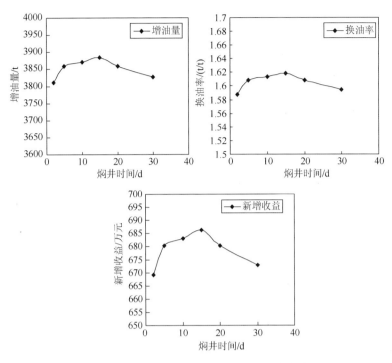

图 6.71 B3M 闷井时间与增油量、换油率及新增效益关系（p_{wf}=6MPa）

从图 6.70、图 6.71 可以看出，B3M 井的最佳注入气量仍为 2400t，最佳注入速度为 200t/d，闷井时间为 15 天，与该井采气阶段井底流压分别 9.8MPa、7.5MPa 时相同。B2S 井在 6MPa 模拟时发现，新增受益为负值，表明不适合采用注 CO_2 吞吐开采方式。

虽然 B3M 井 3 种不同井底流压条件下优化注气参数相同，但是通过比较最优注气参数时 3 种井底流压下对应增油量、换油率及经济效益发现（见表 6.16），针对 B3M 井底流压越低，吞吐注气优势越明显。分析认为，吞吐注气结束后，近井区油黏度降低，油井产量大幅度增大，增大生产压差有利于充分发挥水平井优势。

表 6.16 B3M 井 3 种不同井底流压时吞吐效果比较

井底流压/MPa	最佳注气速度/（t/d）	注气吞吐采油量/t	增油量/t	换油率/（t/t）	新增收益/万元
9.13	100	8746.831	2559.15	1.066	370.356
7.5	200	11323.162	3714.92	1.548	646.008
6	200	12725.669	3884.06	1.618	686.349

3. 注气周期影响

针对 B3M 井，按照闷井时间 15 天、注气速度 200t/d，开展不同注气量、不同注气周期吞吐效果敏感因素分析，计算结果见图 6.72、图 6.73。从计算结果可以看出，随 CO_2 注入量的增加，B3M 井各个周期的增油量增加，第三周期 B3M 井换油率先增后减。当注入量达到 800t 时，换油率最高，注 800t CO_2 时的换油率为 1.396t/t。其余周期 B3M 井的换油率随注入量的增加而降低。随 CO_2 注入量的增加，新增收益会明显增加，存在最佳值；B3M 井第三、第四和第五周期注 CO_2 分别为 1600t、1200t 和 1200t 时，新增收益达到最大，分别为 267 万元、219 万元和 203 万元。

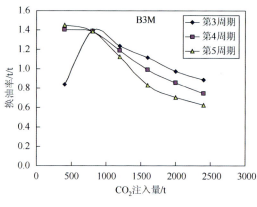

图 6.72　B3M 井注 CO_2 量与换油率关系　　　图 6.73　B3M 井注 CO_2 量与新增收益关系

6.6　小　　结

　　注气提高原油采收率技术对我国中低渗油藏、水驱开发中后期油藏挖潜增效具有重要的意义。受气源的影响，与循环注气、连续注气开发技术等比较，吞吐注气技术由于其注气量少、注气工艺技术简单等特点在我国各大油田均得到推广应用。

　　注气过程中油气藏流体相态研究是油藏注气方案设计的基础，核心是掌握注气过程中由于气-液传质对原油流体性质的影响规律。本章基于作者近年来研究成果，依次介绍了注气流体相态研究理论评价方法、PVT 筒及多孔介质中气-液传质规律、基于扩散实验衍生的超前注气方式，以及现场实际油藏单井吞吐注气方案设计实例，希望以下结论及认识对注气过程中油藏流体相态研究具有一定的指导作用。

　　（1）膨胀试验是吞吐注气室内评价研究的重要基础实验，体积膨胀、黏度降低、溶解气驱、相间界面张力降低是在单井吞吐的主要驱油机理。

　　（2）注入气体使流体特征变化主要作用机理是体积膨胀、混相压力升高、黏度变化、密度变化、相间界面张力降低。比较 CO_2、N_2、CH_4、烟道气 4 种气体对原油流体性质的影响，CO_2 是最佳的单井吞吐注入气体。

　　（3）分子扩散是注气过程中气-液传质的重要过程，常规 Fick 扩散理论不能适应油藏高温高压、多组分扩散特征；基于定容扩散实验方法，建立的多组分气-液非稳态扩散模型弥补了 Fick 扩散模型不足。

　　（4）分别测试了高纯度氮气、甲烷、二氧化碳（60℃、80℃）在 20MPa 压力下与真实原油体系扩散系数；CO_2 达到平衡时间最短、其次为氮气、甲烷达到平衡时间较长。因此，不同的注入介质，吞吐注气时闷井时间应该不一样。此外，扩散实验揭示了一个重要的现象，注气过程中气-液传质并不是瞬时完成的，实际上是一个非平衡过程。

（5）温度、压力、浓度及多孔介质均影响注气过程中气-液传质。随温度增加、压力降低、浓度梯度增大，扩散系数越大。与 PVT 筒扩散实验比较，多孔介质比表面增大，气液分子扩散系数大幅度降低。随孔隙度、渗透率降低，扩散系数逐渐减小，因此低渗油藏吞吐注气时应适当增加闷井时间。

（6）超前注气的增油机理是先期注入气体降低原油黏度、膨胀原油体积，增加注入量。但是气与原油之间同时存在扩散作用，逐渐消耗溶解气驱的能量，降低注入气体的保压作用。此次实验超前注气对提高原油采收率有一定的效果，要投入现场实际应用，还需要进一步深入研究。

（7）不同的井型、注气量、注气速度、闷井时间，吞吐注气效果的增油量、换油率及闷井时间不同。注气量、注气速度均存在最佳值；一般而言注 CO_2 时闷井时间一般 15～20 天左右；对于多层油藏注气时，应关注注气过程中重力超覆现象，一般而言，顶部油层收效范围最大。

参 考 文 献

[1] Riazi M R. A new method for experimental measurement of diffusion coefficients in reservoir fluids[J]. SPEJ，1996，14（5）：235-250.

[2] Zhang Y P，Hyndman C L，Maini B B. Measuement of gas diffusivity in heavy oils[J]. SPEJ，2000，25（4）：37-475.

[3] Oballa V，Butler R M. An experimental-study of diffusion in the bitumen-toluene system[J]. Can. Pet. Technol，1989，28（2），63-90.

[4] Das S K，Butler R M. Diffusion coefficients of propane and butane in Peace River bitumen. Can. J. Chem. Eng.，1996，74，985-992.

[5] Wen Y，Kantzas A，Wang G J. Estimation of diffusion coefficients in bitumen solvent mixtures using low field NMR and X-ray CAT scanning[C]. The 5th International Conference on Petroleum Phase Behaviour and Fouling，Banff，Alberta，Canada，June 13-17th，2004.

[6] Yang C D，Gu Y G. A new method for measuring solvent diffusivity in heavy oil by dynamic pendant drop shape analysis[J]. SPE 84202，2003.

[7] Yang D，Paitoon Tontiwachwuthikul，GuY G .Dynamic Interfacial Tension Method for Measuring Gas Diffusion Coefficient and Interface Mass Transfer Coefficient in a Liquid[J]. Ind. Eng. Chem. Res. 2006，45，4999-5008.

[8] Guo P，Wang Z H，Shen P P，Du J F . Molecular Diffusion Coefficients of the Multicomponent Gas-Crude Oil Systems under High Temperature and Pressure[J]. Ind. Eng. Chem. Res.，2009，48，9023–9027.

[9] Etminan S R，Maini B B，Chen Z，et al. Constant-Pressure Technique for Gas Diffusivity and Solubility Measurements in Heavy Oil and Bitumen[J]. Energy & Fuels，2010，24（24）：533-549.

[10] Islas-Juarez R，Samanego F V.，Perez-Rosales C，et al. Experimental Study of Effective Diffusion in Porous Media[J]. SPE92196，2004.

[11] Unatrakarn D，Asghari K，Condor J. Experimental studies of CO_2，and CH_4，diffusion coefficient in bulk oil and porous media[J]. Energy Procedia，2011，4（1）：2170-2177.

[12] 汪周华. CO_2-原油扩散理论与实验研究[D]. 成都：西南石油大学博士论文，2007.

[13] 徐艳梅. CO_2 在多孔介质中的非平衡扩散理论与实验研究[D]. 成都：西南石油大学博士论文，2008.

[14] 叶安平. 低渗多孔介质中 CO_2-原油非平衡扩散理论与实验研究[D]. 成都：西南石油大学博士论文，2013.

[15] 郭平. 油气藏流体相态理论与应用[M]. 北京：石油工业出版社，2004.

[16] 李士伦. 中低渗透油藏注气提高采收率理论及应用[M]. 北京：石油工业出版社，2007.

[17] 郭平. CO_2 吞吐实验研究[R]. 成都：西南石油大学，2008 年项目研究报告.